基础物理教学问题选讲

罗蔚茵 郑庆璋 编著

高等教育出版社·北京

内容简介

本书是一本关于基础物理教学心得的教与学方面的参考书，将作者数十年教授基础物理过程中发表的教学论文进行了重新梳理和补充，包括作者的教学理念、对课程内容的处理、对某些物理概念的理解，以及对一些问题的拓展讨论。

本书共分 5 篇：第 1 篇 我们的教学理念，第 2 篇 力学中一些基本概念的再探讨，第 3 篇 某些力学问题的拓展讨论，第 4 篇 相对论教学析疑，第 5 篇 热运动和光学问题拾零。

本书可供正在主讲基础物理的中青年教师和正在学习基础物理的学生参考。

图书在版编目（CIP）数据

基础物理教学问题选讲 / 罗蔚茵，郑庆璋编著 . -- 北京：高等教育出版社，2018.3（2019.5重印）

ISBN 978-7-04-048736-7

Ⅰ. ①基… Ⅱ. ①罗… ②郑… Ⅲ. ①物理学－教学研究－高等学校 Ⅳ. ①O4-42

中国版本图书馆 CIP 数据核字（2017）第 252632 号

Jichu Wuli Jiaoxue Wenti Xuanjiang

策划编辑 张海雁　责任编辑 张海雁　封面设计 张 楠　版式设计 马敬茹
插图绘制 杜晓丹　责任校对 高 歌　责任印制 赵义民

出版发行 高等教育出版社
社　　址 北京市西城区德外大街4号
邮政编码 100120
印　　刷 大厂益利印刷有限公司
开　　本 787mm×1092mm 1/16
印　　张 12.25
字　　数 300 千字
购书热线 010-58581118
咨询电话 400-810-0598
网　　址 http://www.hep.edu.cn
http://www.hep.com.cn
网上订购 http://www.hepmall.com.cn
http://www.hepmall.com
http://www.hepmall.cn
版　　次 2018 年 3 月第 1 版
印　　次 2019 年 5 月第 2 次印刷
定　　价 36.40 元

物 料 号 48736-00

序

虽然从学术水平上看,在大学的课程中,基础课是最浅的,却是最难教好的。基础课的教学除了要求教师的知识面足够宽广外,课程内容中有许多细节需要澄清,学生有许多难点需要克服,如果教师没有经验,没花工夫钻研,是很难把课教好的。在20世纪80年代,“文化大革命”摧毁了正常的教学秩序,许多教师被剥夺了上讲台的机会,即使上台也不能按照正常的规范教学。1977年恢复高考以后,学校秩序也恢复了正常,广大师生都很珍惜这样的机会,以极大的热情和精力投入教与学。在此之后的一二十年里,基础课的教师积极钻研课程内容,改进教学方法,并将自己的经验和心得体会写成文章在杂志上发表。这一代人现在都已退休,进入古稀或耄耋之年。现在的基础课教师多因科研任务重,不太可能在教学上再花那么多时间钻研。所以把老一代教师的文章加以汇总和整理,重新出版,是很有意义的。罗蔚茵和郑庆璋教授都是中山大学的优秀教师,基础课讲得非常好,深受学生爱戴。特别是罗蔚茵教授在退休后为文理科本科生开设的通识课“照亮世界的物理学”和“新概念物理撷英”,受到了各科学生的热烈欢迎。现在他们把多年来发表的文章整理出版,是值得庆幸的。

赵凯华
2017年3月

前　言

我们退休前是中山大学物理系教授，退休后一直担任中山大学物理学类课程的教学督导。在十多年的听课过程中，很欣喜地看到，不少中青年教师热心教学，努力探索如何上好基础物理课，在课堂教学中展示了他们的学识和魅力。但我们也发现，一些青年教师在初上讲台时，尚缺乏教学经验，未能形成自己的教学理念和风格，对基础物理的教学要领和某些物理概念还未把握到位，影响了教学效果。因此我们萌生了要编写一本关于基础物理教学心得的教与学方面的参考书的念头，将我们数十年教授基础物理过程中发表的教学论文重新梳理和补充，主要内容包括我们的教学理念、对课程内容的处理、对某些物理概念的理解，以及对一些问题的拓展讨论，目光始终聚焦于如何在基础物理教学中培养学生的能力这一问题。希望本书对正在主讲基础物理的中青年教师和正在学习基础物理的学生有一定的参考意义。

本书共分5篇：第1篇　我们的教学理念，第2篇　力学中一些基本概念的再探讨，第3篇　某些力学问题的拓展讨论，第4篇　相对论教学析疑，第5篇　热运动和光学问题拾零。由于多年来我们主要讲授基础物理的力学（包括相对论）部分，其次是热学和光学部分，至于电磁学以及原子和核物理部分，虽然我们也讲授过，但心得不深不多，因此本书也就没有涉及这些方面的内容，所以本书只能说是基础物理教与学问题的选讲。

本书中所讨论的问题似乎不少是老生常谈，也有老一辈基础课教师曾热烈讨论过的一些基本概念，但根据我们当教学督导听课的感受，以及和一些中青年教师的交流经验，我们觉得，关于这些问题的教学心得，或许会对他们的基础物理教学有所帮助。

在编写本书的过程中，我们多次向北京大学赵凯华教授请教，他一直是我们的良师益友。多年前赵凯华教授曾带领本书作者之一罗蔚茵共同编写了《新概念物理教程　力学》《新概念物理教程　热学》《新概念物理教程　量子物理》和《新概念力学十讲》等书，也共同发表了一些教学论文。我们的教学心得，有许多得益于赵凯华教授的启发，如今又蒙他应允为本书写序，并对全书的文章提出修改意见，特此表示深深的感谢。

我们编写本书的想法，一直得到中山大学教务部主任陈敏教授的积极支持，他热情帮助落实出版事宜，在此也深表谢意。

作者

2017年初春于康乐园

目　录

第 1 篇　我们的教学理念

1.1 《新概念物理教程　力学》的教学体会

基础物理中的力学是大学物理基础课的基础,多年来总给人以老面孔的感觉。初进大学的学生往往会抱怨这门课与中学很多重复,没有新意,因而学习的积极性不高。这一代学生将成为 21 世纪的骨干,他们会不断受到科学知识和科学观念老化的威胁。如何使他们在今后的学习和事业中能适应科学和技术的迅猛发展,是我们教学必须考虑的问题。我们深感基础物理力学教学的改革任务特别迫切。从 1995 年起,中山大学物理专业一直采用赵凯华和罗蔚茵编著的《新概念物理教程　力学》作为教材,并按照其改革思路进行教学。下面介绍一下我们的教学体会。

一、如何用现代的观点审视、选择和组织好传统的教学内容

知识和概念两者更新的速度是不一样的。现代高新技术的发展突飞猛进,物理学知识的更新也比较快,但是基础科学里基本概念的更新节奏要缓慢得多,而其产生的影响也深远得多。作为基础物理学的教学,在知识更新和概念更新两个方面,我们更侧重于概念更新。基础物理的力学是以经典内容为主的,可以说基本是较成熟的、传统的教学内容,它们现在仍是学习物理学的重要基础。问题在于,我们要用现代的观点来审视经典物理中一些基本概念时应如何阐述,各经典物理定律相对的重要性和意义应如何正确理解,等等。据此,我们在教学中从新的角度考虑了如何用现代的观点审视、选择和组织好传统的教学内容。下面举几个例子说明。

(1)传统力学教材的内容是以牛顿运动三定律为核心展开的,并把质量和力作为动力学中最基本的概念,从而导出动量和能量的概念以及有关的守恒定律。然而从现代物理的高度来看,在描述物质的运动和相互作用时,动量-能量的概念要比力的概念更基本也深刻得多。因此我们在教学中以动量、能量和角动量三个守恒定律为核心来展开。这样做,不仅从观点上与近代物理相衔接,而且关于质量、力、质心、势能、振动等概念的引入,更切合现代的思路和语言,与传统教材的讲述有较大的不同。

(2)从近代物理的观点来看,参考系并不仅仅是确定运动物体速度、加速度的描述工具。寻找不同参考系之间物理规律的变换关系(相对性原理),以及变换中的不变性,能使我们超越认识的局限性,去把握物理世界中的更深层次的奥秘。因此我们在教学中,从概念和定律的阐述到应用举例,比传统教材更多地注意讨论参考系的选取及其意义、力学相对性原理和对称性运用的训练。例如,在讲述运动学时,从教材的思考题中选了两条以水流为参考系的题目进行课堂讨论,帮助学生改变在中学时习以为常地以地面为参考系的固定思维。又如在讲述动力学时,我们指出牛顿定律就具有在惯性参考系中的伽利略变换不变性,更深入理解惯性参考系和

非惯性参考系的内涵意义。

(3)在讲述力学三个守恒定律这个核心内容时,除了阐明三个守恒定律是大量实验的结果并为大量实践所检验外,我们还从时空对称性的角度阐明了三个守恒定律的物理渊源:动量守恒源于空间的均匀性,具有参考系空间平移的对称性;角动量守恒源于空间的各向同性,具有参考系空间转动的对称性;而能量守恒则是时间平移不变性(即对称性)的结果,使学生体会到,为什么三个守恒定律可以从宏观领域长驱直入到微观领域和宇观领域,正是源于时空对称性。可见,对称性原理是物理世界以至自然界迄今认识到的最高层次的普遍规律,是比胡克定律、牛顿定律等诸多不同层次的物理定律更高层次、更深刻和更普遍的规律,在粒子物理、固体物理、原子物理等领域都很重要,当代理论物理学家正高度自觉地运用对称性法则和相应的守恒定律去寻求物质结构更深层次的奥秘。在这门课程中,我们从参考系的角度介绍了对称性法则在物理学中的基本地位。

(4)为了更好地与现代物理学接轨,我们在教学中尽量采用前沿领域中所用的思路来讲解。例如对于势能的概念,我们特别强调了一维势能曲线的运用:从势能的极小值引入振动的概念,以展示振动这种运动形式的普遍存在;通过引入离心势能,化二维为一维,在避免使用微分方程的情况下用势能曲线讨论了开普勒运动等。

二、如何适当地为物理学前沿打开窗口和安装接口

许多近代和前沿的课题是与基础物理的内容有联系的,在打好基础的前提下,可以在适当的地方精心选择开一些“窗口”,引导学生向本课程窗外的物理世界望一望,哪怕仅仅是“一瞥”,都会对开阔他们的眼界,启迪他们的思维,加深他们对本门课程的理解有好处。我们认为,基础课的任务,不仅是为了后继课程的需要,更深层的意义在于科学素质的培养。在大学的每个阶段,包括从低年级起,让学生了解物理学新发展的现状和不同于传统经典的新理论,以发展他们的想象力,这是科学素质培养的一个重要方面。众所周知,爱因斯坦经常强调想象力比知识更重要,认为想象力是知识进化的源泉。所以,不能把开一些“窗口”误解为只是“观光”的旅游手册,我们强调正确处理好基础内容和“窗口”的关系,从教材总体的内容可以明显看出绝对不停留在观光手册的层次上,开拓视野的“窗口”正是为了鼓励学生发展他们的想象力,进一步去创造性“探险”。

我们并不追求大量引用现代物理学进展的例子,而是恰到好处地紧扣课程基本内容打开窗口。例如,在历史上,天文学是牛顿力学乃至整个物理学的先导;而今天,天体物理学和宇宙学激动人心的发展已成为令人注目的前沿领域。很自然,该教材中的一个窗口开向了这个领域:联系到角动量守恒时,说明为什么银河系是扁平的,联系逃逸速度谈黑洞,联系开普勒定律介绍星系冕和宇宙间的暗物质,等等。我们认为,在基础物理力学里必须有个窗口是开向广义相对论的,否则学生不可能真正懂得什么是惯性的本质,以及绝对时空观错在哪里。我们在新概念力学的课程中,继介绍狭义相对论之后,从等效原理出发介绍了广义相对论的一些基本内容,避免用黎曼几何与时空度规等数学语言来帮助学生认知正确的时空观。

除“窗口”之外,近代的前沿课题的概念往往在基础物理课程中已有了,只不过其内涵有所延伸和发展。我们在教学中注意为它们留下必要的“接口”,交代一下可由此延伸出去的领域和课题,即使对这些领域和课题本身并不作过多的介绍,对学生也是大有裨益的。例如,对于振动,我们增加了简正模的概念;对于波动,我们用一维弹簧振子链代替传统的弦,以便为固体物

理中声子、能带等概念作铺垫。通常在普通物理的力学部分讲碰撞时，多以宏观物体为背景，这时弹性与非弹性碰撞的分界在于有无能量耗散。该教材指出，对于微观客体之间的碰撞，概念将有所发展，弹性与非弹性碰撞的分界是能量有无向内部自由度转移。此外，我们讲碰撞时还适当提及微观领域所关心的角分布问题与相应的散射截面的概念。

在牛顿力学建立之后300年，除相对论、量子力学外，其世界观受到了来自内部的巨大冲击，这指的就是混沌运动问题。混沌理论是当前经典物理学范围内的前沿课题，但是混沌的理论过于深奥，难以纳入力学课程，而配以适当的接口，并稍为提及混沌的概念本身，是必要而且是可能的。非线性振动是通向混沌的重要道路，而现行的基础物理力学教材中，基本上只讲线性问题。如果说，多少也涉及一点非线性问题的话，那就是用傅里叶分析的观点来说明非线性元件产生谐频，混频后产生和频与差频，以及自振系统产生的自激振动。这些内容都是通向混沌理论必要的基础，缺少的是次谐频(倍周期分岔)、同步锁模和极限环的概念和相图的描述方法。该教材在适当的地方安装了这些接口，特别是相图的描述方法对帮助学生更深刻理解振动的概念提供了绝妙的物理图像。

三、如何通过知识的传授提高科学素质和能力

我们常说不但要授人以鱼，更要授人以渔，“鱼”指知识，“渔”指能力，就是说要通过知识的传授提高科学素质和能力。

科学不是死记硬背的知识，科学的任务是探索未知，科学素质终将在获取知识的能力上反映出来。当然，没有知识也谈不上能力，融会贯通的知识是能力的载体。对于既传授知识又培养能力这个问题，大家已有共识，许多老师在教学中都有自己的经验和体会。能力包括许多方面，一门课程不能面面俱到，作为一个特色，我们在新概念力学这门课中，针对学生现有的思维方法所存在的弱点，有意识地选择一些知识点，着眼于提高学生用定性或半定量的方法来提出问题和分析问题的能力。我国物理教学的优良传统是课程的内在联系紧密，论述条理清晰，逻辑严谨。问题在于我们的学生每遇到问题时，总是一开始便埋头于用系统的理论工具，按部就班地作详尽的定量计算，而且常为某些计算细节所困扰，尽管许多问题本可以通过直觉的思考，就能得到定性或半定量的结论。为加强学生这种能力的培养，我们作了一定的努力。

实际上，当一个成熟的物理学家进行探索性的科学研究时，常常从定性或半定量的方法入手来提出问题和分析问题，这个方法包括对称性的考虑和守恒量的利用，量纲分析，数量级估计，极限情形和特例的讨论，简化模型的选取，乃至概念和方法的类比，等等。这种提出问题和分析问题的能力要靠一定的物理直觉和洞察力。直觉是经验的升华，初学者是难以做到的。但是我们认为，在基础物理课程中应该从开始就有意识地培养学生这种能力，所以，我们在教学中结合教材增加了这些方面的内容和训练。

采用《新概念物理教程　力学》作为教材，在教学中有一定的难度。学生反映，有时候对所学的内容还吃不透，然而从中已经一点一滴地学到了许多新东西。在课程学习中，学生对于在中学没有接触过的新概念，无论在知识层面还是思维能力方面都有很大的提升，感到这门课的新概念和新思路令他们耳目一新，获益匪浅，更抱着浓浓的兴趣，强烈的求知欲去学习这门课和后继的课程，去探索物理的未知世界。我们注意到中美两种教育方式的特色，中国提倡按部就班的传统教育，扎实的基础。美国提倡“渗透式”的教育，是一种“体会式”的学习方法。我们试图在新概念力学课的教学中，兼容中美两种教育方式的特色，有所突破。

1.2 谈谈《新概念物理教程 热学》的改革①

《新概念物理教程 热学》是继《新概念物理教程 力学》之后的第二本新概念物理教程，其编写和改革的思路是一脉相承的，但其改革的力度和教学的难度都较大。中山大学物理专业从1997年起一直采用这本教材，现根据教师和学生所提出的问题，谈谈我们对《新概念物理教程 热学》改革的看法。

一、为什么要强化“熵”的教学？

按照用现代的观点审视、选择和组织好传统的教学内容这一改革思路，我们在《新概念物理教程 热学》中强化“熵”的教学，适当淡化循环效率问题。热力学第一定律和热力学第二定律是热力学中最基本的两条定律。热力学第一定律因为找到了“内能”这个态函数，建立了数学表达式，才成功地解决了很多实际问题。为了采用普遍的数学形式把热力学第二定律表述出来，可以用一个态函数在初、末两态的差异，来对过程进行的方向作出数学分析，定量地判断过程进行的方向和限度，这个态函数就是“熵”。所以我们认为热力学第一定律是“能”的规律，热力学第二定律是“熵”的法则。“能”和“熵”两个概念哪个更为重要？传统的看法认为“能”是宇宙的主人，“熵”是它的影子。随着科学进步，观念正在变化。1938年天体与大气物理学家埃姆顿(R.Emden)在《冬季为什么要生火》一文中提出不同的看法：“在自然过程的庞大的工厂里，熵原理起着经理的作用，因为它规定整个企业的经营方式和方法，而能原理仅仅充当簿记，平衡贷方和借方。”熵增加导致能量的贬值，即在不可逆过程中可做功的能量随熵增加而降低，这是热力学第二定律的关键所在，其在生产实践中有重大意义。1948年，电气工程师香农(C.E.Shannon)创立了信息论，将信息量与“负熵”联系起来。历史上以热机发展为主导的第一次工业革命是能量的革命，当前以信息技术为主导的产业革命可以说是“熵”主导的革命。

热力学定律和达尔文的进化论同属19世纪科学上最伟大的发现，尽管表面上看起来二者似乎相互抵触。早在1943年，薛定谔(E.Schrödinger)提出了“生命赖负熵存在”的名言，从熵变的观点分析了生命有机体的生成和死亡。1960年代，普里高津(I.Prigogine)建立了耗散结构理论，并为此获得了诺贝尔化学奖。考虑到生命是耗散结构的系统，于是，热力学第二定律与进化论的矛盾被澄清了，科学发展从化学和物理学走向生命科学，越发显示出“熵”这个概念的重要性。现在“熵”这个名词已超出自然科学和工程技术的领域，进入了人文科学和经济学说。

但在传统的基础物理教材中，“熵”介绍得极为简略，有些为非物理专业开设的课程，由于教学难度较大，往往把“熵”的内容删除。我们认为，这不符合科学进步发展的需要。在该教材中，我们从微观熵(玻耳兹曼熵)到宏观熵(克劳修斯熵)，从历史到前沿，从物理学到化学及环境与生命科学，多方面地介绍了“熵”的概念。我们体会到，只有通过应用才能加深对“熵”概念的理解。热力学第二定律的重要应用是讨论热平衡的条件和判据，因为最常见的系统不是孤立系统，而是在一定外部约束条件下(如定温、定体或定压)的热力学系统。我们应用“熵”的概念讨

① 本文部分内容参考了北京大学赵凯华教授的见解，特此表示深切的谢意。

论最常见的热力学系统热平衡的条件和判据，得出热平衡的熵判据。我们还把“熵”的概念延伸到“自由能”问题上，可使学生反过来加深对“熵”的理解。

不可否认，“熵”的概念是教学的难点，需花大力气去帮助学生认识这个重要的概念。在基础物理的层次上主要是用生动的物理图像和诸多应用的例证去阐明，这是理论物理课程所不能代替的。当然，“熵”的概念还需在后继课程加深理解。建议教师可以依自己的体会，用适当的表述方法去讲述，不必按照该教材“照本宣科”。

顺便提出，过去基础物理的热学课常常热衷于讨论热机或一般循环的效率问题，并做许多这类的计算题。近年来国内外物理教育界都认识到，循环的效率问题不必作为热学课程的重点，可以淡化它。该教材不对各式各样循环的效率作过多的讨论，可适当地把精力转移在强化“熵”的教学方面。

二、如何运用定性半定量的方法引进量子统计的概念？

统计概念不仅在热现象的研究中有重要意义，而且在整个微观物理领域内也是一个基本问题。《新概念物理教程　热学》中讨论热平衡态的统计分布律时，首先重点讨论麦克斯韦速率分布律、玻耳兹曼密度分布和能量均分定理这些经典统计规律，对于那些刚进大学、第一次接触微观图像的学生，建立正确的统计概念和掌握统计方法是一个奠基石。但是近代科学的发展表明，即使在基础物理层次上要讨论热的微观图像和本质时，也不能停留在经典统计的观念上。基础物理不等同于经典物理，若在适当和必要的地方引入现代物理的概念，例如量子统计的概念，对打开热学知识的窗口和安装对接后继课程的接口是大有裨益的，但必须考虑学习知识的循序渐进规律和数学基础，处理好与“渗透式”学习方法的关系，我们尝试采用定性半定量的方法引进量子统计的概念。

为运用定性半定量的方法引进量子统计的概念，我们只讨论理想气体。注意到简并理想气体的量子性主要体现在能级的离散性和粒子之间的量子关联上，学生对能级的离散性并不太难接受，我们可以利用离散性把复杂的多重积分化为求和，求和表达式的简洁性有利于突出物理本质，因而我们采用了离散形式的玻耳兹曼方程，导出理想气体的麦克斯韦-玻耳兹曼分布、玻色-爱因斯坦分布、费米-狄拉克分布三种统计分布和 H 定理来，突出体现了它们是粒子在不断碰撞（跃迁）的过程中达到的动态平衡，粒子之间的量子关联影响着跃迁的概率，从而决定着统计分布的具体形式。

量子理想气体与经典理想气体的区别和特征，是它的简并性强烈地依赖于它们的密度，找出描述量子气体简并性的参量（如费米能、简并温度和简并压强）与密度的函数关系，在将理论应用到实际问题时是十分必要的。反映这种函数关系的信息本来已包含在统计分布的表达式中，我们从海森伯不确定度关系出发，采用了定性半定量的方法，导出了简并温度依赖密度的半定量函数关系。如前所述，简并性源于粒子之间的量子关联，而量子关联是微观客体波粒二象性的体现，后者正是海森伯不确定性原理的本质，所以我们采用的这种定性半定量的方法比按部就班的数学推演能更好地反映出量子统计的物理本质，呈现出更鲜明的物理图像，可以为学生以后准确掌握量子统计的概念和定量方法作好铺垫。

三、《新概念物理教程　热学》中有哪些开往前沿课题的窗口？

热学涉及的领域很广，只要我们把传统热学内容向现代化跨一步，马上就有许多前沿课题的窗口展现在眼前。我们只能展示其中一部分，举例如下：

首先，有了定性半定量的量子统计概念，我们就能向读者较为深入地展示一些费米气体的实例，如金属中的自由电子气、白矮星与中子星等，以及一些玻色气体的实例，如液氦的相变与超流、光子气体等。在该教材最后还联系到大爆炸热宇宙模型等前沿课题。

又如，在线性不可逆过程热力学中进一步讨论了输运过程的熵产生、化学反应的熵产生等，并增添了耗散结构等内容的介绍。非线性科学和远离平衡态热力学的新概念，对生命和生态环境问题的理解有着特殊重要的意义，该教材有一节内容从负熵流讨论生命和生态环境问题入手，打开有关方面的窗口。

该教材用小字介绍了关于热力学第二定律的若干诘难和佯谬，包括洛施密特诘难、策尔梅洛诘难、吉布斯佯谬，以及麦克斯韦妖与信息，历史上围绕着它们有过不少疑虑和诘难。这些问题的分析和澄清可以大大深化对热力学第二定律和“熵”的概念的理解，并有助于提高学生的批判思维能力。

该教材还开了一个很有趣的窗口，就是分形。1982 年美国物理学家提出“分形”的概念，并定义了分形维数。教材还介绍了科赫曲线和谢尔平斯基镂垫等有趣的图形，并讨论了布朗粒子轨迹的分形维数。目前“分形”的概念，已应用到诸多的领域，包括自然界(如冰雪)和经济学(分形市场)。

该教材诸多的窗口性课题，在课堂教学中不可能都有时间去讲述，教师需要主动积极通过适当方式指导学生课外阅读，这对于低年级学生学习基础课时提高获取知识的能力尤为必要。

四、该教材的体系和内容还有何特点?

除了上面所介绍该教材的内容相比于传统教材有较大的改革外，为了注重物性知识的背景，该教材对常见热学教材的体系作了适当的调整。传统上基础物理热学教材都把气、液、固三态和它们之间的相变放在全书的最后，内容多半是描述性的。我们把这部分内容搬到全书的最前面作为第一章，这一章从微观模型去讨论气、液、固三态和它们之间的相变，以分子运动和分子力的抗衡为统一的线索，贯穿分子动能和相互作用势的数量级估计和对比，还介绍了化学键。这样调整的好处是，为后面讲述分子动理论和热力学定律提供了较好的物性知识背景，符合由浅入深、从表到里的认识规律。

另外，为体现当前热学与其他学科的相互渗透，该教材增添了一些与化学有关的内容，主要有化学键和热化学的基本原理。第一章讲化学键的特色是将它与物性和物质结构联系起来，例如讲金属键时与金属的延展性及其晶体的密堆结构联系起来；讲离子键时与离子晶体的脆性联系起来；讲碳的两种共价键时与其三种同素异形体金刚石、石墨和足球烯(C_{60})联系起来；讲氢键时与水的一系列反常特性，如高热容、高汽化热等联系起来，并由此进一步联系到水在生命和环境系统中无可替代的作用，等等。热化学的内容是用热力学方法讨论化学反应和化学平衡问题，结合混合理想气体模型介绍了有关的基本概念：如反应焓与生成焓、标准规定熵与标准反应熵、混合气体的化学平衡、化学反应的熵产生与亲合势等。在学科交叉的潮流中，这些知识对物理系的学生也变得越来越重要，尤其是在当前许多物理类专业已不开设大学基础化学课程的情况下，基础物理热学在相应内容中适当增添一些与化学有关的知识，很有必要。

总的来说，《新概念物理教程　热学》的改革比《新概念物理教程　力学》更有挑战性，知识的跨度和广度更大，教学的难度也大大增加了。可幸在该教材出版后十几年来，中山大学物理专业的老中青教师一位接一位坚持采用该教材，发挥他们的聪明才智，对教材内容的处理和教学方法不懈探索改善，学生也怀着追求新知识的强烈愿望刻苦钻研，使得该教材在教学中取得了良好效果，在此表示深切的敬意和谢意！

1.3 对课堂教学的一些思考①

课堂教学是履行教师职责的重要任务,是教书育人的主渠道。课堂教学是学生追求知识的科学殿堂,也是展现教师专业学识和人格魅力的舞台,许多老师在课堂教学中都有自己的教学理念,形成了各有特色的教学风格。笔者从事物理基础课的教学四十多年,在此期间,随着科学发展和教学技术的进步,课堂教学也有了很大变化,但关于课堂教学的理念还是一脉相承的。我们的教学理念是:一、授人以"鱼",更要授人以"渔";二、教无定法,教要得法;三、兴趣是最好的老师。这三者又存在不可分割的有机结合。

一、授人以鱼,更要授人以渔

一般而言,"鱼"指知识,"渔"指能力。课堂教学首先要帮助学生掌握好课程的基础内容,由浅入深,由表及里,逐步展示学科的知识体系和思维方法,打好基础。著名数学家华罗庚在一篇文章《学与识》中提出,要真正打好基础,有两个必经的过程,即"由薄到厚"和"由厚到薄"的过程。"由薄到厚"是学习、接受的过程,"由厚到薄"是消化、提炼的过程。

如果教师在课堂上所讲的已经十分完备,学生也能够把所讲内容都记住背熟,仅此而已还不能叫好的课堂教学。人们常常将教课简单地看作一种工具,教师只要能将知识传授给学生,便是尽了教学之能事;学生能将知识记住,考试得高分,就算是学习的成功。物理学大师爱因斯坦对此提出了批评,他在自述中写道:"人们为了考试,不论愿意与否,都得把所有这些废物统统塞进自己的脑袋,这种强制的结果使我如此畏缩不前,以致我在通过最后的考试以后整整一年对科学问题的任何思考都感到扫兴。"[1]他希望教师在他的本职工作上成为一种艺术家,启发学生的创造性思维能力,他强调想象力比知识更重要,因为知识是有限的,而想象力概括着世界上的一切,推动着进步,并且是知识进化的源泉。

学生的基础是否打好,关键要看能否自我深化,我们赞同有人提出的一种观点,在课堂教学中,要使学生把"听课"变成"品课"。要引导学生不但要听讲授的知识内容,还要从讲课内容的布局看到教师分析问题的思路,综合地思考知识点之间的内在联系,逐步积淀基本知识和基本技巧,形成自有的知识体系和思维方式,品出知识的核心所在,把知识内化于心,不断有所感悟,成为自得的知识。只有这种自我感悟、自我深化而自得的知识,才能够牢固掌握,不断深化和拓展,运用自如。"感悟深化而自得"的教育理念,对我们提倡的"授人以渔"具有很好的启迪和借鉴作用。

能力包括多方面:自主学习能力、独立思考能力、解决问题能力、批判思维能力、专业实践能力、创新发明能力、想象能力等。对不同的专业、不同的对象和不同的培养目标,培养能力的着力点可以有所侧重。爱因斯坦在《论教育》中提出:"发展独立思考和独立判断的一般能力,应当始终放在首位,而不应当把获得知识放在首位。如果一个人掌握了他的学科的基础理论,并且学会了独立地思考和工作,他必定会找到他自己的道路。而且比起那种主要以获得细节知识为

① 本文部分内容参考了中山大学数学学院徐远通教授的见解,特此表示谢意。

其培训内容的人来，一定会更好地适应进步和变化。”[2]

至于如何授人以“渔”培养能力，我们认为没有标准模式可供借鉴，只能在深刻领会这一教学理念的前提下，教师充分发挥聪明才智去实现，这也是对教师本身教学创新能力的检验。曾担任普林斯顿数学系主任的数学家莱夫谢茨（S.Lefschetz，1884—1972）主张把学生“扔到河里”，游过去的，就成为博士。著名教育家梅贻琦在《大学一解》的文章中曾说“学校犹水也，师生犹鱼也，其行动犹游泳也，大鱼前导，小鱼尾随，是从游也，从游既久，其濡染观摩之效，自不求而至，不为而成。”教师在课堂教学中也是带领学生在知识海洋中“从游”，使学生在游泳中学会游泳，也是一种授人以“渔”的方法。

在学习新的内容时，要着重指导学生把握两个思考点，一是如何用“已明的概念”表述出“未明的概念”；二是如何用“已知的结果”推演出“未知的结果”。在物理学发展过程中，一代代物理学家创造出许多思维技巧，在教学中我们应结合教学内容帮助学生掌握这些本领，以体现授人以“渔”。

当今中国大学生的一大弱点是缺乏创新性的想象力。课堂教学要用开放性思维开拓学生的想象力，通过一些“出人意表”的反例，引导学生打破惯性思维的框框。教师可以创设与学生已有知识经验相联系的问题情境，有一定的难度和挑战性，以问题为导向展开探讨，让学生能开动脑筋，锻炼思维能力。例如，在讨论参考系时，我们向学生提出一个问题：“你坐在向前运动的车厢中，看到窗外的事物是怎样运动的？”几乎所有的学生都回答“向后！”我们把自己录制的一段视频给他们看，当坐在由广州到珠海的汽车上，看到近旁的树木和房子确实往后退，而远处的高大烟囱和广州塔却和我们同向往前移。学生们对此视频感到很意外。我们进一步提问学生，为什么月上柳梢头，我们感觉月亮跟我走？需知月亮离我们几十万千米！再进一步思考：观察运动的现象时，测量图像和视觉形象有何不同？学生反映，通过这个问题，学习了如何观察现象和运用正确的物理图像和物理概念去分析思考，并丰富了想象力，达到感悟深化而自得的效果。

讲述一个新的概念或定律，既要介绍实际模型或物理背景的实例，从中抽象其特性加以概括，还要联系直观提升联想能力，对知识点“举一反三”。例如，在讲述角动量定理和守恒定律[3]时，笔者在课堂上提出一系列问题和学生讨论，并播放有关录像。芭蕾舞演员和溜冰运动员如何加快身体的旋转？杂技演员如何翻跟斗？秋千如何能越荡越高？为何地球在近日点公转较快？为何银河系呈扁平型？中子星的旋转频率如何估算？上至天体运行，下至人体活动，角动量守恒定律无处不在。学生反映，通过对此知识点的“举一反三”，做到触类旁通，大大提升了观察分析能力和联想拓宽能力。

二、教无定法，教要得法

“教无定法”，就是说课堂教学没有标准模式，从来就是不拘一格。但是上每堂课时都要使学生明确三要素（3W：What？ Why？ Way？），即要学什么？为什么要学？用怎样的方法学？

我们一直提倡“启发式教学”，它不等于“问答式”教学。“启发式教学”的核心是教学内容要能启发学生心智和追求学问的真谛，指引学生获取知识的科学方法。“讨论式教学”也是个好方法，我赞赏英国戏剧家萧伯纳的理念：显然，不争的事实是，如果你有一个苹果，我有一个苹果，彼此交换，那么，每人还是一个苹果；如果你有一个思想，我有一个思想，彼此交换，我们每个人就有了两个思想，甚至多于两个思想。学识和见解需要互相启发，问题和疑难有待共同探讨，兴趣和爱好可以互相激励。

当前国内外倡导的 PBL 和 TBL 教学法，都不失为适应新网络时代和教育新理念的好方法，和“启发式教学”“讨论式教学”也是一脉相承的。TBL(team-based learning)教学法是一种基于学生团队合作、互相研讨学习内容的新型教学模式，由美国 Barrows 教授在医学教学中率先实行。学生在老师指导下，分成若干个学习小团队，围绕老师提出的内容进行资料收集、观察、实验、讨论、制作 PPT 和课堂展示等。教师必须对展示内容作课前的审阅和指导修改，课上点评，保证课堂展示的质量和效果。PBL(problem-based learning)教学法是一种基于问题式的，以学生为主体，以教师为引导的教学方法，最早由美国大学教师 Michaelsen 倡导。采用 PBL 教学法，老师必须按照课程的核心内容设置问题，学生带着问题看书，查找资料，观察现象，进行实验或实践，寻找答案。显然，问题设置的合理与否，直接关系到教学的效果。

笔者在课堂教学中尝试把 PBL 和 TBL 两种方法有机结合起来。例如，在讲声波在不同介质界面的反射率时[4]，设置一个问题来切入教学内容：你能否解释为什么在做 B 超检查时要在检查部位涂上一种黏液？要求学生在课外查找资料、有关公式和数据，进行计算，展开讨论。最后学生得出，声波在空气–脂肪介面的反射率为 99.9%，由空气进入人体的超声波只有 0.1%；而声波在蓖麻油–脂肪介面的反射率为 0.033%，由蓖麻油进入人体的超声波有 99.967%。当超声波进入人体皮肤表面时，在超声发射探头与皮肤之间涂上一层耦合剂(油式液体)，它的声阻抗与皮肤相近，从而增加了透射，减少了反射。于是进一步引导学生举一反三、由此及彼，联系光波在不同介质界面的反射率与哪些因素有关，为以后理解高级照相机镜头镀上增透膜及光纤原理安装一个知识接口。学生很欢迎这种教学方法，在此过程中，学生的学习主动性得到了充分发挥，学生独立思考问题的能力也得到了锻炼。

又如，我们在讲述流体力学的伯努利方程[5]时，自己录制了一个“从无扇叶风扇到空气动力学”的短片在课堂上播放，引导学生从伯努利原理去剖析无扇叶风扇的原理。同时提出有趣的思考题：大雁南飞的长途迁徙中为什么雁阵总是排成人字形或一字形？而且其排列方向总是斜的？还要求联想长跑运动员的跟随战术。给出参考资料，要求学生联系伯努利方程分析。这些问题都引起学生课后主动地热烈讨论，并引申到伯努利方程在日常生活中的许多应用，达到深化知识、触类旁通的效果。

课堂教学中要鼓励学生多思多问，积极提出新问题，思考新途径，探索新方法，让学生保持探索的热情和好奇心。我们经常向学生介绍爱因斯坦的名言：“提出一个问题往往比解决一个问题更重要，因为解决问题也许仅是一个数学上的或实验上的技能而已，而提出新的问题，新的可能性，从新的角度去看问题，却需要创造性的想象力，而且标志着科学的真正进步。”[6]我们要求学生课堂听不明白的地方不要马上问老师，这种提问题的方式不是好方式。我们一般也不立刻回答，而要他们课后自己反复钻研，和同学切磋，不得已才寻求老师帮助。我们总是鼓励学生对书本写的、老师讲的要加以判断，从新的角度去看问题，把自己不同的见解和老师切磋，这样提出的问题才是好问题。这样做有助于培养学生独立思考、批判思维的能力。

有一种说法，教课只需熟悉教材就行了。当然这是必要的，但并不够，还必须接触本学科前沿。因为，教科书总是第二手的东西，缺乏现代的气氛。气氛不同，学生学习的生动活泼程度及能力的培养就不同。诗人陆游的《示子通》中的两句诗“汝果欲学诗，工夫在诗外”对我们教学也很有启示。在陆游看来，能写出好诗不单是掌握写诗技巧，而更应重视生活阅历和人生感悟。

一个成功的教课必须汲取广博的学识和前沿知识，善于积累教学实践的经验，注意探索正确的教学方法，才能形成正确的教学理念和有特色的教学风格。中国一代大师陈寅恪提出课堂讲授三不讲：一是书本已写了的我不讲，二是别人讲过了的我不讲，三是自己讲过了的我不讲。我们未能达到大师的高度，但作为课堂教学要求的底线，我们相应地提出三不要：一不要照本宣科讲，二不要全搬别人的讲，三不要每遍都重复旧的讲。

现在教师已普遍使用PPT进行课堂教学，PPT要教师自己动手按教学需要精心设计，起码要纲目清晰、言简意赅，图文并茂、引人注目，还要有创意、有启发性。不要变成教材的电子版，也不能全盘照搬教材所附的现成的课件。除PPT外，还可采用微视频、动画等多媒体教学辅助手段。总之，教无定法，没有标准模式，但教要得法，可采取多种不同的教学策略来提高课堂教学质量。

三、兴趣是最好的老师

现代教育学和心理学的研究表明：人的各种活动，都是由一定的动机所引起的，学生学习也总是为一定的学习动机所支配的。学习动机中最活跃的成分是求知的欲望和兴趣，是渴望获得知识和不断探求真理而带有情绪色彩的意向活动。

孔子说："知之者不如好之者，好之者不如乐之者。（对于任何学问，了解它的人不如喜爱它的人，喜爱它的人又不如以它为乐趣的人。）"（引自《雍也》。）著名物理学家汤姆孙（J. J. Thomson）也认为上课的真正功能不是给学生灌输他所需要的所有信息，而是激起学生的热情，使学生自己收集知识。

为提高学习兴趣，要善于运用有趣、生动和新颖的典型例子，引入与学生日常生活或社会现实相联系的事例，介绍本学科的最新研究动态，介绍所学知识的价值及其实用性，激发学生认知的兴趣，振奋学生的精神和情绪，唤起学生掌握知识或解决问题所带来的成就感。从而激发其迫切学习的动机。

例如，笔者在基础物理的水平上讲述相对论时，结合时间的相对论效应介绍GPS的相对论修正，指出由于相对论效应，卫星钟与地面钟每天相差38 ms，其间光速走过的距离约为11 km，从而影响了GPS定位的精度。为了提高GPS的精度，要考虑卫星和地面的相对速度和引力差异的相对论修正，才能使目前的民用GPS的定位精度达到约10 m。[7]这样就把看似与我们生活相距甚远的抽象理论具体渗透到日常的高科技中，自然会激发起学生很大的学习兴趣。

又如讲授热力学时，通过课堂演示玩具陶娃娃会飙尿和饮水鸭会不停点头，引导学生分析判断这些现象是否违反热力学第一和第二定律。[8]这些问题的讨论，引起学生很大的兴趣和联想，有助于提高学生的分析和批判能力，有的学生还把对这些问题的研讨写成心得笔记与老师分享。

兴趣是最好的老师，并不是说只注意讲课的趣味性。培养学习物理的兴趣要从认识物理学的重要性开始。2004年联合国大会通过决议，确立2005年为"世界物理年"，决议确认：物理学是认识自然界的基础；物理学是当今众多技术的发展基石；物理教育为培养人的发展提供了必要的科学基础。物理学对人类文明的影响是Exploring the nature, driving the technology, saving the life。教师要结合教学内容宣扬这些观念，激发学习物理的热情和兴趣。物理教学还要帮助学生体会物理学的美，物理法则的普适性就是物理美的重要体现。李政道曾感言，在中国作学生的时候，乍一接触物理学，给他印象最深的是物理法则的普适性，这个概念深深打动了他。物理法则既适用于地球上你的卧室里的个别现象；也适用于火星上的个别现象。这一思想对他来说是新颖的，激发着他追求科学的兴趣。我国古代圣贤庄子有名言："天地有大美而不言，万物有成理而不说；圣人者，源天地之美而达万物之理。"对物理学的探索也是对真、善、美的追求。这是人们心灵追求的最高境界，教师要引领学生从中享受追求科学的乐趣和心灵境界。

上面概略介绍了我们对课堂教学的三个教学理念，也举了一些如何在教学中体现的例子，考虑到篇幅有限，见识也有限，片面和不妥之处在所难免，仅作抛砖引玉，希冀得到同行的指教，并引起大家对提高课堂教学质量的关注。

参考文献

[1]赵中立，许良英.纪念爱因斯坦译文集.上海：上海科学技术出版社，1979：7.
[2]许良英，赵中立，张宣三.爱因斯坦文集：第三卷.北京：商务印书馆，1979：147.
[3]赵凯华，罗蔚茵.新概念物理教程：力学.北京：高等教育出版社，2004：225-229.
[4]陈仲本，深明星.医用物理学.北京：高等教育出版社，2010：205-207.
[5]罗蔚茵.力学简明教程.广州：中山大学出版社，1985：185-186.
[6]爱因斯坦，英费尔德.物理学的进化.周肇威，译.上海：上海科学技术出版社，1979：66.
[7]郑庆璋，罗蔚茵.GPS 的相对论修正.物理通报，2011(8)：6-8.
[8]赵凯华，罗蔚茵.新概念物理教程：热学.北京：高等教育出版社，2005：130-170.

1.4 试论基础物理必须实行直观教学①

对于基础物理的教学,有些教师习惯于从概念到概念,从公式到公式,数学式子一大堆,推导演绎满堂灌,致使许多学生不是觉得抽象难懂,就是感到枯燥无味。有些教师以数学推导代替客观现象的观察和实验事实的归纳和分析,好像物理规律都是先验的推导结果。于是,基础物理的教学模式便是:概念—原理(定律)—演绎(数学推导)—结论(或应用)。

当前基础物理教学的流行弊端是过于理论化,以为把高一级理论课程的内容生搬硬套下来便是高水平。于是就把理论力学、电动力学、热力学与统计物理,以及量子力学中的一些内容和处理问题的方法,分别塞进基础物理中的力学、电磁学和光学、热学和分子物理学,以及原子物理学中去,力求理论的完整和推导证明的严格,似乎这样水平就高了。其实这是一种本末倒置的做法,它不但加重了学生的负担,也不能让学生真正学到实际有用的东西。这样做的结果,充其量不外乎培养缺乏想象力的古板书呆子而已。

那么,怎样才能提高基础物理教学的质量呢?

笔者记得在学生时代曾听过一堂印象十分深刻的课,内容是电磁学中的电磁感应定律。任课老师预先在教桌上放上一个大的灵敏电表、一些线圈、导线、干电池、永磁铁和开关等。上课时老师先简略说明本节课的内容,然后一边接线演示各种电磁感应现象,一边提醒同学们注意观察现象的特点。老师边做演示边分析,最后归纳概括出完整的电磁感应定律,前后总共花去不到半个小时,大家都觉得收获很大,印象深刻,认为这是一堂十分生动活泼而又发人深思的直观教学课。几十年过去了,这堂课仍然深深地印在我的脑海中。

在课堂上利用实物、模型或其他教具等,形象地概括演示某种物理性质或过程,加强学生的感性认识,以达到阐明基本概念和基本原理,帮助学生逐步掌握分析归纳方法的目的,这就是直观教学。

一、基础物理为什么要实行直观教学?

基础物理顾名思义是物理学中的基础课程,相对来讲它是物理学大千世界的入门。基础物理实行直观教学有它的必然性。

1.认识论的要求

大家知道,人类认识客观世界是通过“实践—认识—再实践—再认识”这一过程不断循环深化的。首先,人们通过实践而达到感性的认识,再经过去粗取精,去伪存真的过程。抽象发展为理性的认识,然后回过头来指导和发展新的实践。从原则上讲,实践不单是认识的基础和出发点,也是检验真理的唯一标准。

自然,我们不能机械地认为基础物理只有感性的认识,但就整个大学物理学这个范畴,相对于理论物理和专业物理而言,基础物理这一层次无疑应属于以感性认识为主的阶段,它应是其他学科进一步认识的基础。因此,基础物理必须实行直观教学以加强感性认识,为以后进一步

① 本文基本内容取自:郑庆璋.试论基础物理必须实行直观教学.大学物理,1988(2).

学习高深的课程打下一个良好的实践基础。

2.方法论的要求

基础物理实行直观教学，是能够多快好省地完成教学任务的好方法。

其一，对于未曾经历过严格抽象思维能力训练的低年级学生，往往难于接受抽象的描述和演绎，而对于具体的和生动的直观形象却易于理解。

其二，好的直观教学最富启发性，往往能达到举一反三的效果。例如，笔者曾在课堂上给学生做过一个简单的演示：把一根直尺平放在两手的食指上，当两手相互靠拢时，由于静摩擦和滑动摩擦的差异，结果直尺的运动大出学生的意料。笔者抓住了这一点，作一些简短的分析和启发，之后，又引导学生弄清楚了弦乐器中弓弦运动的关系，以及领悟自激振动中一种换能器的原理。类似这样的启发性教学收到了很好的教学效果。

其三，基础物理作为物理学的基础，它负有培养学生对纷纭事物的分析、抽象、概括、归纳的能力，直观教学在这方面是最有效的（如前面举过的电磁感应直观教学就是一个很好的例子）。

3.物理学科本身的要求

物理学从本质上讲是一门实验和理论高度结合的科学，这就要求从事物理学的工作者要具有非常敏锐的观察能力和非常强的概括、分析、抽象和归纳能力。直观教学对培养这些能力的作用是毋庸置疑的。曾经有人误以为，做理论工作的可以不管实验，其实真正的理论物理学家都是通晓物理实验的。他们不但知道实验提出和解决了什么问题，而且能够通过自己的分析和演绎提出新的实验设想，因为他们只有通晓实验才能有的放矢地进行理论探索。事实上，不少伟大的理论物理学家同时又是伟大的实验物理学家。据说大物理学家费米在第一次原子弹试爆后数秒便冲出掩蔽体，向空中撒出几张纸条，然后根据纸条的落地点很快地估算出原子弹爆炸的 TNT 当量，与后来实测的结果基本一致。我想，如果当时在费米的身旁有一群学生，看到费米的行动和听到他的简要说明，这无疑会是一堂使人终生难忘而又富于启发性的直观教学课！

二、基础物理如何实行直观教学？

自从多媒体教学方法进入课堂以来，不少人以为可以利用多媒体教学来代替直观教学，笔者认为这种观点是不正确的。诚然，多媒体教学占有很大的时空优势。它可以把很长的时间过程缩短在几秒钟内显示，也可以把瞬间的过程延长以便于观察分析，它又可以把涉及广阔空间范围或远离本地所发生的现象或过程在教室中展现，还可以把微观现象放大到足以在课堂上观测，等等。此外，它还可以利用录像或模拟的动画帮助学生建立感性形象。总而言之，多媒体教学确是提高课堂教学效率的好方法，也是进行直观教学的重要手段。

然而，多媒体教学只是直观教学的重要手段之一，它不能完全取代其他形式的直观教学，特别是不能取代在课堂上实物现场的教学演示，因为多媒体教学也有自己的不足。首先是它受到一定的条件限制，有设备和制作的问题，不像现场演示那么反应迅速和灵活。更为主要的是，它仍然是间接的。学生没有身临其境，在观看多媒体的表演时，会感到犹如看魔术一般，谁知道它有没有混进特技效果？因此学生每每将信将疑。

笔者认为实行直观教学的原则应该是：

（1）在能够充分说明问题的前提下，越简单、越形象的现场演示越好。例如演示李萨如图形，可以用示波器和音频振荡器来演示，但我们认为最好还是用一个以盛满墨水的漏斗作摆锤的正交双频单摆来演示，该单摆沿正交方向摆动的频率不同且可调节，结果非常直观且简单明了。当然，并不排除进一步使用近代仪器演示的做法。

(2)实验模型要尽可能启发学生的概括抽象思维能力和想象力，一般不要满足于单纯的现象演示。例如荡秋千的模型演示，把荡秋千者的站起与蹲下抽象为其质心的升降，进一步利用一个摆长可以随意调节的单摆来代替，然后通过控制摆长的变化使摆幅不断增大来模拟秋千的越荡越高，并进一步指出这实际是一种参数共振的问题。

(3)使抽象难懂的问题直观化，让学生"眼见方为实"。例如圆孔和圆屏的菲涅耳衍射，用半波带分析容易证明，在一定条件下圆孔衍射中心可以是一个暗点，而阻挡光线的圆屏衍射中心则总出现一个亮点，这对初学者是不好理解和不易接受的。但当他们实际看到随着圆孔和观察屏之间的距离改变，中心时而出现亮点时而出现暗点时，他们就会很快信服我们所作的分析了。

(4)尽可能让学生自己多动手，加深认识和体会。很多复杂的物理现象和过程，原是可以用极其简单的教具演示和复现的。如尺子的摩擦运动、荡秋千的过程、不听话的线轴，以及菲涅耳衍射现象等，都可以鼓励学生课后自己动手做。有些制作条件比较困难的，可以由实验室制备多套教具，让学生有机会自己动手调节观察，如菲涅耳衍射镜、偏振片等。有些仪器套数一时不易增加的，可以采取开放实验室展览陈列的方式，让学生自由参观演示。

总而言之，在基础物理中提倡直观教学并不排除分析、概括、归纳以至演绎的教学方法，但应以具体、直观和强调感性认识为主，应有尽可能多的演示实验配合教学。演示实验最好分散配合课程内容，但也可以有相对集中的演示或展览陈列演示，还可以配合习题或考试进行。此外，也可以利用第二课堂的阵地，穿插一些有趣的演示实验，使学生在轻松欢乐之余得到一些科学上的教益。例如"魔环舞""打不破的鸡蛋"等节目，都收到了良好的效果。

三、基础物理实行直观教学的意义

(1)培养学生敏锐的观察能力，这种能力是物理学工作者乃至一般科学工作者十分重要的基本功，例如单摆的阻尼振动演示实验：①同样的摆长，且摆锤的大小和形状相同(小球)，但材料不同(如乒乓球、木球、铁球和铅球等)，在空气中摆动。②同样的单摆(摆长和摆锤都一样)，分别在空气、水和甘油中摆动。通过各种情况的观察，让同学自己去总结阻尼振动规律性的结论。

还有许多其他演示实验，如偏振光的干涉(互补色问题)、天空与落日的颜色和散射光的偏振性等，都对培养学生的敏锐观察能力起到良好的作用。

(2)培养学生的科学抽象思维能力和想象力。通过一些演示实验(如前面提到的荡秋千演示、阻尼振动演示等)，可对培养学生善于抓住主要矛盾建立物理模型起着重要的作用。

(3)活跃学生的思想，调动学生的学习积极性。从实践情况看来，学生对直观教学的演示实验多数是情绪高涨的。他们能随着教学进程不断思索，配合教师提出的问题，热烈讨论。

(4)有助于教师业务水平的提高。通过直观教学的备课和设计新的演示实验，能使教师对基础物理的内容有比较深入和透彻的理解，对提高教师的业务水平很有帮助。关于这方面笔者有较深的体会。当笔者1964年第一次接受讲授普物光学的教学任务时，曾结合备课，设计和制作了一整套光学演示实验，使学生能直观看到诸如菲涅耳圆孔衍射中心的暗点和圆屏衍射中心的亮点等奇妙的光学现象。记得当时在准备演示实验的过程中,确实碰到了不少的困难,但随着困难的解决,自己的业务水平也就得到了一定的提高。例如,准备菲涅耳衍射演示实验就遇到了很大的困难。因为当时还没有激光光源,参照书本上所讲的苛刻条件做实验,不用说不能演示给学生看,就连自己关在黑房中也只能看到一点模糊的影子。在经过了无数次失败以后,一次偶然的机会发现,演示菲涅耳衍射现象其实也不是那么困难的。用普通光源(例如相距2 m的小电珠),在光天化日下也可以看到。关键是解决光源的空间相干性、时间相干性,以及扩展眼睛的视力(例如利用目镜)等问题,正如扩展光源可以实现薄膜干涉和复色光源能出现白光条纹一样。此外,还要解决衍射光强极其微弱,不易在幕上看清楚的问题。

总之,笔者觉得实行直观教学不但能提升课堂教学效果,而且对提高任课教师的业务水平也大有好处,它能使教师的书本知识变成活的、本人亲身体验和实践的知识。这些知识是基础课教师十分必要的基本功。

1.5 在基础物理教学中如何培养学生的能力①

当前,面对物理学科的迅猛发展,对基础物理的教学提出了更高的要求,为了使学生走出校门以后能够适应日新月异的科学发展,培养学生能力就显得格外重要。著名的物理学家爱因斯坦在《论教育》中说过:“发展独立思考和独立判断的一般能力,应当始终放在首位,而不应当把获得专业知识放在首位。如果一个人掌握了他的学科的基础理论,并且学会独立思考和工作,他必定会找到他自己的道路,而且比起那种主要以获得细节知识为其培训内容的人来说,他一定会更好地适应进步和变化。”[1]这个精辟的见解一直是我教学的座右铭。因此,我认为基础物理教学的着眼点是:不仅要带领学生掌握好物理基础知识,更重要的是循序渐进地培养学生研究物理问题的能力。下面结合我的教学实践提出几点粗浅体会。

一、处理好教学内容的“精”和“广”的关系

基础物理的内容涉及的知识面很广,如果教学内容多而杂,容易造成学生负担过重、消化不良和死记硬背;但若盲目删减内容、偷工减料,学生缺乏必要的基础知识,知识面过窄就不能“博才取胜”。两者都不利于能力的培养,因此在教学中面临如何处理好“精”和“广”的关系问题。我在教学实践中体会到:若能通过精炼的教学内容,启发学生自己去开拓较广的思路和猎取更广的知识,即通常所说由薄到厚的学习过程,将有利于克服学生存在的负担过重、知识面窄、学得不活的弊病,这是培养能力的基本前提。

近年来,国内外某些基础物理教材出现篇幅大量增加的趋势,这些教材内容丰富,视野广阔。但由于课时非常有限,教师常常困惑于讲不完,学生也苦恼于抓不住。我认为作为基本教学内容,不需要讲述很多资料性的内容和知识的细节,也不必急于引入过深的数学处理方法而削弱了物理图像。有些内容可通过介绍参考资料,让学生在课外按各自需要去选择阅读,基本教学内容要力求“少而精,简而明”。按照这种想法,我结合课堂讲授编写了《力学简明教程》[2],除基本内容外,每章还附有“选修课题”和“自学指导”,并推荐和指导部分学有余力的学生阅读其他精品教材。这样教学就可进可退,从容不迫,并能因材施教。必须指出,精炼的教学内容不仅要有科学结论,还要反映科学过程和科学方法。在课堂讲授中要精选有代表性的课题,介绍知识的由来、发展和联系,以及获得科学结论的研究方法,使学生对“获得知识”的过程取得规律性的认识,才能有利于培养其独立获取知识和探索发现的能力。例如,大家熟知的牛顿定律,在中学已着重介绍了定律的内容和应用,在大学则应从认识论和方法论的更高层次来讨论这个课题——要启发学生去探求牛顿定律建立的物理背景,在总结出牛顿定律的过程中如何运用分析、判断、推理和抽象等科学思维方法,讨论在引入有关概念时是否存在“逻辑循环”问题;在指出牛顿定律的局限性时结合批判“绝对时空观”的形而上学机械论;进而展望经典牛顿力学发展到近代相对论力学的必然性。这样,使知识的科学性、逻辑性和学生认识的规律性统一起来,就能有效地启发学生主动思考和探索。教学实践表明:对这样的课题,学生思想非常活

---

① 本文的主要内容取自:罗蔚茵.在基础物理教学中如何培养学生的能力.中山大学论丛,1982(2):86-88.这里略有补充。

跃，课外提出许多有一定深度的问题与教师讨论，并积极查阅有关资料，不仅从认识论和方法论的角度加深了对牛顿定律的理解，开拓了思路，而且对牛顿定律在大至天体，小至原子中的应用范围有所了解，扩展了思路。

二、注意培养辩证思维和抽象思维等理性思维的能力

根据学生的学习经历和思维发展的规律，刚跨进大学的同学往往习惯于直觉、模仿、类比、归纳等形式逻辑的思维方法，比较缺乏辩证思维和抽象思维等理性思维的能力，但物理学的内容却是充满辩证观点和抽象思维的。因此我在教学中针对学生的弱点注意加强辩证思维和抽象思维等理性思维能力的培养。

正如恩格斯所指出："在讲到概念的地方，辩证的思维至少可以和数学计算一样得到有效的结果。"[3]其中比较典型的例子是动量和动能这两个基本概念的讨论，它们都和质量及速度这两个物理量有关。如果只照本宣科地讲述定义，就算作详细的推导和举出大量计算例题，学生仍不能深刻领会这两个概念的物理本质，在分析问题时常会感到困惑，究竟是动量还是动能才真正是机械运动的量度呢？恩格斯运用辩证思维方法，在经典理论的框架内，从运动形态转化的观点，阐述了这个问题。多年来，我一方面介绍恩格斯对这个问题的论述，同时介绍如何从近代物理的观点去认识动量、动能两概念之间的联系和区别，指出必须用辩证发展的理念去认识物理概念和物理规律，才能具备发展科学的基本能力。另外，通过讨论学生感到困惑的某些问题，例如汽车从静止开始前进的过程中，若把汽车作为质点系，那么此系统动量的增加从何而来？动能的增加又从何而来？加深对动量和动能概念的认识，为何动量是矢量，而动能是标量的问题，就能从其内涵的物理意义去理解，而不会作为强加的定义去死记硬背，从中培养学生灵活运用基本理论知识的能力。

从错综复杂的物理现象中通过物理抽象建立适当的物理模型，然后再选择合理的理论计算，这是物理学研究中一个极其重要的方法。因此在基础物理的教学中必须循序渐进地去提高学生物理抽象思维的能力。如力学中的质点、刚体、理想流体，分子物理中理想气体的分子模型，电磁学中的点电荷、分子电流等都是经过物理抽象的理想模型。我们常常发现，如果学生对某个物理问题感到束手无策，往往是由于不善于作物理抽象或物理图像不清晰而无从入手去分析。为此，我在力学课中常常提出一些思考题，例如为什么人从小船跳上岸比从大船起跳要困难些？人荡秋千如何能越荡越高？用柴刀的哪个位置去劈柴可使手受的震动最小？……启发同学从这些日常所熟悉的现象学会作正确的物理抽象，从而科学地去剖析其力学原理。

至于在分子物理学中，更是要借助于微观模型并作一系列的简化假设，运用理性思维来讨论，特别是统计概念的建立，不少学生对此往往感到抽象难学。统计概念不仅在热现象的研究中有重要意义，而且在整个微观物理领域内也是一个基本问题。但是对于那些第一次接触微观图像的学生，要建立正确的统计概念是比较困难的，需要在物理思维方法上有个飞跃。因此在普物热学教学中，如何讲透宏观的热力学定律与微观的统计规律之间的内在联系，并结合理想气体压强公式的推导、麦克斯韦速率分布律及气体内输运过程的微观解释等关键的知识点，帮助学生初步建立起统计概念，从中培养抽象概括、逻辑推理等理性思维的能力就更显得重要。

三、通过多种有效途径培养学生能力

有人认为要培养能力就必须搞"题海战术"，贪多求难地布置课外作业，这样学生疲于应付

作业，不但影响了对基本理论的钻研和阅读课外参考资料，而且往往题题都吃不透，甚至变相抄袭。表面看起来做了很多习题，实际上都是“过眼云烟”，学到手的却很少。我认为解题是培养能力的一个重要方面，问题在于要精选富有启发性的题目，即在运用基本理论和解题方法上具有代表性，能举一反三、触类旁通，而且是学生疑难所在的典型题目，特别要注意选取那些容易引起争论但又最终能够解决的题目。例如，在刚体运动中推算拉动线卷向前运动的条件，写出公式，可以发现随着拉线的倾角变化，线卷可能反而向后滚动，要求学生从遇到的矛盾中，运用他们的知识和经验，进行分析、判断和推算，对自己的推理方式进行“自我调节”，最后整理出系统的思路，成功地解答习题，这样更能加深对讲课内容中基本理论的理解并增强解题的能力。为避免学生花费太多时间去寻找解题途径方面的错误，可以适当通过习题课对学生正在解答中的习题进行“画龙点睛式”的启发和“临床会诊式”的讨论。要防止把习题课变成提问课或举例课，这是不利于能力的培养的。

开展课外活动也是培养学生能力的一种有效途径。在精选教学内容和精选作业题目的基础上，学生可以有较充裕的余力去开展灵活多样的课外学习，如组织课外研究小组，举办课外讲座、问题讨论会、读书报告会，进行教学演示实验等，而这些课外活动往往能使课堂教学更加生动活泼。例如，我在讲授物理系的普物力学课时，为了帮助这些刚刚踏进大学的学生更快适应大学的学习要求，培养正确的科学思维方法，我们在课外相应地举办了“力学基本概念的进一步探讨”“摩擦力总是阻碍物体运动吗?”“经典力学定律与惯性参考系”“波动理论在物理学中的应用”“相对论中的孪生子佯谬”“从引力质量和惯性质量浅谈广义相对论中的等效原理”等物理学讲座，在课外讲座中还结合放映的有关录像片进行教学演示实验，同学们都兴致勃勃来参加这些讲座。我们希望通过课外活动不但使学生扩大知识视野，增进对物理学的兴趣，还能在培养学习能力方面有所帮助。此外，我们在课外讲座中介绍了李政道推动的美国有关大学联合招考物理专业研究生（CASPEA）项目中的“普通物理”和“经典物理”中的部分试题，这些试题对培养学习物理的能力有一定的启发，它不但要求学生有较宽的知识面，还要求在将理论应用到实际问题时也要用得较活，包括要善于运用物理量的数量级去进行半定量的估算和推断。这些往往是学生比较薄弱的方面。

培养学生的能力是继承性很强的“接力跑”，我们希望在大学阶段，基础物理的教学能在培养学生研究物理问题的能力方面有一个良好的开端，许多工作还有待于后继课程和各种专业训练去接力承担。

参考文献

[1]许良英，赵中立，张宣三.爱因斯坦文集：第三卷.北京：商务印书馆，1979：147.
[2]罗蔚茵.力学简明教程.广州：中山大学出版社，1985.
[3]恩格斯.自然辩证法.曹葆华，于光远，谢宁，译.北京：人民出版社，1955：176.

1.6 浅谈基础物理的启发式教学[①]

关于启发式教学,我们想以基础物理这门课的教学实践,从大学教学要求的角度,结合物理内容的特点来谈一些粗浅的体会。

一、教材内容要富有启发性

有些教师觉得,采用启发式教学要提出问题,让学生思考一番再回答,还要分析讨论,最后才得出结论,岂不花时间很多,又怎能解决学时少、内容多的矛盾呢?其实,启发式教学并不仅仅指课堂教学的活动形式,更不是说非采用提问方式不可。启发式教学首先在于教材内容的处理要少而精,并且“精”在富有启发性。一个物理问题是否讲得透彻,不在于是否讲得详尽,首先在内容是否有启发性、能启人深思,即能否启发学生用正确的物理思维方法去把握这个问题的关键。这就要求教师对教学内容的关键要抓得准,例如,力学中曲线运动是初学者的难点,也是教学重点,教师往往花很多时间作了详细的推导,学生仍不得要领。对这部分内容的处理,我主要启发同学去思考:为什么同是一条曲线,讨论速度矢量时,可以“以直代曲”,用一系列元直线来逼近此曲线;而讨论加速度矢量时则不能“以直代曲”,而要“以圆代曲”,用一系列圆弧来逼近?抓住曲线运动的这个基本特征来突破,学生对曲线运动的有关概念、公式的推导和应用也就迎刃而解了。

启发还必须针对学生的思维症结,对症下药,适得其所。例如,参考系问题,同学往往以为中学已讲过,似乎不必再“炒冷饭”了。实际上,他们对这个看起来简单其实却是十分重要的基本概念并没有真正掌握,且往往影响到以后对整个物理内容的正确理解。对此,我并不是采取反复强调或详细讲述的办法,而是针对学生总是“理所当然”地习惯用地面为参考系和缺乏相对运动的观念,提出一个简短而很有启发性的问题进行讨论:“小船运载木箱逆水而行,经过桥下时,木箱不慎落入水中,半小时后才发现,即回程追赶。在桥的下游 5 km 处赶上木箱,设小船划速不变,求小船回程追赶时间和水流速度。”对此问题学生往往不考虑选择适当的参考系,而是按老习惯去计算相对地面的流速和划船速度,列方程来求解,费劲得很。此时,可启发学生选取水流为参考系,则木箱相对水流静止,立即可得回程追赶时间也为半小时,流速则为 5 km/h,不需动笔即可立即回答。再把水流与运动中的火车及地球作比较,此时同学往往露出恍然大悟的神情。然后进一步启发学生考虑,若小船原来顺水而行,回程追赶时间是否仍为半小时,只要选取水流为参考系就不难立马得出正确结论。还可进一步提问:如果在水流速度变化的情况下,结论又如何?并顺此指出,在运动学问题中参考系可任意选取,而在动力学中则不然,引起学生想要进一步问个究竟的求知欲望,为以后讨论惯性参考系和非惯性参考系及惯性力等概念埋下伏笔。最后适当点出参考系在研究相对论中具有重要意义。通过这样费时并不多的讨论,却能使学生对参考系留下深刻的印象,并为进一步研究运动的相对性开拓了思路。可见,讲课若能针对学生的思维症结,讲到点子上,就能事半功倍,从容不迫,费时少收获大。一堂成功的课堂

---

① 本文曾发表于:罗蔚茵.人民教育,1981(10):36-39.此处略作修改。

讲授应该不仅仅起到讲解知识的作用,更重要的是起到启发思考的作用。

二、启发学生提高物理抽象的能力

从错综复杂的物理现象中通过物理抽象建立一个适当的物理模型,这是物理学研究过程中一个极其重要的方法,理论计算往往根据其物理模型来选择相应的数学手段和近似。物理抽象是一个在物理现象和理论计算之间承上启下的重要环节,只有抓住支配现象的主要矛盾才能作正确的物理抽象,建立适当的物理模型。它是基础物理学中常用的方法,如力学中的质点、刚体、理想流体;分子物理中的理想气体;电磁学中的点电荷,磁介质的分子电流;原子物理中的有核模型和壳层模型等,都是经过物理抽象的模型。因此,在基础物理教学中一个重要的关键是通过启发教学的手段去提高学生进行物理抽象的能力。例如,关于转动惯量和角动量问题,对于刚进大学的学生是比较陌生和困难的。于是,我引导学生去分析一个他们所熟悉的现象——荡秋千。"人荡秋千如何能越荡越高?"对此问题,学生非常活跃,议论纷纷。开始,学生只能说出其直观现象:人在平衡位置站起来,荡到两端边时则蹲下去。但由于不会作适当的物理抽象,所以无从入手去分析其力学原理,讲不出所以然来。这时我便作一个简单的演示来启发学生,用长绳通过定滑轮悬挂着一个小球,每当小球摆到平衡位置时,通过定滑轮把它提起,摆到两旁时则把小球放低。这样一来小球果然越摆越高,于是学生兴趣更为高涨。这时便可启发学生思考怎样把荡秋千现象作正确的物理抽象,即把人荡秋千时站起和蹲下抽象为质点的升高和降低,也就是质点对固定轴的转动惯量改变。再分析哪段过程角动量守恒,此时转动惯量的减少相应引起角速度的增大;哪段过程机械能守恒,此时较大的动能相应转化为较大的势能,进而分析秋千荡高后机械能的增加从何而来。由于作了适当的物理抽象,对其力学原理也就剖析得比较透彻,在此基础上再选择相应的力学公式去进行理论计算,进一步作数学抽象,并指出这和以后讨论参数共振也有联系,可作更深刻的抽象。围绕角动量守恒还可以联系到,芭蕾舞演员和溜冰运动员在作快速旋转表演时为何要迅速收拢四肢?杂技演员和跳水运动员在空中翻筋斗时为何要尽量蜷缩身躯?地球为何在近日点运行得较快(开普勒第二定律)?直至中子星自转周期的估算等问题,只要善于对这些现象进行物理抽象,都可以用角动量守恒定律去分析。为有利于启发同学从生动的直观到抽象的思维,我已把上述内容整理编成一个教学演示课件,并由中山大学电教中心制成一个我自编自演的录像短片,为许多兄弟院校所采用。

三、要用辩证的思维方法启发学生

恩格斯说:"辩证法是唯一适用于自然科学现在这个发展阶段的更高级的思维方法。"[1]普通物理虽然主要讨论经典物理,仍然要注意用辩证的思维方法去阐明物理概念和规律。

例如,"动量"和"动能"是力学的基本概念,它们都和质量及速度这两个物理量有关。如果只讲述定义,即使详细罗列两者的区别,学生仍不能深刻领会这两个概念的物理实质,在分析具体物理问题时,经常会混淆。究竟是动量还是动能才真正是机械运动的量度呢?这个问题在物理学史上曾经争论了四十多年,像笛卡儿、莱布尼茨、康德、达朗贝尔等著名学者都卷入了争论,但他们总是争论不休。对于这一著名的争论,恩格斯从运动转化的辩证观点,精辟论述了动量和动能这两个概念。我按照恩格斯这个观点来讲述动量和动能这两个概念,同时指出在近代物理中认识到,动量、能量其实是四维时空中的动量-能量矢量中的分量,它们之间既紧密联系又相互区别，学生感到颇有启发。正如恩格斯所指出：“在讲到概念的地方，辩证的思维至少可以和数学计算一样得到有效的结果。”[2]辩证思维方法的精华是矛盾分析。若能按照学生思维发展的规律逐层深入揭露物理世界的内在矛盾，相应提出解决矛盾的有效手段，就能引人入胜，使学生处于主动探索、积极思维的状态，激发学生不断开拓知识的强烈求知欲。特别要指出的是，在培养学生的辩证思维方法中，要处处启发学生正确认识科学的相对真理和绝对真理的关系。例如，我在讨论经典的物理概念和规律时，总是结合当时的科学发展背景指出其缺陷和局限性，为以后过渡到现代物理的概念敞开大门。启发学生不要受到旧理论的禁锢，在尊重实践的前提下，要敢于背离旧的观念去开拓新的领域。

四、启发式教学应贯穿于教学各环节

除在课堂讲授必须采用启发式教学外，习题课、实验、课外指导、辅导答疑都要注意启发学生自己去开拓思路和主动探索问题。

以习题课为例，学生常常反映解题无从入手。的确，要能灵活运用理论去解算习题，需有独立思考的能力，因此，习题课必须采用启发式教学去培养学生的这种能力。教师要精选富有启发性的题目，即在运用基本理论和解题方法上有代表性，能触类旁通，并能对准学生口径的典型题目。选题切忌贪多，习题过多，负担过重，题题吃不透，甚至形成变相抄袭，并影响了对基本理论的复习。另一偏向是习题课专攻难题，片面追求解题技巧。其实题目过难，学生无从思考，启而不发，只好教师讲，学生听。由于习题课取材比较灵活，而一章的理论只通过一两次习题课去运用，不可能把所有问题都全面铺开，因此精选题目特别重要。

习题课的启发方式是灵活多样的。不要把启发式变为提问式。提问过多，学生不能充分思考，往往面呈惧色，坐立不安。这种教师进攻、学生防守的被动战不能起到启发作用。也不要把习题课变成举例课，更不能企图每类习题都提出样板，学生课后便依样画葫芦。当然不排除采用解剖麻雀式的分析典型例题去启发学生。习题课中某些关键问题，可发动学生在座位上进行议论，相互启发。教师则各处巡视，收集各类看法，在充分议论的基础上，引导学生全班集中讨论主要问题。学生经过议论已胸有成竹，就敢于大胆发言，开展争论，这也是行之有效的启发方式。习题课最难掌握的是如何启发得恰到好处。若教师出了题就袖手旁观，让学生自己去碰，最后才把答案全盘托出，结果会使不少学生无从入手又得不到指导，只好呆坐着等待教师讲答案，这样和有标准答案让学生自己做课外作业一样，没有体现教师的主导作用。但若相反，教师唯恐学生不会做，解释题意时就几乎全部“摊牌”，苦口婆心反复提示，给整个解题过程插好路标，这样学生没经过深思苦想就被教师牵着走，没有发挥学生的主动性。我认为，习题课必须使学生的独自思考和教师的启发交错进行，既不放任自流又不包办代替，要善于按照课堂的现场动态灵活掌握。

此外可举办一些课外讲座，启发同学扩展知识面和打开更广的思路。例如，我们曾举行了一个关于摩擦力的讲座，从科学家端茶杯的故事讲起，讨论了有关动摩擦和静摩擦的十个问题，激发起同学极大的兴趣。

我在多年教学实践的基础上编写了附有自学指导的《力学简明教程》[3]，教材内容力求精简、注意启发性，尽量给学生留有较多的思考余地，并借助“自学指导”作为用书面形式对学生进行启发式学习的一种尝试。

参考文献

[1]恩格斯.自然辩证法.曹葆华,于光远,谢宁,译.北京:人民出版社,1955:175.
[2]恩格斯.自然辩证法.曹葆华,于光远,谢宁,译.北京:人民出版社,1955:176.
[3]罗蔚茵.力学简明教程.广州:中山大学出版社,1985.

1.7 物理通识教育的理念和实践①

一、物理通识教育理念

近年来我国高等学校兴起一股"通识教育"热潮,然而什么是通识教育,如何进行通识教育,往往语焉不详,大家的认识并不一致。有人说,应该把各专业的精品课程拿来做面向全校的"通识课",要求体现通识课的高水平和专业深度,我们认为这个提法不妥。在高等教育中,通识教育(General education)主要是相对专业教育(Special education)而言,因此不应向专业靠拢,过分强调专业而削弱通识。事实上,我们的初等(小学)和中等(中学)教育所实行的,不也就是通识教育吗?大学阶段通识教育的理念,应该是开展高层次的综合素质教育和博雅精神的人格内涵教育,作为综合大学的通识教育特别要注重文理交融,突破文理壁垒,培养理科生的人文情怀,培养文科生的理性思维。

理科生对文科如政治、经济、历史等学科知识只知皮毛;文科生对理科如物理、化学等学科知识知之甚少,而对后者的通识教育任务更加艰巨。因为缺乏理科知识的文科学生接受理科知识的难度要远远大于理科生接受文科知识,这是一个不可回避的难题。但我们不能避重就轻,要将一种理性的思维方式、一种严谨的治学理念在文科生中加以贯彻。正如世界著名的物理学家吴健雄所指出,为避免出现社会可持续发展中的危机,当前一个刻不容缓的问题是消除现代文化中两种文化——科学文化和人文文化之间的隔阂,而为这两方面提供交流和联系,没有比大学更合适的场所了。

人文学科的学生面对自然学科的恐惧感是多种原因造成的。首先,兴趣起着决定性作用,对自然科学不感兴趣就会出现排斥的心理,而我们开设的通识课会适当通过物理学家的轶事颂扬科学精神,注重兴趣的培养。其次,由于自然学科的基础内容是环环相扣的,这也是造成文科生排斥心理的原因之一。对这一问题,我们将对一些物理知识进行深入浅出的讲解,使文科生能了解物理世界的要义,而使理科生从深入细节中得到提升。

通识教育培养的是一种多维的综合思维方法,目的是打破学生的知识和能力的发展局限。除了让学生知道本专业以外的知识,更重要的是让学生了解其他学科的思维方式和学术研究方法,然后融会贯通到本专业的研究中去。专业课传授的是专业知识,是对专业知识学习能力的培养。物理通识教育,就更应注重综合素质的形成,而形成过程是在知识积累过程中潜移默化的。在课程中,主要向学生介绍的是在观察现象和实验验证过程中的理性思维过程,这在以后的工作生活中是十分必要的。

另外,为结合人格内涵教育,物理通识教育应多通过颂扬中外物理学家的科学奉献精神和世界观,向学生强调,科学探索也是对美的追求。真、善、美是人们心灵追求的最高境界,科学讲的是"真",伦理讲的是"善",艺术讲的是"美",真、善、美三者是不可割裂的。科学研究的目的固然是追求真理,但在许多科学家的心目中,追求美也是科学研究的目的,物理学的美表现在基

---

① 本文曾发表于:罗蔚茵,郑庆璋.物理通识教育的理念和实践.物理通报,2013(1):9.此处略有修改。

本物理规律的简洁性和普适性。物理学的规律是有层次的，层次越深，规律越基本，就越简洁，其适用性也越广泛，更重要的是，物理学是一门理论与实验高度紧密结合的自然科学。正如联合国对世界物理年的决议确认：物理学是认识自然界的基础；物理学是当今众多技术的发展基石；物理教育为培养人的发展提供了必要的科学基础。可以说物理通识教育在科学素质教育中有着不可替代的作用。

二、物理通识教育尝试

本文作者从 2006 年秋天起，连续六年面向中山大学全校本科生开设两门公共选修课：一门是“新概念物理撷英”，主要面向理工科学生；一门是“照亮世界的物理学”，主要面向文科学生，此门课被学校选定为通识教育核心课程。两门课各有 200 多人选修，而且实际选课后文理学生混杂，这不免给课堂教学带来一定困难。但是考虑到按我们的教学理念，通识课的目标是提高学生科学素质而不是追求系统的理论教学，是教会学生用科学的思维方法分析物理现象、训练思考问题和解决问题的能力、扩展科学视野、增进科学情趣、提高科学素质。因此，只要对教学内容和教学方法进行相应的改革，还是可以实现通识教育的目标。我们的序言是这样写的：本课程作为通识教育的核心课程，以培养心智，提高理性思维能力和人格内涵为教学目标，从文理交融的角度，精心选取某些专题，介绍物理学发展与人类文明进程的关系；同时，结合介绍一些不为功利、追求科学的物理学家的轶事，旨在提高学生的科学素质和人文素质，并领悟文理交融和科学交叉的亮点；采用以物理图像为主的半定量教学法，并穿插一些影像资料，力图将知识性、思想性和趣味性相结合。

我们采用专题的方式教学，按照两门课程的不同定位，制定一系列专题。如“照亮世界的物理学”课程中安排有“从牛顿力学到宇航时代”“热力学与热机开启了工业文明时代”“电磁学带来了电气化时代”“相对论和核物理打开了原子能应用的大门”“量子物理奠定了激光技术原理”“半导体物理推动信息产业的发展”“相对论变革了人类的时空观”“广义相对论告诉你时空如何弯曲”等专题。又如“新概念物理撷英”则是从赵凯华教授和本文作者之一罗蔚茵合编的新概念物理教程中，选取一些内容，加工深化形成专题，如“相对论与现代时空观”“狭义相对论中误区析疑”“引力的时空效应”“物理学中对称性定律的普适性”“混沌和分形”“熵与生态”“信息时代和信息熵”“量子隧道效应与扫描隧穿显微镜”“物理世界的层次”“现代宇宙学简介”等专题。

兴趣是最好的学习动力，因此笔者尽量结合有趣的、特别是近期发生的一些科学事件，插入小专题，扩展学生的视野和提高学习兴趣。例如“从蜻蜓翅斑到塔科马大桥坍塌”“古铜器透光铜镜和鱼洗喷水中的物理”和“卫星摄影和全球定位系统（GPS）及其相对论修正简介”等。

又为了使教学能与时俱进，我们还及时增加一些小专题，如“冥王星被行星家族除名”“中国的嫦娥奔月和天宫一号”“日本福岛核泄漏的灾难”“光纤通信之父高琨获 2009 年诺贝尔物理学奖”“2010 年诺贝尔物理学奖——制作石墨烯薄膜的故事”和“2011 年诺贝尔物理学奖——宇宙在加速膨胀的发现”等，都很受学生欢迎。

此外，还考虑到教学不应单是授人以“鱼”，而更重要的是授人以“渔”。为培养学生善于观察现象、探求物理规律的能力，我们鼓励不同专业的学生（5 人以下）自由组合，自由选题做 PPT

课堂展示，作为平时成绩的参考。首先我们做些示范，例如把从网上看到的资料，做一个“从无扇叶风扇到空气动力学浅说”；又从旅游地购买了一个用热水淋头会“飚尿”的陶娃娃做实验，摄制一段影像，再插些图片，做成“从会‘飚尿’的陶娃娃到理想热机循环”，以及“从玩具饮水鸭到热力学定律”等一些示范，供学生参考。要求学生从身边的现象去探求物理，制作相应的PPT用以在课堂展示。此举大受同学欢迎，他们踊跃报名，积极参加。为了保证每一次课堂演示PPT的学术性和趣味性，要求每组同学先把课件通过邮件发送给老师，老师审阅并提出修改意见，然后安排展示。同学们根据各自的专业特色，结合互联网和其他参考资料，做出了许多丰富多彩的展示课件，如翻译专业学生做的“BBC仰望夜空：大爆炸（字幕翻译）”，文学专业学生做的“文学对称与物理学对称”，商务专业学生做的“新物理技术在广交会中的应用”，理工类专业学生做的“鸡蛋里的物理——薄壳结构的力学分析”“跟猫猫学物理——猫为什么不会摔死”“自行车为什么不倒”“从热力学定律看空调机为何能制冷又制热”等。

现在的大学生，获取知识的渠道很多，自学的能力也很强，只要他们有积极性，可以从互联网或其他参考读物中找到许多资料，其中有些还是我们未掌握的，例如猫从高处跌下时在空中转身的视频，猫从不同高度摔下受伤的概率曲线等。此外，他们为了说明问题，还自己做实验制作视频。例如“鸡蛋里的物理——薄壳结构的力学分析”的展示中，学生邀请了一位据说握力有一百多斤的“大力士”同学，手里握着鸡蛋用力捏，脸上和手臂青筋暴涨，但鸡蛋丝毫无损；他们还在四个鸡蛋上铺一块板，然后在板上不断加放书本和矿泉水等重物，最后才把一个不对称的、较高出的鸡蛋压破。

为了体现本门课的开放性和教学相长，我们往往在讲课中引用一些前届学生的工作，并强调出处，以身作则，说明要尊重别人的工作。这样一方面丰富了我们的教学内容，另一方面也说明教师对学生工作的重视，大大地鼓励了他们自觉创新的积极性，同时也告诫学生一定要尊重别人的工作，避免以后犯“文抄公”、剽窃别人成果的错误。

据我们所知，国内外通识教育有些采用小班上课讨论的方式，而我们这门课程还没有那种条件。如何在200多人的大班进行课堂互动是很棘手的问题。我们认为学生课堂展示也是一种互动形式，并在每一次学生课堂展示后提出一些问题供大家展开思考讨论，尤其要关注文史哲学生，提升他们对物理的兴趣。另外，成绩评定采取开放式，以课程论文为主要依据，参考课堂展示、考勤记录等。撰写课程论文要求学生查阅资料，整理心得，提出见解，并训练按照科学论文的规范来写。撰写期末课程论文时，采取大家互相传阅的方式，吸取其他同学的优点。当然，这些还是一个逐渐摸索中的大班上课师生互动的过程。

当今学生中逃课之风甚盛，据说他们有“专选课选逃”“公选课（通识课）必逃”的潜规则。但我们这两门课还好，300人左右的阶梯教室，也坐得七七八八（限选人数220），估计到课率一般有九成左右。学生反映大家对这门课有新鲜感，也有兴趣，觉得能扩展不少科学知识，也能得到一些人生和科学的感悟，有助于提升综合素质。每当课程临结束前，他们中许多人都三三两两和我们合照留念，有些更成为忘年之交，逢年过节都发来贺卡问候。有一次讲完“孪生子佯谬”课后，许多同学围着提问，我们发现有两个女生长得非常相似，问她们是否是孪生姐妹，回答不是，天南地北，专业也不相同，便好奇为她俩拍了照片并送给她们。不久，其中一位生科院学生在照片上加上坐标系和洛伦兹变换公式，并题诗一首，回赠我们，十分有趣（图1.7.1）。还有学生曾在2010年12月20日的《中山大学报》上发表题为“通识教育的一枝奇葩”的文章，介绍

"照亮世界的物理学"这门课,对我们的教学理念和教学实践予以赞许,在此我们愿与同行分享点滴体会,抛砖引玉。

图 1.7.1　学生回赠的"李生子"照片

三、附录:通识教育的一枝奇葩——罗蔚茵教授浅谈理科通识教育①

临近期末,通识教育再次成为学生谈论的焦点问题。作为我校通识教育共同核心课第三类"科技、经济与社会"中首次在同学间亮相的"照亮世界的物理学",由高等继续教育学院罗蔚茵教授授课。罗老师的人格魅力和格物致知精神受到了同学们的一致好评,吸引了大量旁听者。近日,本报记者采访到了罗蔚茵教授和同学们,请他们畅谈对于理科通识教育的感受。

记者:罗老师您好,面对人文学科占据通识教育主导地位的局面,您开设了"照亮世界的物理学",请问,您的出发点是什么呢?

罗蔚茵教授(以下简称罗):我的出发点是拓展素质教育,培养理性思维。

通识教育作为大学的理念,应该是造就具备博雅精神的高层次文明教育和完备的人性教育,那么就应该突破文理界限,培养理科生的人文情怀,培养文科生的理性思维。文科生对理科如物理、化学等学科知识知之甚少,理科生对文科如政治、历史等学科知识也是只知皮毛。而对前者的通识教育任务更加艰巨,因为缺乏理科知识的文科学生接受理科知识的难度要远远大于理科生接受文科知识,这是一个不可回避的难题。但我们不能避重就轻,要将一种理性的思维方式,一种严谨的治学理念在文科生中加以贯彻。

记者:在"第二届中外大学校长论坛"上,莫斯科大学校长表示,理工科学生接受人文知识相对容易,而人文学科的学生,接受自然科学训练则显得比较困难。这是先天因素决定的吗?您怎么看待这一问题?

---

① 本文发表于:中山大学报,2010(新 240).采写:中山大学报记者蔡博。

罗:我认为这绝对不是先天决定的。人文学科的学生面对自然学科的恐惧感是多种原因造成的。首先,兴趣起着决定性作用,对自然科学不感兴趣就会出现排斥的心理,而这门通识课会适当通过物理学家的轶事颂扬科学精神,尽量结合有趣的、特别是近期发生的一些科学事件,阐述其物理原理,注重兴趣的培养。其次,由于自然学科的基础内容是环环相扣的,这也是造成文科生排斥心理的原因之一,针对这一问题,我将对一些物理常识进行深入浅出的讲解,使文科生了解物理的要义,使理科生在细节中得到提升。

记者:同学们觉得通识教育既不能帮助学生掌握某一特定的技能,也不是为了学生谋求某种职业做准备,那么,它对个人发展到底有哪些益处呢?

罗:通识教育培养的是一种思维方法和科学素质,目的是打破同学们的发展局限,使其具有综合知识结构。专业课传授的是专业的知识,是对专业知识学习能力的培养。除此之外,大学教育应更加注重素质的形成,而形成过程是在知识积累过程中潜移默化的。比如说,物理学是一门理论与实验紧密结合的自然科学,它对科学素质的培养有着不可替代的作用,在课上,我主要向同学们介绍的是在实验验证过程中的理性思维过程,不论是文科或理科学生,这对他们在以后的工作生活中是十分必要的。

记者:面对一个二三百人的大课堂,您打算如何让通识课发挥最大的作用?

罗:这也是我一直在思考的问题。国外的通识教育大多是小班上课,而我们的教学资源还没有那种条件。这就要求老师和同学珍惜每一次的上课机会,共同营造好的教学效果。我设计的 PPT 及讲课风格都注意适合大班教学,讲课内容尽量简明通俗大众化,并充分调动学生自主学习的积极性,用课余时间将课堂知识加以拓宽深化。第一,为了保证每一次学生课堂演示的学术性和趣味性,我要求每组同学在课前把 PPT 以邮件的形式发给我,和我讨论后再在课堂上展示,这就保证了每一次课堂展示的质量。第二,提出一些问题供大家展开讨论,尤其是加强对文史哲同学的关注,提升他们对物理的兴趣。第三,交期末论文时,采取大家互相传阅和相互写点评的方式,吸取其他同学的优点。当然,这还是一个逐渐摸索的形式,还需要同学的积极配合,才能共同使通识教育收到实效。

1.学生感言选摘

中文系 09 级周同学:别有洞天的物理世界。

罗老师儒雅的学者之风和独特的人格魅力深深地吸引着我。我认为将理科课程开设为通识课很符合文科同学的需要,因为从高中时的文理分科使我三年来几乎没有接触过物理,自然就少了几分理性思维。但通过罗老师的讲解让我知道了其实物理就在我们身边,只要我们善于思考,就会有所发现。从身边的例子中剖析物理知识,减少了理论物理的乏味枯燥。在讲到学术问题时,罗老师也会特别照顾文科学生。

物理学系 10 级刘同学:巩固、提高、探索、钻研。

我认为,将物理与世界联系起来是很有必要的。还记得罗老师在第一节导论课上为我们举的一个生活中的物理例子,她关掉教室的灯,让同学们切实感受到没有物理我们将寸步难行,更加坚定了我在物理学道路上前进的勇气。作为一名理科生,将“照亮世界的物理学”选为通识课,起初的想法是减轻一下课业负担。然而,通过几节课,我发现,在罗老师的课上有很多从来没有接触过的领域,与时事接轨,比如嫦娥二号的物理现象等,把物理扩展到世界的方方面面。在课上不仅是对以往知识的巩固,更是对新知识的探索与钻研。罗老师“授之以渔”的教学理念引领我走进了一个别有洞天的物理世界。

2.记者手记

通过一学期的了解，我发现罗老师课堂上浓厚的学习氛围不逊于任何一门专业课。大家会提前半个多小时就来到教室，选择一个最佳的听课位置，罗老师夫妇也会在课前和同学们探讨学习中遇到的问题。课程中，同学们积极发言，参与课堂讨论。在课后更有同学围在老师身边询问着或深或浅，或难或易的物理问题，罗老师会一一予以解答，我想这种教学相长的氛围应该就是当代大学所要提倡的吧。文章将尽，特此祝福罗老师夫妇身体健康！

第2篇　力学中一些基本概念的再探讨

2.1　参考系、坐标系和惯性参考系

经典力学研究的对象是最简单的运动——机械运动，这就必须从研讨参考系开始。因为机械运动是研究物体间位置的相对变化，因此需要引入描述这种位置变化的参考物体系，这就是**参考系**。参考系看似是个简单的常识概念，中学生也知道，但是若对要求教师讲授“一杯水”内容必须自身有“一桶水”来说，这个概念还是大有考究之处的。特别在大学基础物理的教学中如何帮助学生逐步深入了解参考系的物理内涵，从日常生活的常识引申到广义相对论的观念，这是个很有意义的探讨。

通常定义，**参考系是由形状不变、有一定大小的物体——刚体，或由一群相对位置不变的物体群构成**。为了描述物体位置的方便，通常在参考系上固联一个坐标系，因此，**坐标系实质上是参考系的数学抽象**，往往不加区别地使用。

对于同一种机械运动，可以用不同的坐标系描述。当然，具体结果会有不同，但是可以通过坐标系之间的运动关系互相变换，会得到相同的结论。例如，一人在相对于河岸作匀速直线航行的船上竖直上抛一小球，以固联在船上的坐标系描述，小球作由下向上的直线运动；而以固联在河岸上的坐标系描述，则小球作斜向上抛物线运动。当然，两者是很容易通过简单的坐标变换证明是一致的。

对于一些看似复杂的问题，有时可以通过考虑选择合适的参考系容易得到解决。例如有一个这样的问题：已知一小船在河上匀速逆水航行，河水以 4 km/h 匀速流动。当小船经过河上某一桥脚时不慎掉下一个箱子，主人在向上游航行半小时后才发觉，马上调转头以与原来相同的相对河水的速度匀速追赶。问在下游离桥脚多远处追回箱子？很多学生利用相对运动的有关公式算来算去，老半天都解不出结果，因为船对水的速度还不知道呀。如果换个角度选择河水为参考系来考虑，把坐标原点定在箱子上。这样就立刻发现，小船相对河水以匀速离开箱子往上游驶去，然后又以同样的匀速调头驶回箱子处所需的时间应该是一样的，即小船离开和返回的时间都是半小时，此期间箱子随着河水一共往下游流了一小时，可见此时箱子应在桥脚下游 4 km 处。

上面用河水作参考系也许抽象了一点，我们还可以举另一个类似的具体例子。假定一乘客在列车中部餐车用餐，结束后他离开返回原座时，列车刚好经过隧道的出口。1 min 后他发觉手机遗留在餐桌上，便马上以原有的均匀步伐回去拿。若列车的速度为 120 km/h，问他拿回手机时列车离开隧道口多远？在这个例子中我们很容易知道乘客拿回手机总共花去 2 min，此期间列车驶离隧道口 4 km。

此外还要注意，在描述物体相对运动时，“相对”是指作为描述物质运动的基本“参考系”的相对（即测量图像），不是观察者个体观察到的相对（即视觉图像）。例如，你从广州乘车赴中山大学珠海校区，你会看到路旁的树木往后退，但你也会看到远离的建筑物（如广州塔）却和你一样往前走。难道你因此就能得出结论：“树木相对车往后运动，广州塔相对车往前运动”吗？显然不对，因为车和你最后都到了珠海，而树木和广州塔却仍然留在广州原处。可见树木和广州塔相对的是车和与之相联的空间——参考系的向后运动。结合这个例子，我们曾将自己亲身体验拍摄成影像，课堂放映给学生观看和讨论，并指出关于测量图像和视觉图像的区别，这个区别在讨论相对论长度缩短效应时会有更深入的讨论，通过这个例子对较深入理解参考系收到了很好的效果。

对于选用参考系，单从运动学的角度来讲，没有什么限制，只要简单方便就好。但对经典的牛顿力学，往往还要选用一类特殊的参考系，在这类参考系中牛顿运动定律才能成立，这类参考系叫做惯性参考系（简称**惯性系**）。惯性系的特点是相对于它作匀速直线运动的参考系也是惯性系。换句话说，惯性系之间的加速度严格等于零！

实践表明，若所讨论的问题牵涉的空间范围不大、时间不长，则在地面上建立的实验室参考系，是一个很好的近似惯性系。但是如果涉及的空间较大、时间较长，例如河水长期冲刷河岸和洲际导弹的运动等问题，就会发现实验室坐标系很不适用。由于在纬度为 φ 的实验室参考系绕地心系（即相对于以地心为坐标原点、以指向远处恒星的直线为坐标轴的**坐标系**）作向心加速度为 $a_1=3.4\times10^{-2}\cos\varphi\ \mathrm{m/s^2}$ 的自转运动，因此它比实际的实验室坐标系更为接近惯性系的要求。

若要描述更大范围的运动，如探测火星、木星，甚至离开太阳系的宇宙飞船的运动，地心系显然是不胜任的。因为这时**地心坐标系**绕原点在太阳、坐标轴指向其他恒星的**日心坐标系**公转，其向心加速度可算出为 $a_2=5.9\times10^{-3}\ \mathrm{m/s^2}$，可见地心系也不是一个很好的惯性系。至于日心系是否一个理想的惯性参考系呢？也不是！近代天文学观测发现，离银河系中心（银心）2.5×10^4 光年的太阳，每 2.5×10^8 年绕银心转一圈，由此可以算出，其向心加速度 $a_3=10^{-10}\ \mathrm{m/s^2}$。

由上述讨论可见，日心参考系是一个精度很高的惯性参考系，但还不是一个理想的惯性系。随着天文学进入宇宙的更深层次，可发现整个银河系相对于其他星系团运动，当然这个高一层次的加速度又更小。近年自从发现宇宙微波背景辐射以后，可以考虑用它作为理想的惯性参考系，但还没有得到最后的普遍认可。

上面我们花了许多笔墨去寻找理想的惯性参考系，寻寻觅觅，最后还是未达到理想。其实，广义相对论早就有了一个很简单的答案：“惯性参考系就在你的脚下！”此话怎讲？

原来爱因斯坦曾提出一个假想实验：设想有一个封闭的箱子，在引力场中自由降落，犹如一个断了牵索的电梯。箱子里的所有事物，由于惯性力和引力抵消了，在不受外力作用时都作惯性运动，因此这个箱子可以看作是理想的惯性系。当然，由于一般引力场都不是均匀的，因而惯性力不能抵消全部空间的引力，只能在箱子系统的质心附近局部极小区域才能认为惯性力和极小区域对应的引力抵消了，所以这个惯性系又称为“局域惯性系”。

总而言之，我们可以根据不同的精度要求，为了简便，选用不同的参考系来解决问题。至于从理论上讲，最理想的惯性参考系当然就是局域惯性系了。

2.2 澄清讲述牛顿运动定律的一些谬误①

牛顿运动定律是中学里已经熟悉的内容,但学生往往停留在掌握定律的内容和解题方法。而在大学重学牛顿运动定律时,应当从科学方法论的高度来了解定律是如何得出的,并能识别某些讲述的谬误。本文试图通过讨论如何建立牛顿运动定律来澄清讲述牛顿运动定律的一些谬误,即澄清牛顿运动定律究竟是作为惯性系、力和质量的定义,还是客观的自然规律?这是不少教师和学生常会困惑的问题。

一、讲述牛顿第一定律易犯的逻辑循环的谬误

牛顿第一定律通常的表述为:**"任何物体都保持静止或匀速直线运动状态,直至其他物体所作用的力迫使它改变这种状态为止。"**在这里牛顿定义的静止或运动,是相对于他设想的绝对空间和时间而言的。大家知道,牛顿的绝对时空是经不起拷问的,因此后来德国物理学家朗格(L. Lange)提出在牛顿力学的框架中引入惯性系的概念②,即在此类参考系中,一个不受外力作用的物体总是作匀速直线运动的。

朗格引入惯性系的概念虽然解决了绝对时空参考系问题,但他却无形中把牛顿第一定律降格为惯性系的定义。可不是吗,既然你定义了惯性系是在其中牛顿第一定律成立的参考系,那么在这个参考系中牛顿第一定律不就一定成立吗!这形成了一个逻辑循环的谬误。

我们认为,问题在于朗格对牛顿第一定律的建立相对于局部的和全局的意义没有把握好,把两者混为一谈,致使普适的定律变成是一个参考系的定义。其实,朗格可以选用一个特定的参考物(例如存放在巴黎的千克原器)作为检测物,置于某一参考系中,按照"一个不受外力作用的物体总是作匀速直线运动"的条件,来判定该参考系是否为惯性参考系,然后再用自然界中万物在所选定的惯性系中检测牛顿第一定律是否成立。就这样,我们只先用一个特定物体来定义惯性系,而对所有的物体来验证牛顿第一定律成立,因此牛顿第一定律是普适的自然规律。

牛顿第一定律是在大量实践的基础上,经过去伪存真的理论概括而间接得出的结论。由于所有的物体总是在相互作用着,故很难直接验证。许多教材都介绍了伽利略关于惯性运动的斜面理想实验,其实,近代科技表明,牛顿第一定律的推论与许多实验结果相符合。例如在天文观察中,可以看到一种彗星,当它远离其他星体时,即各星体对它的引力极弱时,测到其运行速度几乎保持不变。又如在电子学实验中,若电子运动的空间是高度真空,并且在运动中不受电磁力的作用,那么它的运动速度也几乎保持不变。还可举出不少类似例子。由此可见,牛顿第一定律虽然未能直接验证,**但它仍然是源于实践的客观自然规律。**

二、误把牛顿第二定律作为力和质量的定义

牛顿第二定律表明力和质量以及加速度之间的定量关系,这个关系究竟是定律(客观规律)

---

① 本文内容取自:罗蔚茵.力学简明教程.广州:中山大学出版社,1985.

② Lange L.Über dic wissenschaftlische Fassung des Galileishen Benharrungsgesetzes(论伽利略惯性律的科学结构),Berlin,1885.

还是定义(人为规定)呢？在教学中往往没有讲述清楚，不少教师不自觉地用了定义式的讲法。下面我们来介绍如何逐步通过实验操作总结出这个关系，并由此说明这是一个客观规律。

对于**牛顿第二定律**，目前一般把它写成

$$a \propto \frac{F}{m} \quad 或 \quad a = k\frac{F}{m}$$

其中 F 是作用在质量为 m 的质点上的力，a 为在此力作用下质点所获得的加速度。选取适当的单位，上式又可写为

$$a = \frac{F}{m} \quad 或 \quad F = ma$$

加速度在运动学中已有定义和计量。在上式中出现两个新的需要计量的物理量：力 F 和质量 m。下面分别考察它们和加速度的关系。

先考察加速度和力的普适关系。

力是新的需要计量的物理量，本来用弹簧秤可以计量力，但考虑到各种材质的弹簧秤与力的大小的线性关系可能不一致，而且也会产生弹性疲劳，因此还是用牛顿第二定律中的加速度和力的大小的线性关系来计量力比较严格。但这样一来，是否会出现定义和定律的逻辑矛盾？不会的！我们可以选用一个**标准物**来计量力：用不同的力作用在标准物上，然后由标准物获得的加速度来给力定标，再用这些定标好的力作用于其他任意物体上，所获得的加速度是否与力的大小成正比呢？这就是判定是否为客观定律的问题！实验证明，对于任何一个物体，用上述定标好的力作用于其他物体上，所获得的加速度与力的大小恒成正比，可见这是客观的普适关系，而不是人为的定义(定义只对标准物才有效)。

再考察加速度和质量的普适关系。

质量也是新的需要计量的物理量。至于质量的定标问题，本来使用天平是一种不错的选择。但天平比较的是相同质量的大小，至于某质量的任意倍数或分数，就比较麻烦。所以我们还是选用牛顿第二定律中的质量和加速度成反比的关系来给质量定标。方法是先选用一个**标准力**来定标，用它作用在不同物体上，然后从物体获得的不同加速度之反比来定标该物体的质量。最后用不同的力作用在这些定标好了的任意物体上，看看这些物体的加速度是否成反比的关系。实验证明，加速度和质量成反比的关系是普适的，这样我们一方面做好了力和质量的定标，另一方面也避免了定义和定律的逻辑循环矛盾。

综上所述，**物体所获得的加速度与力的大小成正比并和质量成反比的关系是普适的自然规律**，实验还表明，**加速度的方向与力的方向一致**。因此，牛顿第二定律的文字表述为：物体在受到外力作用时，其获得的加速度大小与外力矢量和的大小成正比，并与该物体的质量成反比，加速度的方向与外力矢量和的方向相同。在经典力学的范围内，牛顿第二定律被广泛应用。

通过上述的讨论，希望对学生的逻辑思维和批判思维等科学思维方法的提高有所帮助。

2.3 关于能量的概念①

——从机械能的意义谈起

什么是能量？这是学习基础物理的一个十分基本的问题。这个概念看似老生常谈，其实对此概念的建立和讲述仍大有可推究之处。有位物理老师说，能量是一个数，是一个有量纲的数值。这个解说没有错，但说了等于没说。能量确实是一个有量纲的数量，但所有的物理量又何尝不是一个有量纲的数量？速度、加速度、力、质量、功……哪一个不是有量纲的数量？

也有物理老师说，能量是一个状态函数。这个解说似乎比前面的说法深奥一些，但它是怎样的状态函数，由什么确定？不回答这些问题，说了也没有意义。要回答这个问题，首先要知道什么是描述物理系统的状态参量。对机械运动来说，这些状态参量主要是质点的质量、位置、速度和系统内部的相互作用力等。对热力学系统，状态参量就是温度、压强、密度和容积等。而对电磁学系统，其状态参量就包含场强、电磁势、电荷和电流密度等。因此，作为反映物理系统做功或热交换（微观功）能力的“**能量**”，就是由描述物理系统的状态参量确定的状态函数。

至于为什么要引入“**能量**”的概念和怎样建立“**能量**”的概念，如何确定这个状态参量，还得从人类的生产实践和生活经验谈起。人们发现，当一个力学系统的状态改变时，它会对系统外的事物做“功”。例如重锤从高处落下，它的速度不断改变加快，直到碰到木桩，把木桩打入泥土中。对重锤和地球这个力学系统来说，它的状态改变了，结果是对木桩和泥土这个“外界”做了“功”。又如流水推动水轮机，流水的速度变慢了，水轮机运转并对外做“功”，等等。反过来，“外界”对力学系统做了“功”，则系统的状态同样会改变。如用力 $\boldsymbol{F}$ 推动物体一段距离后，该物体的速度增加，且按牛顿运动定律速度由 v_1 增至 v_2，满足关系

$$\frac{1}{2}mv_2^2 - \frac{1}{2}mv_1^2 = F \cdot \Delta s \cdot \cos\theta = \boldsymbol{F} \cdot \Delta \boldsymbol{r} \tag{1}$$

其中 m 是物体（质点）的质量，v_1 和 v_2 为物体在力 $\boldsymbol{F}$ 作用下沿运动方向移动距离 $\Delta s = |\Delta \boldsymbol{r}|$ 过程中，速度改变前后的量值，而 θ 则为 $\boldsymbol{F}$ 和位移 $\Delta \boldsymbol{r}$ 的夹角。我们把 $\boldsymbol{F} \cdot \Delta \boldsymbol{r}$ 定义为**力对物体所做的“功”**。注意，这里定义的是物理意义的功，与日常生活的做功不完全相同。例如你提着重物在水平地面上走了一段距离，虽然很累，但从物理意义上来讲，你并没有做功②。必须指出的是，(1)式的建立是基于牛顿运动定律的，因此我们引入能量概念之后[如下面的(6)式]，有时又称之为功能原理。

现在我们引入一个新的、叫做“动能”的物理量，它是力学系统状态参量的函数，**定义物体动能的改变量等于外力对它所做的总功**。对于一个孤立的物体（质点），按(1)式，它的状态参量只是 m 和 v，故按定义，质点动能 E_k 的改变量是

$$\Delta E_k = E_{k2} - E_{k1} = \frac{1}{2}mv_2^2 - \frac{1}{2}mv_1^2 = F \cdot \Delta s \cdot \cos\theta = \boldsymbol{F} \cdot \Delta \boldsymbol{r} \tag{1'}$$

---

① 在本文的成稿过程中，得到赵凯华教授的许多宝贵意见，特此表示感谢。

② 从牛顿运动定律可知，只有力的切向分量才会改变速度的大小（即改变动能的大小），而力的法向分量只改变速度的方向而不改变速度的大小。因此在定义与能量相联系的“功”时，就不需考虑力的法向分量了。

对于一个多质点构成的质点组来说,第 i 个质点的动能改变量为

$$\Delta E_{ki} = E_{ki2} - E_{ki1} = \frac{1}{2}mv_{i2}^2 - \frac{1}{2}mv_{i1}^2 = \boldsymbol{F}_i \cdot \Delta\boldsymbol{r}_i$$

这里 $\boldsymbol{F}_i$为作用在第 i 个质点的力的矢量和。

整个质点组总的动能改变量,是所有质点的动能改变量之和:

$$\begin{aligned}\Delta E_k &= E_{k2}-E_{k1} = \sum E_{ki2}-\sum E_{ki1}\\ &= \sum\frac{1}{2}mv_{i2}^2-\sum\frac{1}{2}mv_{i1}^2 = \sum \boldsymbol{F}_i \cdot \Delta\boldsymbol{r}_i \end{aligned} \tag{2}$$

其中作用在第 i 个质点上的合力 $\boldsymbol{F}_i$,应包括质点组外部的作用力和内部质点间的相互作用力,即 $\boldsymbol{F}_i=\boldsymbol{F}_{i外}+\boldsymbol{F}_{i内}$。其中内部质点间的相互作用力又可分为做功仅由始末位置状态确定、与过程路径无关的保守力,和与过程路径有关的非保守力,即 $\boldsymbol{F}_{i内}=\boldsymbol{F}_{i内保}+\boldsymbol{F}_{i内非保}$。若 $\boldsymbol{F}_{i内非保}\cdot\Delta\boldsymbol{r}_i=0$,即内力所做功仅由始末位置状态确定、与过程路径无关,则同样可以引入仅由始末位置状态确定的势能(或称位能)。类似地,定义势能的改变量为

$$\Delta E_p=E_{p2}-E_{p1}=\sum \boldsymbol{F}_{i内保}\cdot\Delta\boldsymbol{r}_i \tag{3}$$

力学系统的**机械能** E 定义为系统的动能 E_k加势能 E_p,它由状态 1 到状态 2 的改变量为

$$\begin{aligned}\Delta E &= E_2 - E_1 = (E_{k2}+E_{p2}) - (E_{k1}+E_{p1})\\ &= (E_{k2}-E_{k1}) + (E_{p2}-E_{p1}) = \Delta E_k + \Delta E_p\end{aligned} \tag{4}$$

综合(2)、(3)、(4)各式,得

$$\begin{aligned}\Delta E &= \Delta E_k+\Delta E_p\\ &= \sum\frac{1}{2}m_i(v_{i2}^2-v_{i1}^2)+\Delta E_p=\sum \boldsymbol{F}_{i外}\cdot\Delta\boldsymbol{r}_i\end{aligned} \tag{5}$$

写成微分形式为

$$\mathrm{d}E=\mathrm{d}\left(\frac{1}{2}m_iv_i^2+E_p\right)_i=\sum \boldsymbol{F}_{i外}\cdot\mathrm{d}\boldsymbol{r}_i \tag{6}$$

或

$$\mathrm{d}E=\mathrm{d}\left(\sum\frac{1}{2}m_iv_i^2\right)+\sum \boldsymbol{F}_{i内保}\cdot\mathrm{d}\boldsymbol{r}_i=\sum \boldsymbol{F}_{i外}\cdot\mathrm{d}\boldsymbol{r}_i \tag{6′}$$

至于机械能的绝对量,此处没有确定,但它和观测机械能的参考系以及零点势能的选定有关。不同的参考系观测到不同的 v_i,也就是观测到不同的动能。另外,往往为了方便解决问题,可以随意选定零点势能 E_{p0}。例如可以选定地面参考系的地面或无穷远处的势能为零。当然,对于这些不同的选定方法,机械能的绝对量就不同了,但并不影响利用它来解决具体的实际问题,因为实际问题中,重要的是能量的改变量。换句话说,**机械能是质点组(或力学系统)的状态函数,它的改变量等于外力对系统所做的总功,它的零点量值一般可随意选定,视解决问题的方便或物理意义而定。**

至于其他运动形态,如电磁运动形态,则其功能关系仍如(6)式所示,只不过外界对系统的功应包括电磁场所做的功(包括电磁辐射的功),而描述能量的状态参量应包含场强、电荷密度、电流密度和场势等。

必须强调,我们上面从逻辑思维的角度引进"能量"这个物理量和概念,指出它是系统状态参量的函数,它的改变量是由外界对系统所做的功(包括微观功)决定的。实际上,从物理学史的角度看,"能量"概念的建立和意义,是人类经过无数次的实践和试验证明"第一类永动机"是不可能实现的,这才总结出"能量"的概念和"能量守恒定律"[1]。

热运动的情况比较复杂一点,因为它涉及以宏观热量传导来表征的微观功。经过无数的实践和科学实验证明,在一个热力学系统中,同样也存在状态函数内能 U,它由状态 1 变到状态 2 的改变量类似地可以写成

$$\Delta U = U_2 - U_1 = \Delta A_{外} + \Delta Q \tag{7}$$

其中 $\Delta A_{外}$ 为外界对系统所做的宏观功,ΔQ 为外界传给系统的热量。这就是涉及热运动时更普适的能量守恒含义的数学表达式。这里由于在热运动过程中,外界对系统做的功和系统吸收的热量都和过程的路径有关,因而(7)式右边的每一项都不能写成微分形式。不过理论证明,这两项恰好互补,这就使内能函数 ΔU 的改变量还是一定的,不会因过程路径的不同而改变,它也是一个热力学系统状态参量(如温度、质量密度、压强和容积等)的函数。

在热力学系统中,还有几个与此有关的状态函数,其中最重要的一个状态函数为熵 S。当系以准静态的可逆过程从状态 1 变到状态 2 时,熵的改变量定义为

$$\Delta S = S_2 - S_1$$

且

$$\mathrm{d}S = \lim_{\Delta Q\to 0}\Delta S = \lim\frac{\Delta Q}{T} = \frac{\mathrm{d}Q}{T} \tag{8}$$

其中 ΔQ 为热力学系统在这过程中吸收的热量,T 为相应的绝对温度(或称开尔文温度)。表面上看,(8)式的右边存在与过程路径有关的吸热量 ΔQ,这是否会因此而使熵 S 的状态变化不确定呢?热力学第二定律表明是不会的。因为可逆的微元过程中,各小段路径吸热量虽然不同,但相应的 T 也不同,两者合起来正好抵消了差异。因此(8)式仍然与过程的路径无关,状态函数 S 可以写成

$$S = \int_0^T \frac{\mathrm{d}Q}{T} + S_0 \tag{9}$$

其中 S_0 为热力学系统在绝对温度等于零时的熵。

引入态函数熵 S 的宏观意义之一在于,一般的实际过程都是不可逆的,热力学第二定律指出,热力学系统的熵 S 一定增加,即 $S_2-S_1=\Delta S\geqslant 0$。换句话说,从始末态熵 S 的变化,即可判断过程的方向。

热力学系统还有几个重要的状态函数,这里就不再一一讨论了。我们之所以举两个引入热力学状态函数的例子,无非想借此类比,指出**能量是状态函数**的意义,说明(5)或(6)式所列出的机械能和做功的关系所确定的函数改变量(机械能改变量),实质上是根据各个物理量的意义和它们之间的关系所引进的一个新的物理量,本质上是对机械能的“定义”。至于能量所具有的深层次的含义,如普适的能量守恒定律(热力学第一定律)和质能关系等,则是后继物理学对“能量”概念深入研究发展的结果,然而关于“能量是状态参量的函数”这一说法仍然没有过时,因为静止质量等也都是系统的状态参量。

本文从机械能概念的引入谈到能量的概念的确立,旨在以此为例说明我们的一个观点:什么是一个“物理量”的意义?“物理量”是物理学家在研究客观世界的规律抽象出来的“概念”,好的“概念”能够很好地(简明地,确切地)说明规律。由于永动机不可能实现才产生“能量”的概念,用以说明“能量守恒定律”。如果有人问“能量”的物理意义是什么?说是“做功的能力”,那么什么是“功”?功是位移乘以与之平行的力的分量。为什么垂直分量不算?归根结底,是为了说明一条重要的规律——能量守恒定律。所以一个“物理量”的本质意义在于它所说明的物理规律。

参考文献

[1]罗蔚茵,赵凯华.大学物理,1997,16(8):32.

2.4 动量和动能哪一个才是机械运动的量度？

动量和动能都和物体的质量及速度有关，那么，动量和动能哪一个才是机械运动的量度？它们的物理内涵有什么区别和联系？这是大学物理教学中常被学生问及的一个问题。我们知道，在碰撞过程中，动量总是守恒的，而动能并不总是守恒。但是在另外的一些例子（如匀速圆周运动）中，则情况刚好相反，即动能守恒而动量不守恒。这样就提出了一个问题：到底是动量（$m\boldsymbol{v}$）还是动能$\left(\frac{1}{2}mv^2\right)$才真正是机械运动的量度呢？这个问题在物理学史上曾经争论了四十多年，像莱布尼茨、笛卡儿、康德、达朗贝尔等学者都卷入了争论。下面简略介绍这场争论以及动量和能量概念的发展过程，通过这些资料将会给我们有益的启迪。

早在伽利略的著作里已经出现过“动量”这个名词，指的是物体的重量乘以速度，用来描写物体运动遇到阻碍时所产生的效果。但伽利略没有给动量下过专门的定义，也没有建立有关的动力学定律。

1644年，笛卡儿把物体的大小（当时还没有明确的质量概念）与其速度大小的乘积称为“运动的量”。笛卡儿从“上帝必定永远使物质保持相等的运动的量”这一信念出发，提出了他的“运动不灭原理”。并且试图据此制定碰撞等物理问题所遵从的定律。不过笛卡儿未能区别弹性和非弹性碰撞，又不考虑速度的方向性，因此问题并没有得到正确的解决。

后来笛卡儿的弟子们将运动的量认作是质量乘速度（$m\boldsymbol{v}$），定名为动量，并且修正了一些原先的错误，证实了碰撞过程前后的动量守恒。于是，他们便把动量当作唯一正确的一种对运动的量度。

从1686年开始，莱布尼茨公开批评笛卡儿派的主张。他从物体（的重量）与被举起的高度的乘积这一种原始量度出发，结合伽利略已经采取的关于落体运动中“从某一高度下落的物体获得足以使它回升到同一高度的力”的假设，提出应当用“活力”即质量乘以速度的平方（mv^2）来量度运动。为了与功的计量一致，后人把他的“活力”改写为（$mv^2/2$），它实际上就是今天的动能。

笛卡儿派和莱布尼茨派展开了一场关于机械运动的两种量度的旷日持久的争论。讨论集中在碰撞问题上，双方各执一是，互不相让。其实，一方坚持动量守恒，另一方坚持动能守恒，这本来是物质运动不相互排斥的两个方面。事实上，早在莱布尼茨之前，惠更斯已经系统而正确地解决了一维碰撞问题。惠更斯的工作中虽然没有明显运用动量守恒，而是同时使用了动能守恒和相对性原理这两条假定，但可以证明，在经典力学里，从动能守恒和相对性原理出发，可以推出动量守恒的结果。后来，牛顿又把碰撞实验中已经证实的动量守恒作为牛顿第三运动定律成立的依据。

1734年达朗贝尔在《动力学论》一书的序言里，对这一场争论作了总结性的评述。他提出，（mv^2）或（$mv^2/2$）量度的是运动物体所能克服的障碍的总量，例如所能压缩的弹簧的量值。又指出，一物体在每一瞬间丧失的运动的量，同阻力和此瞬间时间间隔的乘积成比例。看来他已触及后来的“冲量”的概念，即考虑过动量的变化与力的时间积累的关系。

实际上，动能概念的真正意义，直到能量守恒发现之后才弄清楚。就拿机械能守恒定律来说，它讲的是在动能和势能的转化过程中，两者之和保持不变。上面已经提到，莱布尼茨提出活力的表达式，实际上是从重力场中做功的概念推演出来的。这一点很重要，在欧洲工业革命的初期，蒸汽机大量用来在矿井里抽水。蒸汽机原理的研究吸引了19世纪许多有成就的科学家的注意。我们知道,能量守恒的发现,正是从热功当量的计算和测定开始的。这充分表明了,工业上的实践活动使人们找到了与机械功对应的能量守恒定律的正确形式。19世纪中叶,人们发现这一形式不仅可以描述动能和各种势能之间的转化,而且还在同热、光、电、化学甚至生命现象等运动形式的互相转化中,确认了这种共同的量度,从而建立了能量守恒与转化这一普遍的自然定律。

一百多年前,恩格斯曾经从运动的形态转化的观点评论了动量和动能这两个概念。恩格斯指出,“机械运动确实有两种量度,每一种量度适用于某个界限十分明确的范围之内的一系列现象,如果已存在着的机械运动保持机械运动的形态而进行传递,那么它是依照质量和速度的乘积这一公式而进行传递的。但是如果机械运动是这样传递的,即它作为机械运动消失,并且以势能、热、电等形态重新出现,总之,如果它转化为另一种形态运动,那么这一新运动形态的量就同原来运动着的物体质量和速度平方的乘积成正比。总之,$m\boldsymbol{v}$ 是以机械运动来量度的机械运动;$mv^2/2$ 是以机械运动所具有的转化为一定量的其他运动形态的运动的能力来量度的机械运动。”①

由此可见,动量和动能虽然都和物体的质量及速度有关,但它们的意义并不相同。质点的运动状态本来是以它的速度矢量来描述的。而系统总动量矢量的增量决定于它所受外力的冲量,即决定于外力的时间积累。系统需要一个物理量来描述在空间中具有某种指向的机械运动。动量矢量直接反映了系统在三维空间中的位置移动,所以动量的传递就代表了,当发生运动状态的改变时,纯粹是机械运动在物体之间或系统之间的一种传递方式。另一方面,人们在生产实践中认识到功的表达式是力乘以距离,即决定于力的空间积累。这里出现的自然是一个标量函数,因此动能不直接表示三维空间中具有方向性的机械运动的状态,动能是由机械运动状态决定的一个状态函数,它通过做功与同样是标量函数的其他形式的能量相联系。例如,在机械能守恒的范围内,动能与引力、静电、弹性等相互作用势能互相转化,在有摩擦的情况下,它还转化为热能等。

最后必须指出,在牛顿力学建立和发展的初期,人们还没有认识到时间和空间是不可分离的四维时空的连续统一。物质的运动就在这个四维时空内进行。恩格斯在那个年代能够以自然哲学家的洞察力辨别出机械运动的两种量度,并指出它们的适用范围和意义,实是难能可贵。但是,这种说法有一定的时代局限性。现在我们知道,空间的对称性导致系统的动量守恒,时间的对称性导致系统的能量(包括动能)守恒,这说明动量和动能之间有更为本质的联系。相对论指出,动量和能量在四维时空中组成一个四维动量-能量矢量 $P(mv_x, mv_y, mv_z; \mathrm{i}E/c)$。这个四维矢量的各个分量,在不同参考系中是不同的。但作为一个四维矢量整体,特别是它们的模,却是个洛伦兹变换的不变量。例如,动量-能量矢量的标积(即模)为

$$P^2 = (mv_x)^2 + (mv_y)^2 + (mv_z)^2 - E^2/c^2$$

即

$$E^2 = m^2(v_x^2 + v_x^2 + v_x^2)c^2 - P^2c^2 = m^2v^2c^2 - P^2c^2$$

变换到静系($v=0, P=P_0, E=E_0=m_0c^2$),为

$$m_0^2c^4 = -P_0^2c^2, \quad P_0^2 = -m_0^2c^2 = P^2$$

最后得

$$E^2 = m^2v^2c^2 + m_0^2c^4 = p^2c^2 + m_0^2c^4$$

其中 p 为三维空间动量。这就比牛顿力学更为深刻地反映了动量和能量的本质联系。

---

① 恩格斯.自然辩证法.曹葆华,于光远,谢宁,译.北京:人民出版社,1955:72.

2.5　刚体的瞬心　滚动和滚动摩擦

刚体的运动一般比较复杂,笔者认为其中的重点和难点是瞬心、转动惯量、角动量和角动量守恒。但在基础物理教学中对这些概念的理解、掌握和应用不可能全面深入地展开,应重点从比较简单的刚体平面运动作初步的引入和讨论,而在后继的理论力学课程中再对一般刚体的转动作较深入掌握和应用。下面介绍一下我们在基础物理教学中如何结合具体例子讲述一些难以掌握的概念。

一、刚体的瞬心

刚体的一般运动由选定中心代表的平动和绕选定中心转动两部分组成。在某些情况下刚体会出现一个瞬时转动中心,即整个刚体在这一瞬间都绕该点(瞬心)作纯转动。因此如果能以瞬心作为选定中心建立坐标系,则可省去计算平动那一部分的工夫。然而这样做会违反力学规律吗?

大家知道,刚体的转动定律是根据质点系的角动量定理导出的,而质点角动量定理又以在惯性系成立的牛顿运动定律为前提。因此,作为计算角动量或力矩的坐标系(以选定中心为原点的平动坐标系),应该是相对于惯性系没有加速度,或者经理论证明,刚体的质心系虽然可能有加速度,但以它为参考系的角动量定理,形式上仍然同惯性系一样成立。

对于一般以有加速度的选定中心为原点的平动坐标系,由牛顿第二定律在非惯性系中的推广可知,除了加上惯性力的力矩以外,在形式上是完全一样的。如图 2.5.1 所示,假设选定中心 O'的加速度为 $\boldsymbol{a}_0$,则对于(平动)辅助坐标系 $O'x'y'z'$,第 i 个质点 m_i除了受到一般的作用力外,还受到惯性力($-m\boldsymbol{a}_0$)的作用。于是作用在 m_i上对 O'点的惯性力矩为 $\boldsymbol{p}_i\times m_i\boldsymbol{a}_0$,作用在整个刚体上的惯性力矩为

$$\boldsymbol{M}' = \sum_i \boldsymbol{p}_i \times m_i\boldsymbol{a}_0 = \sum_i (\boldsymbol{r}_C + \boldsymbol{r}_i) \times (-m_i\boldsymbol{a}_0)$$

$$= \sum_i m_i(\boldsymbol{r}_C + \boldsymbol{r}_i) \times (-\boldsymbol{a}_0) = \boldsymbol{r}_C \times (-m\boldsymbol{a}_0) \tag{1}$$

式中 $m=\sum_i m_i$ 为整个刚体的质量,并用到了质心坐标系中的关系 $\sum_i m_i r_i=0$。

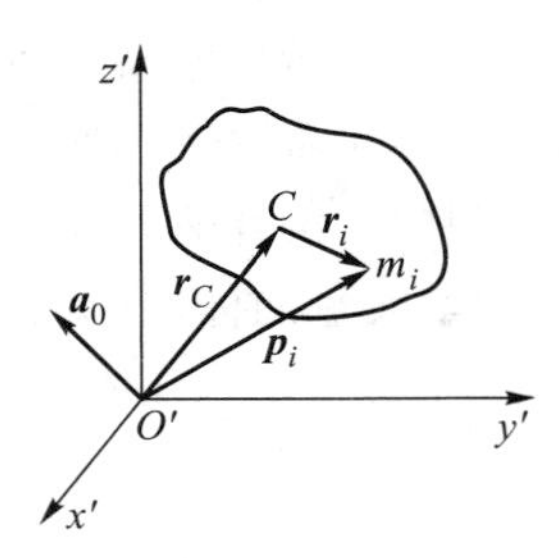

图 2.5.1　辅助坐标系 $O'x'y'z'$中,质心 C 及质点 m_i的位矢关系

(1)式表明:作用在刚体(质点系)上的惯性力矩,犹如全部质量都集中在质心上的质点一样。由此可见:①若 $\boldsymbol{a}_0=0$,选定中心坐标系就是惯性系,转动定律当然成立。②若 $\boldsymbol{r}_C=0$,即选定中心坐标系为质心系,转动定律也成立。③最后,若 $\boldsymbol{a}_0 /\!/ \boldsymbol{r}_C$,即选定中心的加速度指向(或反指向)刚体的质心,这时同样有 $M'=0$,即刚体的转动定律也同惯性系一样成立。

下面是一个应用上述结论的具体例子。

均匀圆盘在平面(或斜面)上作纯滚动时,它的瞬时转动中心 O'的加速度显然是指向质心 C 的,如图 2.5.2(a)所示。在此情况下,以瞬心 O'为选定中心描述刚体的转动就像在惯性系中固定点或质心的情况一样。

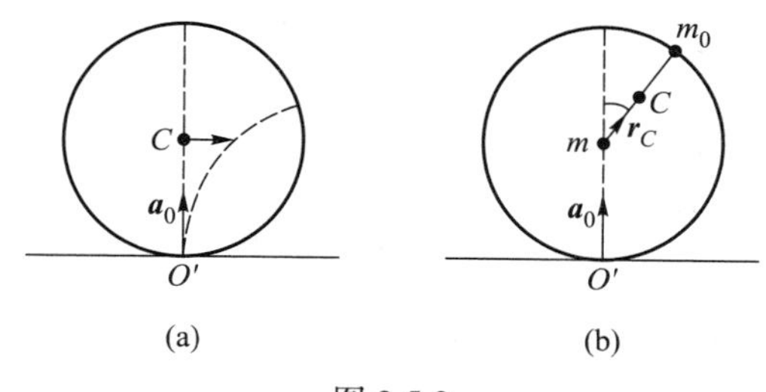

图 2.5.2

若在质量为 m 的均匀圆盘边缘上固联一质量为 m_0的质点,如图 2.5.2(b)所示,此时瞬心 O'的加速度虽然仍指向圆心(几何约束不变),但此时质心 C 却落在离圆心为 $\boldsymbol{r}_C$的一点上,因此 $\boldsymbol{a}_0$ 不再指向质心 C,若 O'为选定中心,转动规律就不像相对于惯性系中的固定点或质心那样简单,即此情况下瞬心不能作选定中心了。

二、刚体的滚动

刚体的一般运动比较复杂,在基础物理中不作深入讨论,但可以通过讨论圆柱刚体的滚动,作为典型的平面平行运动,介绍一些日常遇见的刚体运动的基本规律。

若刚体中的任一点的运动轨迹始终都与某一固定的平面平行,则这种运动称为刚体的**平面平行运动**,或简称**平面运动**。

我们可以用质心的运动代表刚体的平动,用绕过质心与固定平面垂直的轴旋转来描述刚体的转动。这样,刚体的平面运动就可以用三个运动方程描述:

$$\left.\begin{aligned} ma_{Cx} &= F_x \\ ma_{Cy} &= F_y \\ I_C\beta &= M_C \end{aligned}\right\} \tag{2}$$

其中 m 是刚体的质量,I_C是通过质心转轴的转动惯量,β 是角加速度。

典型的平面平行运动是圆柱刚体的滚动,由于在滚动过程中刚体转轴的方位不变,所以可当作平面平行运动问题来处理。以一个半径为 R,质量为 m 的圆柱体,沿一倾角 φ 的斜面向下滚动为例,如图 2.5.3 所示。刚体的受力情况和运动方程为

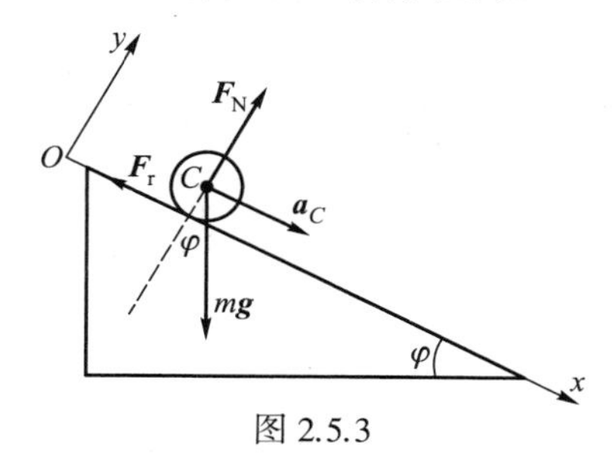

图 2.5.3

$$\left.\begin{aligned} ma_{Cx} &= F_x = mg\sin\varphi - F_r \\ ma_{Cy} &= F_y = N - mg\cos\varphi \\ I_C\beta &= M_C = r\cdot F_r \end{aligned}\right\}$$

再利用运动学条件（圆柱沿斜面无滑动滚下），有

$$a_{Cx} = r\beta,\quad a_{Cy} = 0$$

并注意到 $I_C = \frac{mr^2}{2}$，消去 F_r后得

$$\beta = \frac{2g}{3r}\sin\varphi,\quad a_{Cx} = r\beta = \frac{2g}{3}\sin\varphi,\quad a_{Cy} = 0$$

斜面所受的正压力为

$$F_{NC} = mg\cos\varphi$$

另一个有趣的刚体滚动问题是绕线轴的滚动。

如图 2.5.4 所示，一内、外径分别为 r、R 的绕线轴置于粗糙的水平面上，在绕线轴的线上向右方施一与水平夹角为 φ 的力 $\boldsymbol{F}$。由于外力的水平分量向右，因而桌面便出现一个向左阻碍运动的静摩擦力 $\boldsymbol{F}_r$，现在的问题是：①在 $\boldsymbol{F}$ 的作用下，线轴向左还是向右滚动？②能否控制线轴向右滚动？

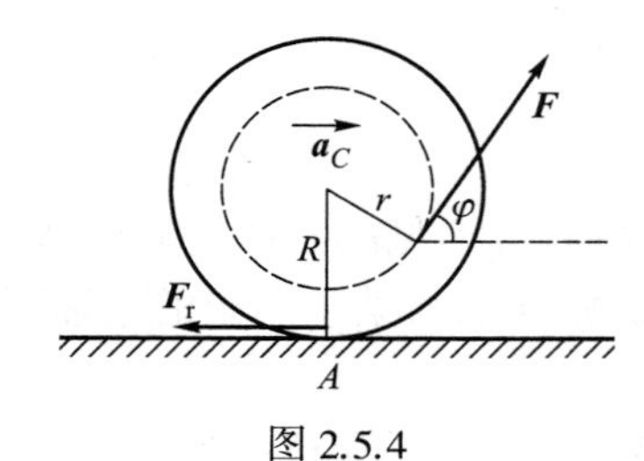

图 2.5.4

这个问题原则上可用标准的（2）式解决，并不困难。但考虑到线轴与桌面的接触点 A 是瞬心，如图 2.5.5 所示，滚动时其加速度垂直向上，指向质心，故不必考虑惯性力，可作为选定中心，这样问题的答案就一目了然。通过 A 作轴的切线 AT（见图中虚线），它相对于水平面的仰角为 θ。由图不难看出，当拉线的仰角大于 θ 时，其延长线（点划线）在瞬心 A 的右边，力矩是逆时针的，使线轴向左滚动，如图 2.5.5（a）所示；当拉线的仰角小于 θ 时，其延长线在瞬心 A 的左边，力矩是顺时针的，使线轴向右滚动，如图 2.5.5（b）所示。

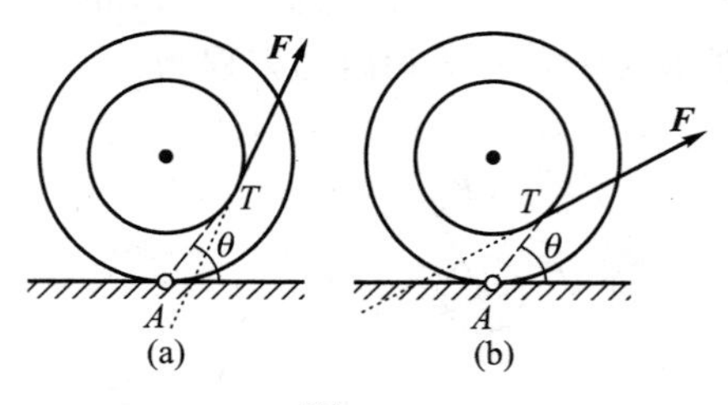

图 2.5.5

三、滚动摩擦

在以上的讨论中,完全没有考虑到滚动摩擦的作用。诚然,滚动摩擦一般不大,在很多场合下可以忽略,但在许多实际问题中是不能不注意的。滚动摩擦的发生是由于滚动物体的表面和物体在上面滚动的平面不是绝对刚性的,由于物体在平面上的压力,使滚动物体多少有些陷入支持它的平面(图 2.5.6)。

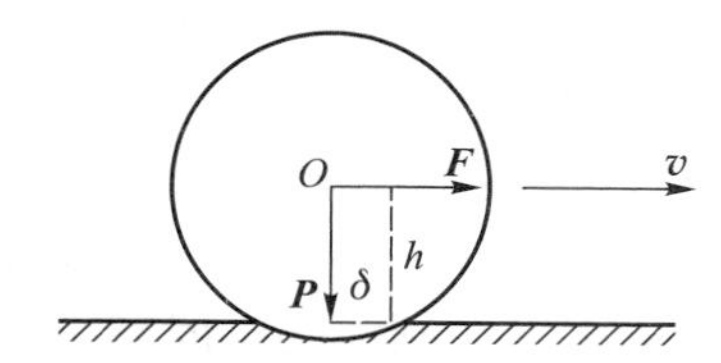

图 2.5.6　滚动摩擦的机制示意图

设要维持物体匀速滚动的外力为 F,物体本身的重量为 P,则这两个力对瞬间转动轴线的力矩应该抵消,即

$$P\delta = Fh \quad 或 \quad F = \frac{\delta}{h}P = \lambda P$$

其中 $\lambda = \delta/h$,叫做滚动摩擦因数,它和滚动物体的形状、大小、弹性以及接触面的性质有关。应该注意,滚动摩擦和滑动摩擦的区别在于:滚动摩擦是由滚动摩擦力矩 $P\delta$ 引起的,并且一般来说比滑动摩擦小得多(因为在一般情况下 $h \gg \delta, \lambda = \delta/h \ll 1$)。

由上述结果可见,滚动摩擦的机制与滑动摩擦的不同。为要减少滚动摩擦的阻力和损耗,要尽量减少 δ 和加大 h。使圆柱(轮子)尽量不陷入接触面就可减少 δ,于是就要使圆柱和接触面的刚性尽可能大,这就是轨道交通(如铁路、有轨电车等)能减少阻力和损耗的原因。另一方面,h 大约等于轮子的半径,因此加大轮子的半径也可以减少滚动摩擦。

上面介绍了我们在基础物理教学中如何结合具体例子讲述**刚体的瞬心、滚动和滚动摩擦**这些难以掌握的概念,为今后学习理论力学的复杂刚体运动作了必要的铺垫。

2.6 角速度矢量以及它和有限转动角度的区别

角速度矢量以及它和有限转动角度的区别，这是一个在普通物理的刚体力学教学中，学生往往忽视的一个基本问题。大家知道，描述质点的运动状态可以用速度矢量，矢量的长短表示速度的快慢，矢量的方向表示运动的方向。很多物理量都有大小和方向，如位移、加速度和力等。不过必须指出的是，这些矢量还要遵守一定的运算规则，如合成的平行四边形法则、求和的交换法则（与求和的先后次序无关），以及其他的一些乘法规则等。

至于刚体的转动，一般是绕瞬时转动，不断变化。我们可以引入一个角速度矢量来描述刚体的转动状态。我们把角速度矢量 $\boldsymbol{\omega}$ 定义在刚体的瞬时转轴上，矢量的长度正比于转速，方向通常按右手（螺旋）定则确定，即右手的小指沿运动方向，大拇指的指向就是角速度矢量的方向，如图 2.6.1 所示（也可以用左手定则确定 $\boldsymbol{\omega}$ 的方向，但那是另外一套运算系统；目前螺旋钻和螺旋瓶盖的前进方向大多是右旋的）。

图 2.6.1 角速度矢量定义示意图

下面我们将要证明，上面引入的 $\boldsymbol{\omega}$ 矢量是满足矢量运算法则的。如图 2.6.2 所示，设刚体先绕 $\boldsymbol{e}_{n1}$ 轴转过一微小角度 $\Delta\varphi_1$，使 P_0 点位移至 P_1，其位移为 $\Delta\boldsymbol{r}_1$；再使刚体绕 $\boldsymbol{e}_{n2}$ 轴转过一微小角度 $\Delta\varphi_2$，使 P_1 点位移至 P_2，其位移为 $\Delta\boldsymbol{r}_2$。显然，若 $\boldsymbol{e}_{n1}$、$\boldsymbol{e}_{n2}$ 为按右手定则规定的第一和第二次微转动轴的单位矢量，易见

$$\Delta\boldsymbol{r}_1=\overrightarrow{P_0P_1}=(\boldsymbol{e}_{n1}\times\boldsymbol{r}_0)\cdot\Delta\varphi_1,\quad \Delta\boldsymbol{r}_2=\overrightarrow{P_1P_2}=(\boldsymbol{e}_{n2}\times\boldsymbol{r}_1)\cdot\Delta\varphi_2$$

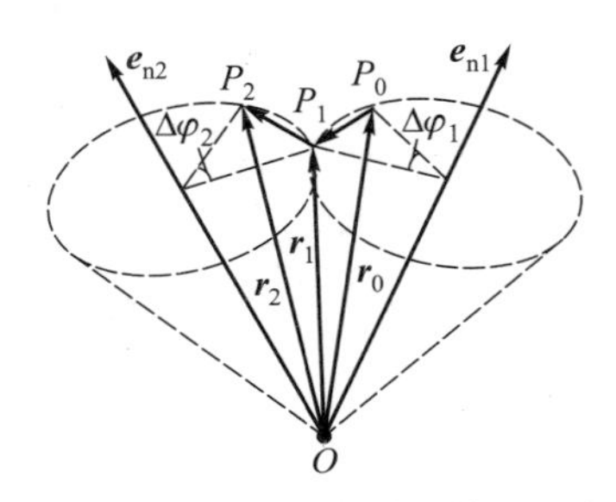

图 2.6.2 无限小角度转动结果示意图

注意到对刚体，有 $\boldsymbol{r}_0=\boldsymbol{r}_1=\boldsymbol{r}_2=\boldsymbol{r}$，刚体先后两次转动结果的合位移为 $\Delta\boldsymbol{r}=\Delta\boldsymbol{r}_1+\Delta\boldsymbol{r}_2$，以 Δt 除上式并取 $\Delta t\to 0$ 的极限，则有

$$\boldsymbol{v} = \lim_{\Delta t \to 0} \frac{\Delta \boldsymbol{r}}{\Delta t} = \lim_{\Delta t \to 0} \frac{\Delta \boldsymbol{r}_1}{\Delta t} + \lim_{\Delta t \to 0} \frac{\Delta \boldsymbol{r}_2}{\Delta t}$$

注意到

$$\lim_{\Delta t \to 0} \frac{\Delta \boldsymbol{r}_1}{\Delta t} = \lim_{\Delta t \to 0} \frac{\boldsymbol{e}_{n1} \Delta \varphi_1}{\Delta t} \times \boldsymbol{r} = \boldsymbol{\omega}_1 \times \boldsymbol{r}$$

$$\lim_{\Delta t \to 0} \frac{\Delta \boldsymbol{r}_2}{\Delta t} = \lim_{\Delta t \to 0} \frac{\boldsymbol{e}_{n2} \Delta \varphi_2}{\Delta t} \times \boldsymbol{r} = \boldsymbol{\omega}_2 \times \boldsymbol{r}$$

由此得

$$\boldsymbol{v} = \boldsymbol{\omega}_1 \times \boldsymbol{r} + \boldsymbol{\omega}_2 \times \boldsymbol{r} = (\boldsymbol{\omega}_1 + \boldsymbol{\omega}_2) \times \boldsymbol{r}$$

或

$$\boldsymbol{v} = \boldsymbol{\omega} \times \boldsymbol{r}, \quad \boldsymbol{\omega} = \boldsymbol{\omega}_1 + \boldsymbol{\omega}_2$$

由上述的推导可见,角速度满足矢量运算法则的要求,因此它是一个矢量。但是必须注意,由于它涉及的只是每一瞬间的微小转动,因而两转动的合成与它们的次序没有关系,即它满足求和的交换律的要求,这与下面讨论的有限角度转动不同。

必须指出,角速度矢量与位移、速度、加速度和力等矢量仍然有区别。前者(角速度矢量等)对镜面反射是不对称的,这种矢量称为**轴矢量**。而后者(速度、加速度、力等)却是镜面反射对称的,这种矢量称为**极矢量**。图 2.6.3 为极矢和轴矢的平面镜像示意图。

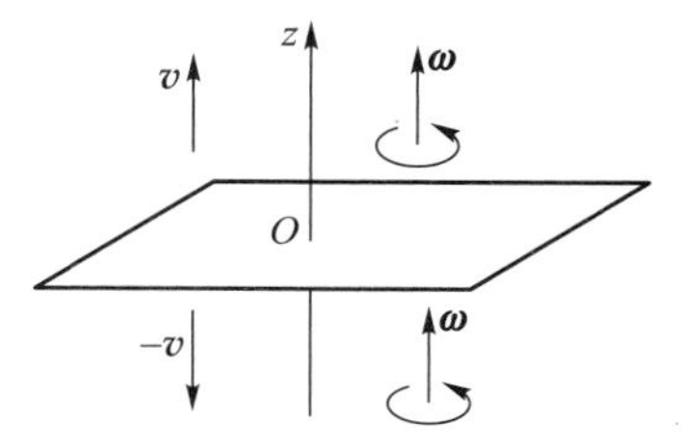

图 2.6.3　极矢和轴矢的平面镜像示意图

下面我们讨论有限角度转动问题。两次有限角度转动如果次序不同,就会产生不同的结果。现在以转动一本书为例。设把书放在 Oyz 面上,第一次先绕 Ox 轴逆时针转 $\pi/2$ 角,再绕 y 轴逆时针转 $\pi/2$ 角,则所得的结果如图 2.6.4 所示。

第二次先绕 Oy 轴逆时针转 $\pi/2$ 角,然而再绕 x 轴逆时针转 $\pi/2$ 角,则所得的结果如图 2.6.5 所示。

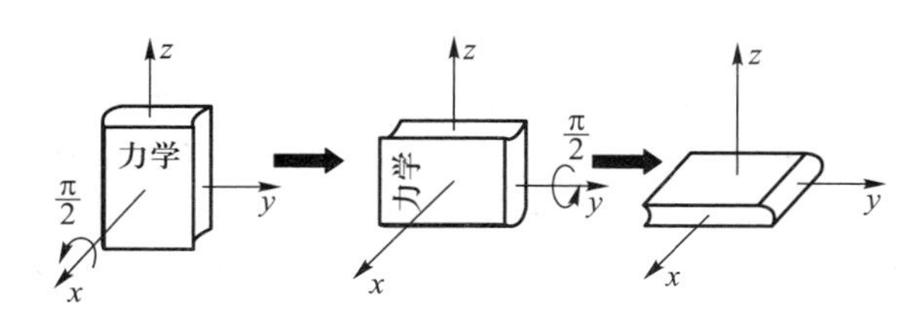

图 2.6.4　先绕 x 轴转 $\pi/2$,再绕 y 轴转 $\pi/2$ 的情形

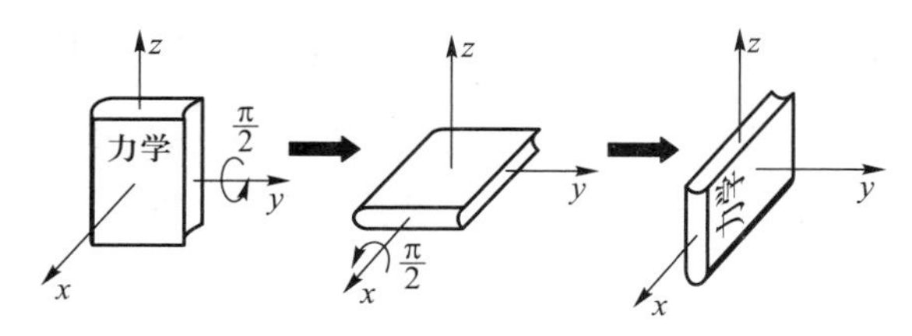

图 2.6.5　先绕 y 轴转 $\pi/2$,再绕 x 轴转 $\pi/2$ 的情形

显然,这两个结果是不同的,它说明转动的合成和转动次序有关,即不满足求和的交换律,不可能用一个矢量来描述有限角度的转动。

因此,在普通物理的刚体力学教学中,必须从头起对涉及有关轴矢量的概念有所阐明,区别角速度矢量和有限转动角度的区别,这有助于学生今后对物理中各种矢量的深入领会。

第 3 篇　某些力学问题的拓展讨论

3.1　关于空间测量和时间计量的进一步讨论①

长度测量和时间计量本是我们日常生活中很普通的概念,但若提升到狭义相对论或广义相对论的观念则别有一番有趣话题值得进一步讨论。下面简略介绍我们如何结合基础物理教学将这两个概念加以提升[1,2]。

一、空间测量

空间测量实际上可以归结为长度测量。传统的做法是选取一把刚性的尺作为长度的基准,然后与某一待测长度进行比较、计数。所选定的尺长就是测量长度单位,或者叫做长度的度标,凡是可以重复使用并且不随时间改变的固定长度(如理想的钢尺长度)都可以作为长度测量的度标。现在的问题是,究竟能否找到一把不随时间改变的理想钢尺?狭义相对论指出,尺子在不同的运动状态下有不同的长度;而广义相对论更进一步指出,一切物体的线度都随引力场的状态变化而变化。由此可见,从理论的角度来看,选取一把刚性尺作为长度的测量基准是不可取的。

狭义相对论认为,真空中的光速 c 各向同性并与光源的运动无关,且在所有惯性参考系中都是一样。此外,相同的标准钟对任何相对静止的观察者的走时率——固有时都一样,因此,从原则上讲,测量任何 AB 两点之间的距离(长度)l,可以在其中的 A 点上安放光源、接收器和标准钟,而在 B 点上安放反射镜来进行测量。方法是,从 A 点上发射光脉冲至 B 点,经反射回到 A 点的接收器,利用 A 点上的钟测量光脉冲来回所经历的固有时 $\Delta\tau$,于是便得到 AB 间的距离 $l=\frac{1}{2}\Delta\tau$。显然,如果狭义相对论不出什么问题,这样的长度测量方法从理论上讲是完美无缺的。

对于考虑存在引力场和参考系有加速度的广义相对论来说,上述的长度测量方法就不适用,一般的长度测量也就没有意义。不过,在某些特殊情况下,我们可以进行“分段测量”,即把在大时空范围中的长度分成许多小段,在每一小段中所涉及的时空都可以看成是局部性惯性系。在一个局部的时空范围内,即在引力场可以看作均匀的空间范围内,在重力加速度所引起的速度变化效应可以忽略的时间间隔内,存在一个局部惯性系,根据等效原理,在这个局部惯性系内,狭义相对论仍然成立,即仍然可以通过上述光速和固有时来进行长度测量。因而可以利用上述方法测量长度,而总的长度就是各分段长度的总和。

---

① 最好在读完相对论后再回来读这篇文章。

二、时间计量

时间是物质运动持续性的量度，凡是能够精确地重复出现的持续过程（例如钟摆的摆动）都可以作为量度时间的基准，每一个这样的持续过程就是时间计量的单位或称为时间的度标，简称时标。

狭义相对论指出，同样的一个持续过程（例如钟摆）在不同的运动状态下，观测到的时间是不同的，即存在“时间延缓”效应。有特殊意义的时间测量是在相对静止的那个惯性系中作的，这时测得的时间叫做固有时。固有时反映物质运动持续性的基本进程，因而是最重要的。

在存在引力场或有加速度的情况下，物质运动的时间进程亦受到影响，但局部惯性系中测量到的固有时都是一样的，因此它还是有意义的。当然，在此情况下，一般不能用一个统一的时间来描述大范围时空中的运动过程。

一般来说，可以根据不同的周期过程选定不同的时标，某一种时标只适于描述某一局限范围中的运动过程。古希腊哲学家芝诺（Zeno）曾经提出过一系列的佯谬，其中一个著名的佯谬是和时标有关的。芝诺佯谬说，飞毛腿阿基莱斯（Achilles）永远追不上以爬行缓慢著称的乌龟。芝诺的“论证”是这样的，如图 3.1.1 所示，假设开始时，阿基莱斯离开乌龟有一段距离 $|OA|=l$，他的速度为v_1，乌龟的速度为v_2，且$v_1>v_2$。当阿基莱斯第一次跑近到乌龟最初的位置 A 时，乌龟在此期间到了另一个位置 B，显然 $|AB|=\frac{l}{v_1}v_2=l\left(\frac{v_2}{v_1}\right)$；当阿基莱斯第二次追到 B 时，乌龟爬到了第三个位置 C，且 $|BC|=\frac{|AB|}{v_1}v=l\left(\frac{v_2}{v_1}\right)^2$；阿基莱斯第三次追到 C 时，乌龟又爬到第四个位置 D，$|CD|=\frac{|BC|}{v_1}v_2=l\left(\frac{v_2}{v_1}\right)^3$，如此等等。于是芝诺得到“结论”：既然阿基莱斯每次跑到乌龟的上一个位置时，乌龟不管爬得多慢，但总还是前进了一点，因而阿基莱斯永远也追不上乌龟。

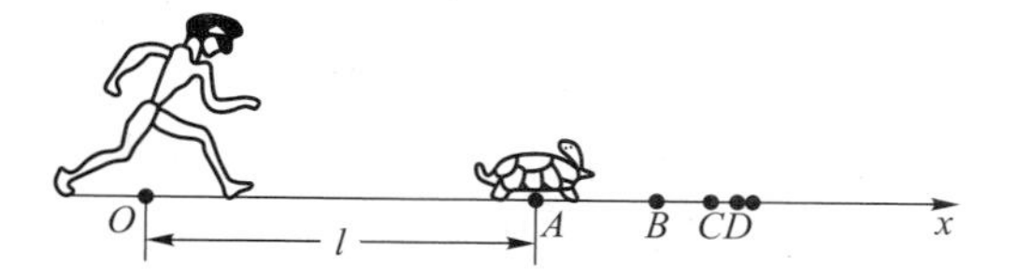

图 3.1.1　阿基莱斯追赶乌龟示意图

从我们的日常经验知道，芝诺的结论是错误的。事实上，只需经过时间 $t=l/(v_1-v_2)$，阿基莱斯就可以追上乌龟了。可是，按照芝诺的上述“论证”，似乎颇有道理，究竟芝诺佯谬的实质是什么呢？他的“论证”是纯粹的诡辩，还是多少有点科学道理呢？下面我们介绍一种通过时间计量的概念对芝诺佯谬的分析。

芝诺所使用的时标是非常奇怪的，他把阿基莱斯每次追到上一次乌龟所达到的位置作为一个周期，用来作为计时单位（时标）。我们把由此而计量出来的时间称为芝诺时间，即当阿基莱斯在第 n 次到达乌龟的第 n 次的起点时，芝访时间为 $t'=n$，在此期间，阿基莱斯总共走过的路程为

$$L=|OA|+|AB|+|BC|+|CD|+\cdots$$

$$= l + l\left(\frac{v_2}{v_1}\right) + l\left(\frac{v_2}{v_1}\right)^2 + l\left(\frac{v_2}{v_1}\right)^3 + \cdots$$

$$= \sum l\left(\frac{v_2}{v_1}\right)^{i-1} = l\frac{1-\left(\frac{v_2}{v_1}\right)^n}{1-\left(\frac{v_2}{v_1}\right)}$$

在这期间,假定日常钟所读取的日常时间为 t,则显然有

$$t = \frac{L}{v_1} = \frac{l}{v_1}\frac{1-\left(\frac{v_2}{v_1}\right)^n}{1-\left(\frac{v_2}{v_1}\right)}$$

从而可解得芝诺时间为

$$t' = n = \frac{\ln\left[1-\left(\frac{v_1-v_2}{l}\right)t\right]}{\ln\left(\frac{v_2}{v_1}\right)}$$

这就是日常时间和芝诺时间的变换关系。由此可见,当阿基莱斯追上乌龟时,日常时间为 $t=\frac{L}{v_1-v_2}$,这时芝诺时间的表式出现出奇点($t'=\infty$),也就是说,$t'=\infty$ 只覆盖了日常时间 t 上的一个有限区间。换句话说,用芝诺时间所使用的时标来描述阿基莱斯追赶乌龟的过程,确实是“永远”也追不上的(除非 $t'=\infty$)。可见,芝诺时间所使用的时标只能用来描述阿基莱斯追上乌龟之前的一段过程,而不能描述在这段时间过程以外的现象。由这个例子可以看出,“时间”与“时间的计量”不同,某种“时间计量”达到无限之后,还可以有“时间”。

在恒星演化的后期,它在一定的条件下,有可能坍缩成为一个“黑洞”。黑洞是一个完全不会辐射任何物质的天体遗骸,它附近的引力场非常强,以致任何物质(包括光子)都只能进入黑洞而不能出来。如果一个远离黑洞的观测者用他所在处的时标来描述黑洞附近的运动过程,那么他会发现,进入黑洞的粒子(包括光子)要经历无限长的时间,这有点像用芝诺时标计量阿基莱斯追上乌龟那样。可见,对于描述黑洞附近的过程来说,远离观测者所使用的时标不是一个好的时标。当然,如果用粒子本身固有时的时标来考察同样的过程,情况就完全不一样了,人们会发现,粒子将迅速进入黑洞,正如根据日常经验所预料的那样“正常”。

上述对长度测量和时间计量的进一步讨论,也许有助于教师和学生更深入地去思考时间和空间的物理实质,给大家提供了无限的想象空间,体现在基础物理教学中,则可丰富学生的想象力。

参考文献

[1]赵凯华,罗蔚茵.新概念物理教程:力学.北京:高等教育出版社,2004.
[2]罗蔚茵.力学简明教程.广州:中山大学出版社,1985.

3.2 惯性参考系与马赫原理

一、惯性系

我们在讨论牛顿运动定律时已经知道,惯性参考系在牛顿力学中具有特殊的地位,并且对惯性参考系作了理论上自洽的定义。但是,如果在实践中不能找到惯性参考系的实物代表,惯性系便失去了实际意义。

我们曾经指出,在所讨论的问题中,如果涉及的空间范围不太大、时间间隔不太长的话,地球表面所建立的实验室坐标系是一个近似的惯性参考系。但是,进一步的研究指出,地面上纬度为 φ 处的实验室,由于地球相对于地心坐标系自转的加速度为

$$a_1 = \omega^2 R\cos\varphi$$

其中 $\omega = 2\pi/(24\times6\times60)\ \mathrm{s}^{-1}$ 为地球的自转角速度,$R = 6.4\times10^6$ m 为地球的平均直径,因此

$$a_1 = 3.4\times10^{-2}\cos\varphi\ \mathrm{m/s^2}$$

这个加速度大约是重力加速度的 1/300,由此可以定性地说明,地球由于本身自转而使地球赤道的直径比两极间的直径大了约三百分之一。其他许多现象也说明地面实验室坐标系不是一个很好的惯性参考系。

至于地心坐标系,由于它不断绕太阳公转,因此也不是一个理想的惯性系,对于这个系统,其有关数据为

$$\omega = 2\pi/(3.16\times10^7)\ \mathrm{s}^{-1}$$

$$R = 1.49\times10^{11}\ \mathrm{m}$$

$$a_2 = \omega^2 R = 5.9\times10^{-3}\ \mathrm{m/s^2}$$

可见,这个参考系的加速度虽然比前者小了一个数量级,但显然也不算一个很好的惯性参考系。

进一步考虑,坐标原点在太阳中心,坐标轴指向其他恒星的日心坐标系是不是一个理想的惯性坐标系?根据近代的天文学观测,太阳绕着银河系的中心(简称银心)转动,它至银心的距离约为 2.5×10^4 光年,每 2.5×10^8 年转一圈,因此对于这个运动,我们有

$$\omega \approx 2\pi/(2.5\times10^8\times3.6\times10^7)\ \mathrm{s}^{-1}$$

$$R \approx 2.5\times10^4\times3.0\times10^8\times3.16\times10^7\ \mathrm{m}$$

$$a_3 \approx \omega^2 R \approx 10^{-10}\ \mathrm{m/s^2}$$

可见,日心坐标系仍然有加速度,因此还不是一个理想的惯性系。不过,日心系的加速度非常小,因此它是一个精度很高的准惯性系。

随着天文学观测进入宇宙的更深层次,发现整个银河系相对于所在的本星系团运动。不言而喻,银河系的加速度比上一层次的加速度更小,而本星系团的加速度又进一步,小得更多。总而言之,随着运动层次的深入,涉及的宇宙物质就更多,相应的参考系就更加接近于理想的惯性参考系。这就是我们目前从观测的角度所得到的关于惯性参考系的结论。

二、马赫(Mach)原理

牛顿把惯性参考系和他的绝对空间联系在一起,他认为加速度具有绝对性。他提出一个名为“牛顿桶”的著名实验来论证他的观点。实验的大意是,一个盛水的桶挂在一根扭得很紧的绳子上,然后放手,于是出现三种情况,如图 3.2.1 所示:

(a)开始时,桶转得很快,但水几乎静止不动。在黏性力经过足够的时间使水面转起来之前,水面是平的,完全与水桶转动前一样。

(b)水和桶一起旋转,水面变成凹的旋转抛物面。

(c)突然使桶停止旋转,但桶内的水还在转动,水面仍然保持凹的旋转抛物面。

牛顿因此得到结论:桶和水的相对运动并不是决定水面下凹的因素,这个现象的根本原因一定是水在空间的绝对转动及其伴随的加速度。牛顿的论证似乎是无懈可击的。然而,并非所有的人都接受他的观点,其中最著名的一个持不同观点者就是德国物理学家马赫。

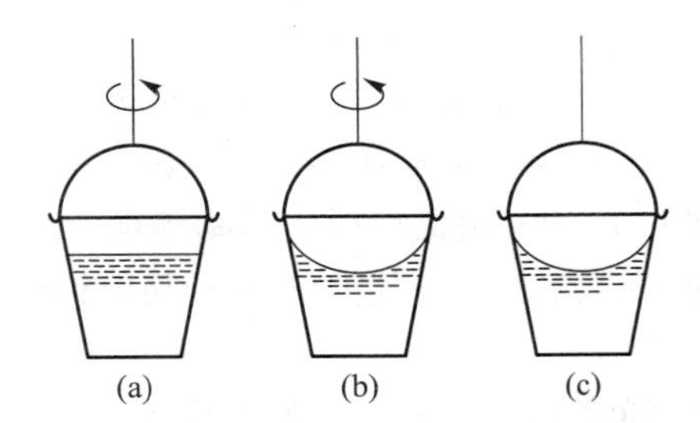

图 3.2.1 “牛顿桶”实验

马赫认为,水面的下凹是与它相对于宇宙远处的大量物质存在着转动密切相关的。当水的相对转动停止时,水面就变成平的了。反过来,如果水不动而周围的大量物质相对于它转动,则水面也同样会下凹。例如,如果水桶壁的厚度增大至几千米甚至几十千米,马赫认为,“没有人有资格说出这实验将会变成怎样”。而他本人相信,这一怪桶的旋转将真的对桶内的水产生一个等效的惯性离心力作用,即使其中的水并无公认意义下的转动。

马赫的这一深邃而新颖的思想,即**任何一个给定物体的惯性依赖于其他物质的质量的存在和分布**,就是著名的**马赫原理**。后来,爱因斯坦受到马赫原理的启发,创立了具有历史意义的广义相对论,建立了近代的宇宙学理论。

我们知道,当物体相对于由恒星确定的惯性系具有加速度 $\boldsymbol{a}$ 时,在与物体固联的相对静止参考系看来,物体受到一个惯性力($-m\boldsymbol{a}$)的作用。马赫认为,这个惯性力的产生是由于宇宙其余部分具有加速度 $\boldsymbol{a}'=(-\boldsymbol{a})$ 所引起的。我们现在要问,距离为 r 处的质量 m',对这物体所受的总惯性力 $m\boldsymbol{a}'=(-m\boldsymbol{a})$ 的贡献有多大?由于惯性力与 m 成正比,根据对称性和相对性的考虑,我们自然会推测,m' 对惯性力的贡献也应与其他的质量 m' 成正比。除此之外,我们从牛顿力学本身也很难再提出别的东西了。

然而,电磁相互作用为我们提供了一个很有启发性的类比。大家知道,真空中两个相距为 r 的点电荷 q_1 和 q_2,其间的静电相互作用力为

$$F_{12}=\frac{1}{4\pi\varepsilon_0}\frac{q_1q_2}{r^2}$$

其中ε_0为真空介电常量。但是,当q_1获得加速度 a 时,它便会辐射电磁波,其电场强度与 a 成正比,而与 r 成反比①,这个场对q_2 的作用力为

$$F'_{12}=\frac{1}{4\pi\varepsilon_0}\frac{q_1 q_2 a}{c^2 r}$$

其中 c 为光速。

对于引力相互作用,我们假定有类似的情况。相距为 r 的两质量 m'、m 在静止时的相互作用力为

$$F_{12}=G\frac{m'm}{r^2}$$

当 m'具有加速度 a'时,类似于电磁相互作用的情形,作用于 m 上相应的力为

$$F'_{12}=\frac{Gm'ma'}{c^2 r}$$

下面我们就利用这个式子对一些重要的质量分布作一些估计,表 3.2.1 给出这些估计的数量级和相对值。

表 3.2.1　某些质量分布对物体惯性的贡献

来源	m'/kg	r/m	$\frac{m'}{r}$/(kg · m^{-1})	$\frac{m'}{r}\Big/\frac{m_宇}{r_宇}$
地球	10^{25}	10^{7}	10^{18}	10^{-8}
太阳	10^{30}	10^{11}	10^{19}	10^{-7}
银河系	10^{42}	10^{21}	10^{20}	10^{-6}
宇宙	10^{52}	10^{26}	10^{26}	1

从表中可见,即使像银河系那么大的质量分布,但其贡献相比于整个宇宙来说,仍然是微不足道的。

假定整个宇宙相对于某一质量为 m 的给定物体的加速度为 a',则以 $m'/r\approx10^{26}$ kg · m^{-1},$G\approx10^{-10}$ N · m^2 · kg^{-1},$c^2\approx10^{17}$ m^2 · s^{-2}代入,得

$$F'_{12}=\frac{Gm'ma'}{c^2 r}\approx\frac{10^{-10}\times10^{26}}{10^{17}}ma'\approx10^{-1}ma'$$

与实际情况的惯性力 $ma'(=-ma)$ 相比,表面上似乎相差大约 10 倍。但是,考虑到对有关量值的估计是十分粗糙的,尤其是对整个宇宙的质量,一般认为估计偏低,因为有许多可能的天体(例如黑洞)和星际物质是看不见的。因此,目前所得到的这个结果,可以认为理论和观测还是符合得相当好的。

① 参看:郭硕鸿.电动力学.3 版.北京:高等教育出版社,2012.

3.3　惯性的本质①

毫无疑问,“惯性”是力学中最重要的基本概念之一。对惯性概念的理解,要说浅显,你可以对中小学生解释:突然刹车时,车里的人会感到前倾的推力;突然起动时,则感到后仰的拉力,这就是“惯性”或“惯性力”。要说深奥,则溯本求源,可从古圣先哲的智慧,循着各代物理大师的思路,直蹈当代时空观的精髓。追求惯性本性的认识过程,对我们来说,充满了科学思想和方法论方面的教益和启迪。在《新概念物理教程　力学》一书中,惯性问题贯穿于前后几章。现把这些内容集中起来,联成一体,以便于教师备课时参考。

一、伽利略不朽的功勋

古希腊的原子论者认为,原子在虚空中不受阻力,沿直线匀速运动。当然,那只是光辉的猜测和推想。对后世长期起主导作用的,是亚里士多德的观点。亚里士多德把运动分为两大类:自然运动和受迫运动。在亚里士多德看来,每个物体都有自己的固有位置,偏离固有位置的物体将趋向于固有位置。地上物体的自然运动沿直线,轻者上升,重者下降;天体的自然运动永恒地沿圆周进行。受迫运动则是物体在推或拉的外力作用下发生的。没有外力,运动就会停止。例如箭是在弓弦的作用下飞出的,然而脱弦之后又是什么力在支持箭的飞行呢?对此的解释是:正像在浴缸里用手捏肥皂的一端,肥皂滑出后被推动在水中前进一样,周围的空气挤向被箭排开的尾部真空,推动着箭向前进。

亚里士多德的学说统治了人们的思想那么久,不仅是由于它被基督教会奉为神圣的教义,还因为它符合普通人对运动肤浅的直觉。爱因斯坦把科学家们一代代探索自然界秘密的努力,比喻成读福尔摩斯一类的侦探小说[1]。在好的侦探故事中,一些最明显的线索往往引导到错误的猜疑上去,凭直觉的推理方法是靠不住的。人们很容易认为,要改变一个静止物体的位置,必须推它、提它或拉它。人们直观地认为,运动是与推、提、拉等动作相联系的。经验使人们深信,要使一个物体运动得更快,必须用更大的力推它。当推动物体的力不再作用时,原来运动的物体便静止下来,这也就亚里士多德学派所说的,静止是水平地面上物体的“自然状态”。然而在自然界这部侦探小说里,这是一个错的线索。直到三百多年前,伽利略才创造了有效的侦察技术,发展了寻求正确线索的系统方法。

伽利略领悟到,将人们引入歧途的,是摩擦力,或空气、水等介质的阻力。这是人们在日常观察物体运动时难以完全避免的。为了得到正确的线索,除了实验和观察外,还需要抽象的思维。伽利略注意到,当一个球沿斜面向下滚时,其速度增大;向上滚时,速度减小。由此他推论,当球沿水平面滚动时,其速度应不增不减。实际上这球会越滚越慢,最后停下来。伽利略认为,这并非是它的“自然本性”,而是由于摩擦力。伽利略观察到,表面越光滑,球便滚得越远。于是他推论,如果没有摩擦力,球将永远滚下去。

---

①　本文采自:赵凯华,罗蔚茵.惯性的本质.大学物理,1995,14(4).此后赵凯华教授对此问题又作了进一步讨论,并发表了文章。

伽利略的另一个实验如图 3.3.1 所示,彼此相对地安置两个斜面。当球从一斜面的顶端滚下后,即沿对面的斜面向上滚,达到差不多原来的高度。他推论,只是因为摩擦力,球才没能严格地达到原来的高度。然后他减少后一斜面的斜率,球仍达到同一高度,但这时它要滚得比较远。于是他问,若将后一斜面放平,球会滚多远?结论显然是球要永远滚下去。

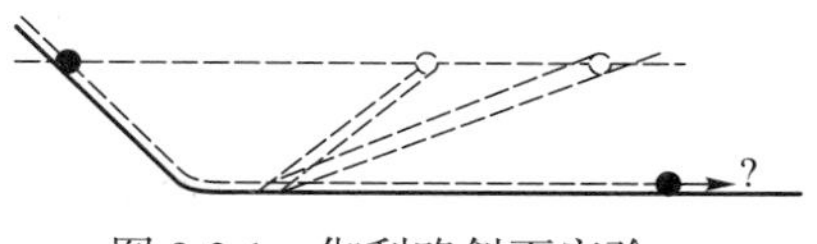

图 3.3.1 伽利略斜面实验

伽利略的理想实验找到了解决运动问题的真正线索。爱因斯坦说:"伽利略的发现以及他所用的科学推理方法是人类思想史上最伟大的成就之一,而且标志着物理学的真正开端。"[2] 伽利略的正确结论隔了一代人之后,由牛顿总结成动力学的一条基本的定律:

任何物体,只要没有外力改变它的状态,便会永远保持静止或匀速直线运动的状态。这便是通常所说的牛顿第一定律。物体保持静止或匀速直线运动状态的这种特性,叫做惯性。牛顿第一定律又称为惯性定律。

在上述定律的表述中用了"力"这个词,这是牛顿力学最基本的概念之一,也是日常生活和物理学史中用得很多的词。如果用较为近代化的说法来表述惯性定律:

自由粒子永远保持静止或匀速直线运动的状态。所谓"自由粒子"是不受任何相互作用的粒子(质点),它应该是完全孤立的,或者是世界上唯一的粒子。显然,实际上我们不可能真正观察到这样的粒子。但当其他粒子都离它非常远,从而对它的影响可以忽略时,或者其他粒子对它的作用彼此相互抵消时,我们可以把这个粒子看成是自由的。

除惯性定律之外,伽利略另一划时代的贡献是落体定律。在人们直觉的观念中,物体的大小和质料的不同(例如砝码和鸡毛),是会影响其重力加速度 g 的。几千年来亚里士多德学派的观点也是如此。史学家对伽利略比萨斜塔的实验(图 3.3.2)是否实有其事,尚有争论,但无论如何,伽利略是把落体定体论述得最清楚的人。现在大家都知道,不同物体降落的快慢不同,是因为有空气阻力。若能设法排除这个因素的影响,譬如让铜钱和鸡毛放在抽空的玻璃管内,使之自由降落,它们就降得一样快。然而从近代的标准看,伽利略的结论,即任何时刻在地球上任何地点所有自由降落体,获得的重力加速度 g 都相等,是否可以算得上是一条严格的物理定律?回答是肯定的,物理学家已用非常精密的实验验证了与此等价的结论。其中最有名的是 1890 年匈牙利物理学家厄缶(Eötvös)的扭秤实验,当时的精度已达 10^{-8}。这条定律导致了惯性质量和引力质量严格相等的重要结论,它的极其深刻的意义,只有爱因斯坦才能充分地认识到。下面对这两个概念作较为详细的考察。

图 3.3.2 伽利略比萨斜塔自由落体实验

地球上的任何物体都受到地心的引力,叫做重力。重力的大小叫做重量。称重量可以用静力学方法(用秤来称),也可以用动力学方法(测重力加速度)。用静力学称物体的重量,这一步又分两种:绝对测量(用弹簧秤)和相对测量(用等臂或不等臂的天平)。同一个物体 A 用弹簧秤去称它的重量 W_A,会因在地球上的地点(如高度、纬度)不同、甚至时间不同,而小有差别。但是实验表明,用天平去比较两物体 A,B 的相对重量时,它们的比值 W_B/W_A 是不随地点、时间而异的。

平时人们常把质量和重量的概念混为一谈。从物理学的角度看,这当然是不对的。但二者之间存在着联系。我们可以选定一个"标准物体"(如在巴黎的千克原器),用 0 表示它,任何其他物体 A 的重量与标准物体的重量之比 W_A/W_0是个与地点、时间无关,仅与物体 A 本身有关的常数。我们定义此比值为物体 A 的引力质量 $m_{A引}$与标准物体引力质量 $m_{0引}$之比:

$$m_{A引}/m_{0引} = W_A/W_0 \tag{1}$$

现在我们来看用动力学测重力的方法。根据牛顿第二定律,物体 A 所受的重力可通过它自由降落时获得的重力加速度 g_A计算出来:

$$W_A = m_{A惯}g_A$$

这里的 $m_{A惯}$是惯性质量。对于标准物体 0,有 $W_0 = m_{0惯}g_0$,于是有

$$\frac{W_A}{W_0} = \frac{m_{A惯}}{m_{0惯}} \cdot \frac{g_A}{g_0}$$

代入(1)式,得

$$\frac{m_{A引}}{m_{A惯}} = \frac{m_{0引}}{m_{0惯}} \cdot \frac{g_A}{g_0} \tag{2}$$

按照伽利略的结论,上式中 $g_A = g_0$,从而对于任何物体 A 都有

$$\frac{m_{A引}}{m_{A惯}} = \frac{m_{0引}}{m_{0惯}}$$

我们的标准物体 0 既是引力质量的标准,也是惯性质量的标准,亦即按定义 $m_{0引} = m_{0惯} = 1$,于是按上式我们有

$$m_{A引} = m_{A惯} \tag{3}$$

应注意,对于任意物体 A,这不再是定义,而是一条精确而普遍的定律了。

二、牛顿的“绝对空间”和“牛顿桶”实验

在牛顿的力学定律(包括惯性定律)的表述里没有明确指明,所谓“静止”“匀速直线运动”和“运动状态的改变”是对什么参考物体而言的。在牛顿力学中“力”是物体间的相互作用,这是与参考物体无关的,然而运动状态及其改变则与参考物体有密切关系。牛顿完全了解自己理论中存在的这一薄弱环节,他的解决办法是引入一个客观标准——绝对空间,用以判断各物体是处于静止、匀速运动,还是加速运动状态。牛顿承认,区分特定物体的绝对运动(即相对于绝对空间的运动)和相对运动,也非易事。不过,他还是提出了判据。譬如,用绳子将两个球系在一起,让它们保持在一定距离上,绕共同的质心旋转,从绳子的张力可以得知其绝对运动加速度的大小。

“牛顿桶”实验是牛顿提出的另一个更著名的实验。实验的大意如下:一个盛水的桶挂在一条扭得很紧的绳子上,然后放手,如图 3.3.3 所示。

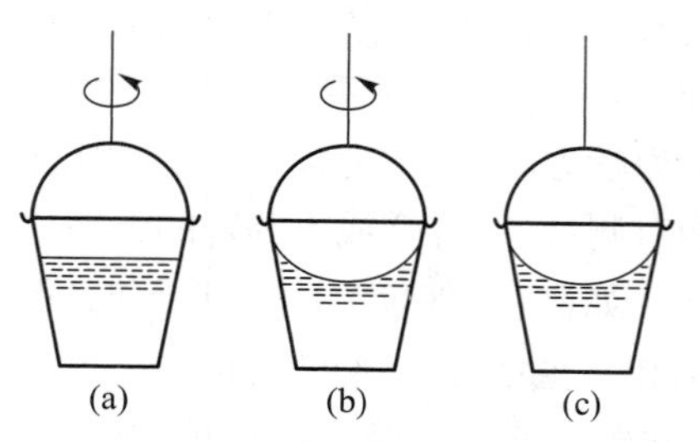

图 3.3.3 “牛顿桶”实验

(a)开始时,桶旋转得很快,但水几乎静止不动。在黏性力经过足够的时间使水面旋转起来之前,水面是平的,完全与水桶转动前一样。

(b)水和桶一起旋转,水面变成凹的抛物面。

(c)突然使桶停止旋转,但桶内的水还在转动,水面仍然保持凹的抛物面。

牛顿就此分析:在(a)、(c)阶段,水和桶都有相对运动,而在前者水面是平的,后者水面凹下;在(b)、(c)阶段,无论水和桶有无相对运动,水面都是凹下的。牛顿由此得到结论,桶和水的相对运动不是水面凹下的原因,这个现象的根本原因是水在空间里绝对运动的加速度。

绝对空间在哪里?牛顿曾经设想,在恒星所在的遥远的地方,或许在它们之外更遥远的地方。他提出假设,宇宙的中心是不动的,这就是他所想象的绝对空间。从现今的观点来看,牛顿的绝对时空观是不对的,不过,牛顿当时清楚地意识到,要想给惯性原理以一个确切的意义,那就必须把空间作为独立于物体惯性行为之外的原因引进来。爱因斯坦认为,牛顿引入绝对空间,对于建立他的力学体系是必要的,这是在那个时代"一位具有最高思维能力和创造力的人所能发现的唯一道路"[3]。

三、惯性参考系与惯性力

当代的物理教科书在讲牛顿力学时,为避免"绝对空间"的提法,都采用"惯性参考系"的概念。据考证,这个想法是德国物理学家朗格(L.Lange)提出的[4],在牛顿力学的框架中,给惯性系下的定义是"惯性定律在其中成立的一类参考系",即在此类参考系中,一个不受外力作用的物体总是作匀速直线运动的。若要再问,怎样知道一个物体没有受到外力呢?回答说,此物体离开别的物体都足够远,它在惯性系中作匀速直线运动。这里似乎出现了一个逻辑循环。然而,仔细推敲我们的表述,是可在教科书中避免这种逻辑循环的。实验表明,在一个参考系中,只要某个物体符合惯性定律,则惯性定律将对其他物体成立。我们把惯性参考系定义为"对某一特定物体惯性定律成立的参考系",这时再说惯性定律成立的条件是惯性系,就不构成逻辑循环了。从这里我们再次看到,惯性不是个别物体的性质,而是参考系,或者说,时空的性质。下文即将论述,用"惯性参考系"替代"绝对空间",只是回避了牛顿力学的困难,作为阶段性的教学考虑是可取的,但是并没有真正解决问题。

这样,在牛顿力学的框架里,我们必须严格地区分"惯性"和"非惯性"两类参考系。在惯性参考系内,惯性定律和其他牛顿力学定律成立;在非惯性参考系内,牛顿三定律不成立。在所有惯性参考系之间,伽利略相对性原理成立,从而它们都是平权的。在非惯性参考系内倒会出现一些"反常"现象。请看下面这段描述。

前面提到,惯性定律是不能直接用实验严格地验证的。设想有一位很严格的科学家,他相信惯性定律是可以用实验来证明或推翻的。他在水平的桌面上推动一个小球,并设法尽量消除摩擦(现在可以用气桌相当好地实现这一点)。他观察到,小球确实相当精确地作匀速直线运动。当他要宣布验证惯性定律成功时,忽然发现一切突然变得反常了,原来沿直线运动的小球滚向了一边,朝房子的墙壁滚去。他自己也感到有一种奇怪的力把他推向墙去。究竟发生了什么事?原来有人和他开玩笑,这位科学家的实验室没有窗户,与外界完全隔绝。开玩笑的人安装了一种机械,可以使整个房子旋转起来。旋转一开始,就出现上述各种反常现象,于是惯性定律被推翻了。

从本文一开头谈到的给中小学生讲惯性，到上面这段描述，我们都看到，之所以产生惯性参考系内的“反常”现象，是出现了一些莫名其妙的“力”，即“惯性力”。在通常的教科书中对“惯性力”的解释大意是这样的，如果在非惯性系中的观察者要坚持用牛顿定律来解释他所观察到的力学现象，他必须假想有某种“惯性力”存在。惯性力是惯性在非惯性系里的表现，它与“真实力”有区别，真实的“力”是物体间的相互作用，施力的物体必受到受力物体给它的反作用。我们说惯性力是“虚假的”，因为不存在施加此力的物体，从而也就不存在反作用力。我们在形容词“真实的”和“虚假的”上打了引号，是因为这只是牛顿力学的说法，在广义相对论的理论中，这种说法就不那么绝对了。

在平动的力加速参考系中，质点所受的惯性力 $\boldsymbol{F}_{惯}=-m\boldsymbol{a}$。在转动的参考系中，静止的质点受到惯性离心力；以速度$\boldsymbol{v}$ 运动的质点，除受到惯性离心力外，还受到一个科里奥利力 $\boldsymbol{F}_C=2m\boldsymbol{v}\times\boldsymbol{\omega}$。例如，上面谈到牛顿的两球和水桶实验，涉及的是惯性离心力，使傅科摆摆面进动的是因地球自转引起的科里奥利力。

四、马赫对“绝对空间”的批判

牛顿的绝对空间概念曾受到同时代的人，如惠更斯、莱布尼茨等的非难和诘责。但由于牛顿力学的巨大成就，两百余年中一直为人们普遍接受。其间也有反对的，代表性人物是英国主教贝克莱，他说：“让我们设想有两个球，除此之外空无一物，说它们围绕共同的中心作圆周运动，是不能想象的。但是，若天空上突然产生恒星，我们就能够从两球与天空不同部分的相对位置想象出它们的运动了。”的确，如果宇宙中只有这两个球，而它们又像牛顿所设想的那样，被一根绳子连接着，谁能回答它们是否绕着共同的质心旋转，以及绳中有没有张力？

贝克莱是唯心主义哲学家，他的力学知识不多。首先在物理学界产生巨大影响的是奥地利物理学家马赫（E.Mach）。

马赫认为，牛顿水桶实验中水面凹下，是和它与宇宙远处存在的大量物质之间有相对转动密切相关的。当水的相对转动停止时，水面就变成平的了。反过来，如果水不动而周围的大量物质相对于它转动，则水面也同样会凹下。如果设想把桶壁的厚度增大到几千米甚至几十千米，“没有人有资格说出，这实验将会变成怎样”。而他本人相信，这一怪桶的旋转将真的对桶内的水产生一个等效的惯性离心力作用，即使其中的水并无公认意义下的转动。马赫的思想归结为一切运动都是相对于某种物质实体而言的，是相对于远方恒星（或者是宇宙中全部物质的分布）的加速度引起的惯性力和有关效应。

我们不妨设想，在北极挂上一个傅科摆，天空阴霾不见日月，人们默默地观察着摆面的旋进，苦思着产生此现象的根源。忽然云消雾散，豁然开朗，满天星斗历历在目，人们惊奇地发现，摆面的进动是与斗转星移同步的。如果你忘记了，或根本不知道，脚下的地球在朝相反的方向自转，你很可能怀疑，是否摆面是被远方的星星拽着一起旋转的。如果你承认自己脚下的地球在自转，而傅科摆的摆面由于惯性而不动，你很自然就把远方的恒星当作惯性参考系了。除了有形的物质，要在冥冥之中设想出一个绝对的惯性参考系来，不是有点太神秘了吗？

五、马赫原理和爱因斯坦的广义相对论

马赫的深邃思想一时不为人们所理解，却给了爱因斯坦以极大启发，引导他于 1915 年创立

了广义相对论。在此之前，1913 年 6 月 25 日，爱因斯坦写信给马赫：

明早日食时将会证明，以参考系的加速度同引力场等效为基础的基本假设是否真正站得住脚。果真如此，则你对力学基础所作的贴切研究，将不顾普朗克不公正的讥评而得到光辉的证实。因为完全按照您对牛顿水桶实验的批判，一个必然的后果是：惯性来源于物体的一种相互作用。这里的第一个推论写在我文章的第 6 页上。再补充两点：①如果加速一个很重的物质壳层，则包含在此壳层里的质量会受到一个加速的力；②如果相对于恒星围绕中心轴旋转此壳层，壳内将产生一个科里奥利力，亦即，傅科摆的摆面将被曳引（实际上曳引的角速度要小得无法测量）。

马赫的思想对广义相对论的建立，影响如此巨大，爱因斯坦于 1918 年前后使用了“马赫原理”的说法，以表达下列命题：时空的局部结构（从而试探质点的惯性行为），仅由质量和能量的分布所决定①。爱因斯坦认为，马赫原理应能在广义相对论中得到体现。他设想，影响惯性的那种物质间相互作用应是引力，但不是牛顿的 $1/r^2$ 引力。与电磁相互作用类比，牛顿的引力相当于库仑的静电力；此处要求的是一种正比于 $1/r$ 的“辐射力”，这应在广义相对论中得到印证。1918—1921 年间，伦泽（J.Lense）和蒂林（H.Thirring）根据广义相对论导出一个旋转球壳产生曳引作用的公式[5]

$$\omega_{曳}=\kappa\frac{G}{c^2}\frac{m_{壳}}{R_{壳}}\omega_{壳} \tag{4}$$

式中 $m_{壳}$、$R_{壳}$、$\omega_{壳}$分别是球壳的质量、半径、角速度，$G=6.67\times10^{-11}\ \mathrm{N\cdot m^2/kg^2}$ 是引力常量，$c=3\times10^8\ \mathrm{m/s}$ 是光速，κ 是个量纲为一的因子，κ 与摆相对于球壳的位置有关：

$$\kappa=\begin{cases}4/3, & \text{球壳内任何地方，或南北极}\\ -2/3, & \text{球壳外赤道处}\end{cases}$$

以上结果证实了爱因斯坦的想法。

现在让我们回到挂在北极的傅科摆。地球自转着，它与远方的恒星朝相反的方向以科里奥利力的形式曳引着摆面。若要用（4）式计算一个球体（如地球、太阳），乃至整个宇宙的曳引作用，可采用叠加法。对于刚体，有

$$\frac{\omega_{曳}}{\omega_{旋转体}}=\kappa\frac{G}{c^2}\sum_i\frac{m_i}{R_i}$$

假定恒星之间的相对运动可忽略，整个宇宙的曳引作用可写为

$$\frac{\omega_{曳}}{\omega_{恒星}}=\kappa\frac{G}{c^2}\sum_{恒星}\frac{m_{恒星}}{R_{恒星}}\approx\frac{G}{c}\frac{m_{宇宙}}{R_{宇宙}}$$

上式右端称为宇宙的“惯性力之和（sumfor iner tia）”。

$G/c^2=7.4\times10^{-28}\ \mathrm{m/kg}$，地球 $m\approx6\times10^{24}\ \mathrm{kg}$，$R\approx6\times10^6\ \mathrm{m}$，$m/R\approx10^{18}\ \mathrm{kg/m}$，从而 $\omega_{曳}/\omega_{地球}\approx10^{-8}$，确实是微不足道的。但是要说明为什么傅科摆的摆面完全跟着星空转，还需宇宙的惯性之和约等于 1。从天体物理和宇宙学看，宇宙半径的数量级可取作 10^{10} 光年 $\approx1\times10^{26}\ \mathrm{m}$，欲使惯性之和约等于 1，倒过来计算，则要求宇宙中物质的平均密度 ρ 具有 $10^{-29}\ \mathrm{g/cm^3}$ 的数量级。当前宇宙学中用光度法估算出的宇宙平均密度 $\rho=3\times10^{-31}\ \mathrm{g/cm^3}$，这个数值太小了。不过，人们一般的

① 马赫是于 1916 年去世的，生前他没有给爱因斯坦直接回过信。只是在《物理光学原理》一书的序言中公开作了答复，表示他也反对相对论。该书直到 1921 年才出版。在此之前，爱因斯坦不知道马赫反对相对论的态度。

看法是，宇宙间存在着大量的用光度法无法测到的暗物质，实际的平均密度要比这个数值大得多，究竟是多少，尚难确切估计，很可能和上面要求的数量级差不多。

应当指出，即使数量级符合了，我们也不能说，上述蒂林等人的理论已把马赫原理和广义相对论完全协调起来。进一步的讨论涉及时空的弯曲、开宇宙和闭宇宙等问题。简单地说，近代的天体物理学和宇宙学尚不能判断，宇宙是封闭的还是开放的。如果宇宙中的物质密度足够大，它的时空将弯曲到自我封闭的程度，这样的宇宙是有限的，但没有边界。正如马赫原理所说的那样，时空的局部结构完全由其中质量和能量的分布所决定。如果宇宙中的物质密度不够大，宇宙将是开放的。除了内部的质量和能量分布外，它的时空结构还要由无穷远的边界条件来决定。

六、等效原理与局域惯性系

撇开全局性的问题不谈，我们怎样才能判别和实现一个较理想的惯性参考系，哪怕是在局部范围里也好。在牛顿力学的框架里，定义一个惯性参考系和表述惯性原理的困难之一，是如何判断一个物体是否受力。在物质的各种相互作用中，宏观的电磁力和万有引力是长程的。由于电荷有正有负，电磁力可以屏蔽，而引力是无法屏蔽的。所有与一质点相距很远的物体总质量可以很大，怎能保证它们产生的引力总体上对该质点的影响是可以忽略的呢？沿着这个角度想下去是没有出路的。爱因斯坦从惯性质量等于引力质量这一事实里悟出了真谛，这还得从升降机里的超重和失重现象谈起。

如图 3.3.4 所示，人站在台秤上，处在有竖直加速度 a 的升降机里。这时人除了受到地心引力（即重力）mg 外，还感受到一个惯性力 $F_{惯}=-ma$，从而感受到有效重力为 $m(g-a)$。这不仅是他自己的感受，也是他脚下台秤的读数。因为在升降机这个非惯性系内，台秤给人的支持力 F_N 满足平衡条件 $F_N+m(g-a)=0$，即 $F_N=-m(g-a)$。因而人给台秤的反作用，即台秤受到的压力为

$$F'_N=-F_N=m(g-a) \tag{5}$$

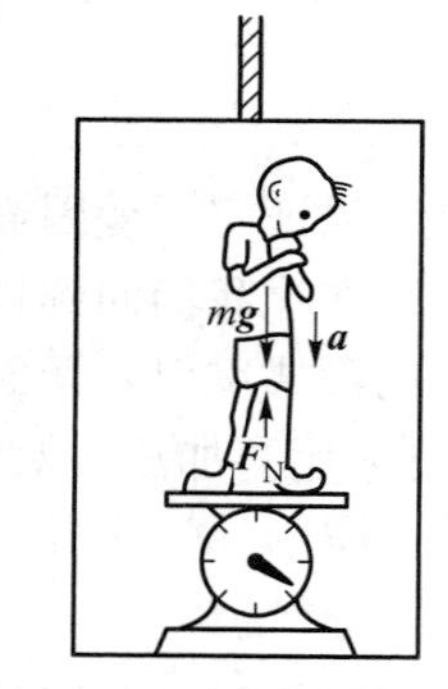

图 3.3.4　升降机里的超重与失重视象

台秤所显示的正是这压力的大小，它在数值上等于人感受到的有效重力，或者说，他的有效重量。当 a 向上（即与 g 反向）时，$|g-a|>g$，人的有效重量增大，这叫做超重；当 a 向下（即与 g 同向）时，$|g-a|<g$，人的有效重量减小，这叫做失重。在升降机自由降落时，$a=g$，人的有效重量减为 0，他处于完全失重的状态。能造成完全失重环境的，不仅是自由降落的升降机，任何在重力场中作自由飞行的飞行器，都具有加速度 g，由此产生的惯性力 $-m_{引}g$ 刚好与重力 $m_{引}g$ 抵消（注意：这里用到了 $m_{惯}=m_{引}$ 的条件），从而在其内部形成一个完全失重的环境。例如，以任何初速发射的飞行器，若在途中既无动力又不受阻力的话，它将在重力单独的作用下沿抛物线自由飞行，其内部就是个完全失重的环境。然而在大气中飞行器不可能不受到空气的阻力，但有经验的空军驾驶员可以模拟这种轨道作特技飞行，其机舱内造成一个近似的失重环境，供训练宇航员之用。当然，这样的失重环境都是短暂的，只有一二十秒。在太空轨道上作自由飞行

的航天飞机，才可以造成长时间的失重环境①。

在完全失重的环境里，许多事情是很奇妙的。宇航员可以轻易地挪动很重的部件，但难以用手拿着笔记本写字。他若不小心将牛奶打翻，牛奶并不泼在地板上。液滴可以悬在空中一动也不动，也可能沿任何方向严格地作匀速直线运动，直到它碰到舱壁为止。这样一个验证惯性定律的理想环境，比我们现在在气桌上做实验还要好得多，在伽利略时代连做梦也不会想到。抱着牛顿力学的观点，听起来会感到蹊跷：在非惯性系内验证惯性定律！是的，这正是爱因斯坦慧眼独到之处。由于引力质量严格地等于惯性质量，引力和加速度产生的惯性力是等效的（等效原理），我们可以把这两个概念及其区别淡化。于是把坐标原点固定在一个在引力场中自由降落（free falling）或者说自由飞行的物体上，坐标架由陀螺仪来定向，这便是一个相当好的局域惯性参考系。从升降机和航天飞机超重和失重的例子看，由于等效原理，牛顿力学所谓的“因加速度产生的惯性力”与“真实的引力”是等效的。通常我们把因地球自转引起的惯性离心力算在视重里，来计算重力随纬度的变化，在实际上早已承认过这种等效性。从牛顿力学的观点看，地面参考系才是惯性系，而自由降落的升降机则不是。但我们也可认为自由降落的升降机是惯性系；而在地面参考系内感受到的重力，反而是它相对于惯性系（自由降落的升降机）有向上加速度的效果。后者正是广义相对论的观点。

七、引潮力与时空弯曲

潮汐主要是月球对海水的引力造成的，太阳的引力也起一定的作用。我国自古有“昼涨称潮，夜涨称汐”的说法：“潮者，据朝来也；汐者，言夕至也。”（葛洪《抱朴子》。）这就是说，潮汐现象的特点是每昼夜有两次高潮，而不是一次。这对应于下面的事实：在任何时刻，围绕地球的海平面总体上有两个突起部分②，在理想的情况下，它们分别出现在地表离月球最近和最远的地方。如果说潮汐是月球的引力造成的，在离月球最近的地方海水隆起，是可以理解的。为什么离月球最远的地方海水也隆起？这就有点费解了。

如上所述，按照广义相对论的观点，固定在引力场中自由降落的物体上的参考系，是个理想的局域惯性参考系。设想一个电梯从摩天大厦的顶层下降，忽然悬挂它的钢索断了，电梯变成自由落体。从牛顿力学的观点看，电梯内的物体受到一个重力 $m_{引}g$ 和一个惯性力 $-m_{惯}g$。由于引力质量严格等于惯性质量，两力“精确”抵消，电梯内的物体处于完全失重的状态。从广义相对论的观点看，牛顿力学所谓“真实的引力”和“因加速度产生的惯性力”是等价的，实际中无法区分，然而不能说得那样绝对。上述引力与惯性力的等价性只在小范围内是“精确的”。如果那个“自由降落的升降机”足够大，当其中引力场的不均匀性不能忽略时，惯性力就不能把引力完全抵消了。如图 3.3.5(a) 所示，设想在自由降落升降机内有 5 个点，C 在中央，即系统的质心上。A 和 B 分别在 C 的左右，D 和 E 分别在 C 的上下。考虑到引力是遵从平方反比律且指向地心的，与中央质点 C 所受的引力相比，A 和 B 受到的引力略向

---

① 通俗的宣传媒介，常把航天飞机失重的原因说成是它离地球太远，从而摆脱了地心引力。这种说法是不对的。事实是地心引力迫使它沿绕地的轨道飞行，获得了向心加速度。反过来，向心加速度引起的惯性离心力又与地心引力抵消了，使飞船成为失重状态。

② 由于海水之间、海水与地之间存在摩擦力，各地涨潮与月球到达上、下中天的时间并不同步。相位有的地方超前，有的地方落后。

中间偏斜，D 离地心稍远而受力稍小，E 因离地心稍近而受力稍大。由于整个参考系是以质心 C 的加速度运动的，其中的惯性力只把 C 点所受的引力精确抵消，它与其他各质点所受的引力叠加，不剩下一点残余的力。它们的方向如图 3.3.5(b)所示。A 和 B 受到的残余力指向 C；D 和 E 受到的残余力背离 C。如果在中央 C 处有个较大的水珠的话，严格地说它也不是球形，而是沿上下方向拉长了的椭球。

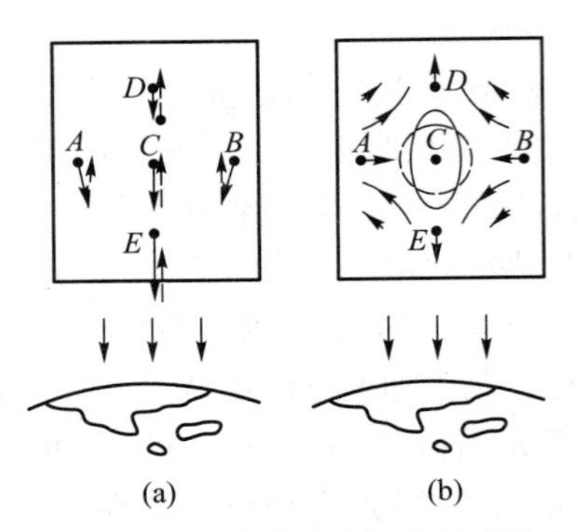

图 3.3.5　自由降落升降机中的引潮力

在重力场里自由降落的升降机听起来很悬乎，以上是理想实验，真做起来既困难又危险。上面我们提到太空轨道上自由飞行的航天飞机，那确实是一个理想的局域惯性系。可惜对于刚才描述的实验来说它太小了，在其中引力的不均匀性小到几乎无法探测。一般说来，一个参考系的运动由平动和转动两部分组成。固联在地面上的参考系有这两部分运动；而固联在地心上而不参与地球自转的参考系只有平动没有转动。不仅如此，地心参考系还是一个理想惯性系，因为除万有引力外它不受任何其他力，它是一个在引力场中自由飞行的物体。把整个地球当作一个"航天器"来考察其中由引力不均匀性产生的效应，那就足够大了。其实，大自然就是一个巨大的实验室，它早已为我们准备好了实验的材料。地球表面 70%的面积为海水所覆盖，作为第一步的近似，我们把地球设想成其表面完全被海水所覆盖。地球自转造成的惯性离心力已计算在海水随纬度而变的视重里，若忽略海水相对于地面运动的环流，则科里奥利力也不必考虑，所以我们可以取地心作为参考系，不必考虑地球的自转。这样一来，在这个巨大的理想惯性参考系里所有海水形成一个巨大的水滴。如果没有外部引力的不均匀性，这个大水滴将精确地呈球形。现在考虑月球引力的影响。如图 3.3.6 所示，地-月系统在引力的相互作用下围绕着共同的质心 O 旋转。在地心参考系中，各地海水所受月球的有效引力是"真实的引力"和地心的离心加速度造成的"惯性离心力"之和。这有效引力的分布就如图 3.3.6 所示那样，把海水沿地-月连线方向拉长而成为一个椭球。这就是为什么每天有两次海潮，而不是一次的原因。

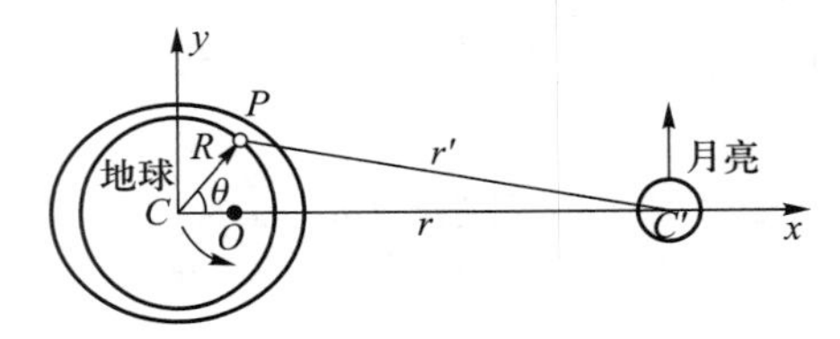

图 3.3.6　月球对地面上海水的引潮力

我们看到,如图 3.3.5(b)所示的那种“残余引力”,正是引起潮汐的那种力,所以叫做引潮力。一个在力场中自由降落的参考系里,引力场的均匀部分完全被惯性力所抵消。我们也可以用加速系统来产生“人造重力”,可见引力的均匀部分是可以通过“加速度”被“创造出来”和被“消灭掉”的,因此这部分引力只具有相对的意义。引力的非均匀部分(即引力潮)则不然,它不为参考系的变换所左右。按照广义相对论的观点,引潮力是时空弯曲的反映,因此具有更为本质的意义。

参考文献

[1]爱因斯坦,英费尔德.物理学的进化.上海:上海科学技术出版社,1962:1-7.

[2]爱因斯坦,英费尔德.物理学的进化.上海:上海科学技术出版社,1962:3.

[3]爱因斯坦文集:第一卷.北京:商务印书馆,1976:15.

[4]Lange L.Über die wissenschaftlischc Fassung des Galilcischen Beharrungsgesetzes(论伽利略惯性律的科学结构).Berlin,1885.

[5]Thirring H.Phys.Z.1918(19):33-39;Phys.A.1921(22):29-30.Thirring H,Lense J.Phys.Z.1918(19):156-163.

3.4 力的表象和能量表象

在物理科学中，为了具体地描述某种运动的变化过程和运动规律，需要使用一定的概念、符号、图像和物理量等。这些所使用的基本概念、符号、图像和物理量等就构成了描述这种运动的表象。描述同一种运动可以使用不同的表象。

一、力的表象和牛顿运动定律

在经典力学中，通常使用的基本概念和物理量是相对位置、速度、加速度、质量和相互作用力等，赫兹称这种表象为力的表象。

力的表象用位置坐标描述物体（质点）的位置状态，用速度描述物体的运动状态，用加速度表征运动状态的变化；又用质量来表征物体所具有的运动内禀性质，用力来描述物体间的相互作用，作为改变物体运动状态的外因。

力的表象的基本框架是由许多先驱（如伽利略等）奠定基础和增砖添瓦，最后由牛顿集其大成而建立的。牛顿在《自然哲学的数学原理》前言中指出：

我奉献这一作品，作为哲学的数学原理；因为哲学的全部责任似乎在于——从运动的现象去研究自然界中的力，然后从这些力去说明其他现象。

用力的表象的牛顿力学以牛顿三大运动定律及万有引力定律为核心，可以解决两类基本问题：一是已知力学系统中的相互作用力和初始状态，求在以后任一瞬间力学系统的位置和运动状态；二是已知力学系统每一瞬间的运动状态，求每一瞬间的相互作用力。实际上这两类问题往往交织在一起，互相牵制，因此要求一并解决。

由出没时刻，推断未知行星（如海王星）的存在，发挥了巨大威力，显示了力的表象的辉煌成果。

二、从牛顿力学到分析力学——经典力学由抽象而深化

一切科学的抽象，都更深刻地反映着自然，是对事物本质更深入的认识和概括。18 至 19 世纪分析力学的建立，早已不是牛顿力学原始思维格式的简单延续，它以其框架的更加完整和普适，使经典力学跨入更高阶段，成为后来长驱直入地进入近代物理宏伟殿堂的阶梯。

1.分析力学的普遍意义

大家知道，确定一个质点的位置状态需要三个独立的坐标。随着力学系统越来越复杂，所需确定的坐标数就越来越多。然而，在一个力学系统中，并非所有的坐标都是独立的。例如一个限定在某一（确定的）曲面上运动的质点，确定它的位置的独立坐标数就只有两个；若限定质点只能在某一曲线上运动，则它的独立坐标就只有一个。又如刚体，由于其中的任意两个质点间的距离不变，尽管一个刚体中有无限多个质点，但实际上只有六个坐标是独立的。

以上所说的各种限制质点（物体）自由运动的条件称为**约束**，而确定力学系统所需的独立坐标数则称为系统的**自由度**。限制力学系统自由运动的约束可以用以坐标为变数的方程来表示，系统所受的约束越多，约束方程的数目也越多。自由度就等于确定系统各质点的总坐标数减去

约束方程的数目。若决定系统位置状态的总坐标数为 N,系统的约束方程数为 n,则系统的自由度为

$$s = N - n \tag{1}$$

任意选取 s 个独立变量 $q_i(i=1,2,\cdots,s)$,则可以通过约束方程解出系统笛卡儿坐标 $x_j(j=1,2,\cdots,N)$ 与独立变量 q_i 的函数关系。换句话说,只要确定 q_i,就可以确定 x_j。因此把 q_i 称为广义坐标,q_i 的时间导数 $\mathrm{d}q_i/\mathrm{d}t$ 称为广义速度。引入广义坐标的直观意义在于,描述力学系统的变量减少了,求解就会简单一些。

必须指出的是,引入广义坐标已完全脱离了坐标原来的几何意义,由此而引申并建立起来的"分析力学",是对力学运动更抽象的描述。据说对分析力学的建立作出重要贡献的拉格朗日(J.L.Lagrange)曾对人炫耀说,他的著作《分析力学》全书中没有一张几何图形!

在建立分析力学的最初阶段,还引入广义力等概念,可见它仍属力的表象的范畴。此阶段最重要的概念是虚位移和虚位移的功(又称虚功)。对于力的表象,约束的意义在于通过施加约束力而限制力学系统的运动,如物体在桌面上运动,桌面施给物体支承力,使它不致下坠;又如物体受绳子的束缚而作圆周运动,是由于绳子施加向心力于物体上的结果,如此等等。在可忽略耗散作用的理想约束情况下,约束力总是垂直于虚位移(可能的位移,如桌子的支承力和物体的滑动方向垂直,绳子的向心力和作圆周运动的物体运动方向垂直等),使得虚位移的功(虚功)总是等于零,这就是虚功原理,它是分析力学的基本原理之一。换句话说,理想约束不会改变力学系统的能量,这就使得能量在描述系统的运动状态中达到了举足轻重的地位。

沿着这个思路,加上使用泛函分析的数学方法,经达朗贝尔(D'Alembert)、欧拉(Euler)、拉格朗日、哈密顿(Hamilton)、雅可比(Jacobi)、泊松(Poisson)和庞加莱(Poincaré)等人高度创造性的努力,终于建立起现在形式的力学新体系——分析力学,新力学体系的基本特色是与具体力无关的普遍形式,用作用量、能量、动量和抽象的相空间,取代加速度、质量、力和直观的三维平直几何空间。

由于原理的普适性和形式的普遍性,分析力学不但适用于经典力学、经典电磁场理论和连续介质力学等,还可推广应用于近代物理学中的相对论和量子力学。

2.从分析力学看时空对称性和守恒定律

分析力学中,普适运动方程——哈密顿正则运动方程为

$$\frac{\mathrm{d}H}{\mathrm{d}t} = \frac{\partial H}{\partial t}, \quad \frac{\mathrm{d}p_i}{\mathrm{d}t} = -\frac{\partial H}{\partial q_i}, \quad \frac{\mathrm{d}q_i}{\mathrm{d}t} = \frac{\partial H}{\partial p_i} \tag{2}$$

式中 $H(p,q,t)$ 为哈密顿量,在一定的条件下等于系统的动能加势能,即

$$H = T + V = E \quad (\text{系统的总能量}) \tag{3}$$

q_i 为第 i 个广义坐标,p_i 为第 i 个广义动量。显然,若 H 中不显含 t,则

$$\frac{\mathrm{d}H}{\mathrm{d}t} = \frac{\partial H}{\partial t} = 0, \quad H = \text{const.} \tag{4}$$

即能量守恒。若 H 中不显含 q_i,则

$$\frac{\mathrm{d}p_i}{\mathrm{d}t} = -\frac{\partial H}{\partial q_i} = 0, \quad p_i = \text{const.} \tag{5}$$

即广义动量 p_i 守恒。

以上的结果具有非常重要的物理意义。表征系统特征的哈密顿量 H 不显含时间，意味着系统具有时间平移对称性(或不变性)；换句话说，具有时间平移对称性的系统，其能量守恒。此外，如果 H 不显含某个代表线量的广义坐标，即系统具有该坐标的平移对称性(不变性)，则系统相应的线动量守恒；如果 H 不显含某个代表角量的广义坐标，即系统具有该坐标的转动对称性(不变性)，则系统相应的角动量守恒。这反映了时空的对称性与三个重要的守恒定律有着紧密的联系。

用分析力学从时空对称性导出守恒定律是直截了当的，但在普通物理课程中不适用。如果从普通物理的层次讨论能量、动量和角动量等守恒定律与时空对称性的关系，就不能那样严格和普遍了。赵凯华，罗蔚茵编著的《新概念物理教程　力学》对这种讲法作了尝试，可供大家参考。

三、能量表象

从分析力学的建立和发展可见，能量和动量已逐渐取代质量和力的地位，成为表述运动过程的基本概念和物理量。以能量和动量作为基本概念和物理量的表象称为能量表象。在经典力学中，力的表象和能量表象是等价的，它们之间可以互相导出，并没有实质上的差异。但对于近代物理，能量表象不仅优于力的表象，而且当力的表象被近代物理的某些实验否定时，能量表象也能作出正确的结论。

1.从能量表象导出力的表象

从力的表象导出能量表象我们是熟知的了；反过来我们也可从能量表象导出力的表象。下面试以动量守恒定律为例，导出质量和力的概念。

动量守恒定律是惯性参考系中空间平移不变性的直接推论，因而其适用性是十分普遍的。从实践的角度看，迄今为止，人们未发现动量守恒定律有任何例外。因此，物理学家们对这条定律和对能量守恒定律一样，是有充分信心的。每当在实验中观察到似乎是违反动量守恒定律的现象时，物理学家就提出一些新的假设来补救，最后总是以有所发现而胜利告终。例如，β 衰变是从一个原子核 A 射出一个电子 e^- 后转化为另一原子核 B 的过程。如果没有其他粒子牵涉进去，这一过程可写为

$$A \to B + e^-$$

如果 A 基本上是孤立的，且开始是静止的，则不管其他的细节如何，对动量守恒定律的笃信使我们预言，B 不可避免地将在与射出来的电子相反的方向上反冲。但 β 衰变的云室照片显示，二者的径迹并不在一条直线上。如果坚持终态的总动量和初态时一样为 0，那就得假设这里还存在另一个未被发现的粒子。泡利(W.Pauli)为解释 β 衰变中的各种反常现象，于 1930 年提出中微子假说。虽然此后多年来陆续找到不少中微子存在的间接证据，但直到 26 年后，即 1956 年，才在实验中直接找到了它。

又例如，动量守恒定律本来是针对机械运动的，在电磁学中人们发现，两个运动着的带电粒子，在它们之间的电磁相互作用下，二者动量的矢量和看起来也是不守恒的。物理学家把动量的概念推广到电磁场，把电磁场的动量也考虑进去，总动量又守恒了。

总之，如今我们坚信，动量守恒定律是物理学中最普遍的规律之一，它与能量守恒定律一

起，在理论探讨和实际应用方面都发挥着十分巨大的威力。

现在考虑一个理想情况。我们观察两个质点，它们只受它们之间相互作用的影响，与世界的其余部分隔绝，因而它们对空间的平移具有不变性，即动量守恒。动量应该由描述质点运动状态的速度和它自身的动力学内禀性质——惯性决定。

由于两质点之间的相互作用，它们各自的速度不恒定，而是随时间改变着。它们的路径一般是弯曲的，如图 3.4.1 中的曲线 1 和曲线 2 所示。在某一特定时刻 t，质点 1 在 A 处，速度为$\boldsymbol{v}_1$，质点 2 在 B 处，速度为$\boldsymbol{v}_2$。在之后某一时刻 t'，这两个质点位于 A'和 B'处，速度分别为$\boldsymbol{v}_1'$和$\boldsymbol{v}_2'$。

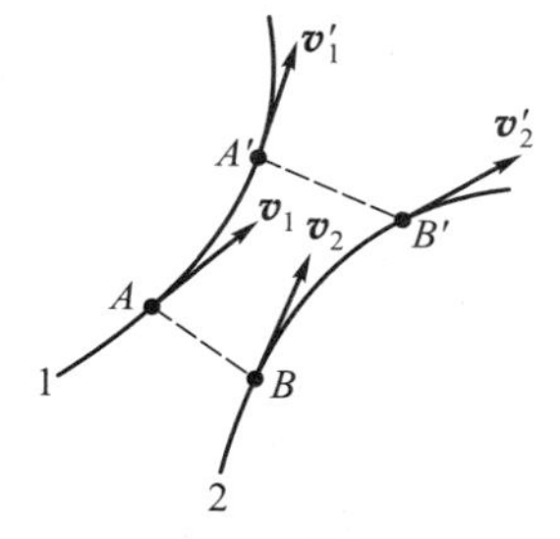

图 3.4.1　两个质点之间的相互作用

当质点 1 在时间间隔 $\Delta t=t'-t$ 内从 A 运动到 A'，它的速度的变化为

$$\Delta \boldsymbol{v}_1=\boldsymbol{v}_1'-\boldsymbol{v}_1$$

在同一时间间隔内，质点 2 的速度变化为

$$\Delta \boldsymbol{v}_2=\boldsymbol{v}_2'-\boldsymbol{v}_2$$

实验上我们发现：

（1）在任意给定的时间间隔内，这两个速度的变化 $\Delta\boldsymbol{v}_1$和 $\Delta\boldsymbol{v}_2$方向相反。

（2）在 $\Delta t\to 0$ 的极限下，$\Delta\boldsymbol{v}_1\to \mathrm{d}\boldsymbol{v}_1$和 $\Delta\boldsymbol{v}_2\to \mathrm{d}\boldsymbol{v}_2$处在两质点的瞬时连线上。

（3）不论时间间隔 Δt 如何，速度的变化 $\Delta\boldsymbol{v}_1$和 $\Delta\boldsymbol{v}_2$的大小之比总是一样的。因此，我们可以写成

$$\Delta \boldsymbol{v}_1=-K\Delta\boldsymbol{v}_2 \tag{6}$$

式中 K 对于每一对质点是相同的，而与它们怎样运动无关。

（4）当我们分别用质点 2 和 3 与质点 1 进行实验时，（6）式中的常数 K 分别等于 K_{12}和 K_{13}，若用质点 3 和质点 2 直接做实验时，则有

$$K_{23}=K_{13}/K_{12} \tag{7}$$

如前所述，在此实验里我们必须假设，这两个质点是与宇宙间其他物质隔绝的。所以这实验和验证“惯性定律”的实验一样，同属理想实验。

现在选取某一物体（譬如巴黎国际计量局的千克原器）作为我们的“标准”质点，并用 0 表示它。然后，我们让质点 1，2，3，…分别与标准质点 0 相互作用，以使标准质点的速度产生一定的变化 $\Delta\boldsymbol{v}_0$；对于每一个质点对（0，1），（0，2），（0，3），…，质点 1，2，3，…的速度变化为 $\Delta\boldsymbol{v}_1^{(0)}$，$\Delta\boldsymbol{v}_2^{(0)}$，$\Delta\boldsymbol{v}_3^{(0)}$，…，我们可以确定公式（6）中的常数 K，分别用（m_1/m_0），（m_2/m_0），（m_3/m_0），…来表示这些质点对的常数 K，于是我们可以写出

$$\Delta v_0=-(m_1/m_0)\Delta v_1^{(0)}$$

$$\Delta v_0=-(m_2/m_0)\Delta v_2^{(0)}$$

$$\Delta v_0=-(m_3/m_0)\Delta v_3^{(0)}$$

…………

并称系数 m_1，m_2，m_3，…为质点 1，2，3，…的质量（mass），而 m_0 相当于标准质点 0 的质量。这样定义的质量，其大小反映了质点在相互作用的过程中速度改变的难易程度，或者说，质点惯性的大小。所以说，这样定义的质量应叫做“惯性质量”，以示与另外一种质量的概念——引力质量相区别。

这样，我们就从两个质点动量守恒的理想实验，引入了质量的概念，并给出了质量量度的操

作定义。下面我们再进一步给出力的概念和量度操作定义。

前面我们看到，一对质点在相互作用中传递着动量。在时间间隔 $\Delta t=t'-t$ 内，质点 2 失去的动量

$$\Delta p_2 = p'_2 - p_2 = m_2(v'_2 - v_2)$$

等于质点 1 获得的动量

$$\Delta p_1 = p'_1 - p_1 = m_1(v'_1 - v_1)$$

即

$$\Delta p_1 = -\Delta p_2$$

在单位时间内两质点间交换的动量为

$$\frac{\Delta p_1}{\Delta t} = -\frac{\Delta p_2}{\Delta t}$$

求 $\Delta t \to 0$ 时的极限，则得

$$\frac{\mathrm{d}p_1}{\mathrm{d}t} = -\frac{\mathrm{d}p_2}{\mathrm{d}t} \tag{8}$$

这个量反映了每个质点在相互作用中动量的瞬时变化率。我们定义，质点 2 给质点 1 的力 F_{12}，为单位时间内质点 2 传递给质点 1 的动量：

$$F_{12} = \frac{\mathrm{d}p_1}{\mathrm{d}t} = \frac{\mathrm{d}(m_1 v_1)}{\mathrm{d}t} \tag{9}$$

反之，与此同时质点 1 给质点 2 的力 F_{21} 则为单位时间内质点 1 传递给质点 2 的动量：

$$F_{21} = \frac{\mathrm{d}p_2}{\mathrm{d}t} = \frac{\mathrm{d}(m_2 v_2)}{\mathrm{d}t} \tag{10}$$

由(8)式有

$$F_{12} = -F_{21} \tag{11}$$

这就是牛顿第三定律。

进一步，我们略去标记某一质点的脚标，则由(9)式、(10)式可见，一般有

$$F = \frac{\mathrm{d}p}{\mathrm{d}t} = \frac{\mathrm{d}(mv)}{\mathrm{d}t} = m\frac{\mathrm{d}v}{\mathrm{d}t} \tag{12}$$

(12)式最后一等式是根据在非相对论情况下质量为常量得到的，这就是牛顿第二定律。

必须再一次强调指出，上述关于质量和力的操作定义，仅是对某一具体物体(例如千克原器)所作的，由于动量守恒定律的普适性，它对任何两个物体的孤立系统都成立，因此所得到的牛顿第二、第三定律都不是定义的结果，而是具有普遍的意义的自然定律。

2.能量表象优于力的表象

在能量表象中，质量和力已经不是基本的物理量。在狭义相对论里，质量和力已经失去了基本重要性，它们已经退化为从能量和动量导出的次级概念。这是因为，在相对论里，由于不同惯性系里的空间和时间遵从洛伦兹变换，所以加速度并不像在伽利略变换下那样是个不变量。因此，如果沿用牛顿力学里通过物体加速性质来定义质量和力的方法，就会出现问题。例如，爱因斯坦最早沿用牛顿第二定律(力等于质量乘以加速度)的形式来处理电荷的运动，就得出了不同数值的“纵质量”和“横质量”，质量不再具有坐标变换不变性的标量性质。换句话说，在相对论里，为了使质量和力的概念更好地适应新的理论，需要用新的方法来重新明确地定义。

在相对论里,能量和动量组成一个四维时空的四维动量 $P(\boldsymbol{p}=m\boldsymbol{v}, \mathrm{i}E/c)$,它是一个遵循洛伦兹变换的四维矢量。对于像电子那样的实物粒子,相对论动量采取形式 $\boldsymbol{p}=m_0\boldsymbol{v}/\sqrt{1-v^2/c^2}$,其中$\boldsymbol{v}$是粒子的运动速度,$m_0$是它的静止质量。由 $\boldsymbol{p}=m\boldsymbol{v}$ 的形式,就得到相对论质量的表达式。另一方面,力 $\boldsymbol{F}$ 是由相对论动量的时间变化率 $\mathrm{d}\boldsymbol{p}/\mathrm{d}t$ 定义的。由这样定义的力通过位移 $\mathrm{d}\boldsymbol{l}$ 所做的功$\boldsymbol{F}\cdot\mathrm{d}\boldsymbol{l}$,可以求出相对论动能 $T=(m-m_0)c^2$ 的表达式,以及表达与惯性相联系的粒子总能量公式$E=T+m_0c^2=mc^2$。由此立即可以求得相对论能量和动量数值之间满足的关系 $E^2=p^2c^2+m_0^2c^4$。

对于光子、引力子和中微子等静止质量为零($m_0=0$)。同时总以光速运动的粒子,问题更加突出了,这类粒子的速度是永远不会变化的,因而我们原则上无法从它们的加速性质来定义惯性和力。这些粒子的动量和质量分别由能量-动量关系 $E=pc$ 和质能关系 $E=mc^2$ 确定,而且是不可能存在牛顿力学近似的。

不仅如此,按照普朗克的意见,对于具有广延分布的物质,应当用动量密度 ρ 与能流密度 S 的普遍成立的比例关系 $\rho=S/c^2$ 去代替使用了质量概念的质能关系 $E=mc^2$,来表达与能量相联系的惯性,这意味着,惯性就是孤立的物质系统保持其动量和能量恒定不变的性质,在这里质量的概念不一定适用;而且,即使用到质量概念的地方,它也不再是基本的,而是从能量和动量导出的概念了。

在量子理论里,质量也具有与牛顿力学里的惯性不同的含义。例如,对自由粒子来说,质量 m 是作为德布罗意波长 $\lambda=h/mv$ 里的参数出现的。所以,在量子力学里,质量一开始就同粒子的波动性相联系,这一点在牛顿力学里自然是无法理解的。近十年来,中子干涉实验的发展已经证实,即使每种粒子的惯性质量仍然严格等于引力质量,但不同质量的粒子在引力场中会表现出不同的干涉效应。这就从一个新的角度进一步肯定,直接决定德布罗意波长 $\lambda=h/p$ 的微观粒子的动量才是基本的物理量,而速度、加速度、质量和力等,都不是具有基本重要性的概念。

一般来说,在高能粒子的碰撞过程中,我们无法(像对万有引力或弹性力那样)写出两个粒子靠近时它们的相互作用力的细节。实际上,我们只能假定某种形式的相互作用能量,据此计算出从一定的初态跃迁到某种末态的概率。这里不仅仅是一些实际上的困难,而且用力的语言去描述微观现象还存在着以下一些原则上的障碍。

首先,能量表象不仅可以描写实物的运动,而且可以描写场这种物质形式。例如,用力的语言无法恰当描写电磁场本身的运动。又如,在量子理论里采用的是哈密顿形式和拉格朗日形式,在这些情况下,能量和动量才是基本的物理量;而速度和加速度只有在可以作经典(波包)近似时才有明确的意义,因此,依靠加速性质而建立的力和质量这两个概念的普遍性就成问题了。

其次,牛顿第三定律是建立在瞬时超距作用的机制上的。现在我们知道,任何相互作用的传播速度都不大于光速。例如,电磁相互作用就是通过电磁场以光速传播的。这样一来,如果用牛顿第三定律去描写两个运动电荷的相互作用,就会出现困难。可是,我们仍然可以用能量守恒和动量守恒精确地描写包括电荷和电磁场在内的整个系统。

再次,对于涉及粒子产生和湮没的物理现象,力的语言就更加用不上了。例如,库仑力所引起的加速度,既无法解释为什么氢原子里的电子会处在稳定的基态而不发生辐射,更无法解释为什么激发态原子会自发跃迁回基态同时放射具有确定频率的光子。对基本粒子的衰变和其他反应也是这样。

最后,从分析力学或场论的拉格朗日形式出发,我们可以分别从时间和空间的平移不变性推导出能量和动量守恒定律。这种与空间时间对称性的联系,是力的表象所无法直接表达的。近代理论物理学已经发展到这样的程度,以致于相互作用形式甚至动力学方程的建立,在很大程度上是由所考虑的基本对称性所决定的。这就使我们更加感到有必要用能量表象去代替力的表象了。

四、结束语

以上简要地介绍了力的表象和能量表象。在经典力学的情况下,两种表象都同样适用;对于近代物理,力的表象则无能为力,能量表象却同样适用。在力的表象中,时空相对独立,而且和物质的分布及运动无关;即所对应的时空为绝对时空,这不符合近代物理的实践。而能量表象则不同,它建立在承认物质和运动不可分离,时空的性质由物质的运动及分布决定,构成一个四维的时空统一体。这是近代物理的实践所证实了的,因而能量表象就能更为深刻、更为本质和普遍地描述和反映物质的运动。

五、阅读材料:AB 效应——对能量表象的直接支持①

大家知道,可以用矢量势 $\boldsymbol{A}$ 和标量势 φ 来描述电场 $\boldsymbol{E}=-\nabla\varphi$ 和磁场 $\boldsymbol{B}=\nabla\times\boldsymbol{A}$。然而,电场强度 $\boldsymbol{E}$ 和磁感应强度 $\boldsymbol{B}$ 是通过运动的试验电荷在空间中所受的(洛伦兹)力而定义的。在以力为基本概念的经典物理学里,自然把场 $\boldsymbol{E}$ 和 $\boldsymbol{B}$ 看成基本的物理量;而势 $\boldsymbol{A}$ 和 φ 则只是描写 $\boldsymbol{E}$ 和 $\boldsymbol{B}$ 的一种辅助的数学工具,它们本身是没有直接的物理意义的。

1959 年阿哈罗诺夫(Y.Aharonov)和玻姆(D.Bohm)指出②,倘若如图 3.4.2 所示,让一电子束分为两股从不同侧绕过一个载流螺线管后重新汇合,由于它们的波函数之间有附加相位差

$$(\Delta\varphi)_{\text{磁}}=q\Phi_B/h \tag{13}$$

在相遇处将发生干涉效应,称为 AB 效应。应注意,上式里 Φ_B 是通过闭合回路的磁通。我们可以尽量做到使磁通局限在螺线管内而几乎不泄漏,这样一来,在电子经过的路径上只有磁矢势 $\boldsymbol{A}(r)$ 而无磁场 $\boldsymbol{B}$。如果实验证实了上述设想,则表明电子可以在没有磁场的地方感知磁矢势的存在而产生物理效应。然而经典物理认为,只有磁感应强度才是真实的,它以洛伦兹力作用到电子上,而磁矢势 $\boldsymbol{A}$ 不过是个辅助概念,不应有直接的物理后果。

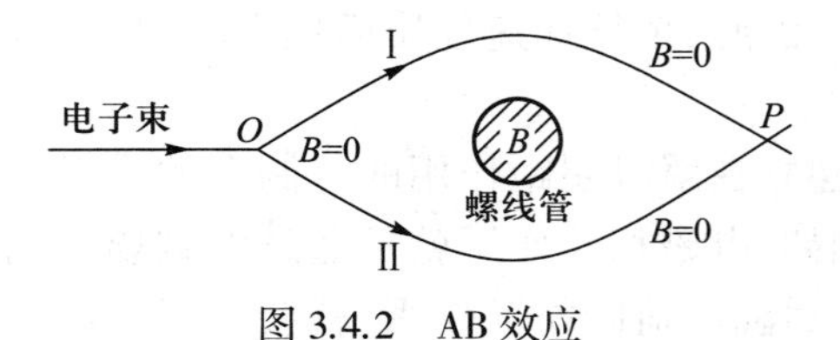

图 3.4.2　AB 效应

---

① 取自:赵凯华,罗蔚茵.新概念力学十讲.成都:四川教育出版社,2002.

② Aharonov Y,Bohm D,Phys.Rev.1959(115):485.

AB 效应 1960 年就得到钱伯斯(R.G.Chambers)实验的初步验证。他用一根直径 1 μm 的铁晶须代替图 3.4.2 中的螺线管做的实验,观察到了干涉条纹。他的实验不算严格,人们可以怀疑:电子有没有闯入磁场区的概率,以及漏磁通是否小到对干涉条纹不产生影响。严格的实验必须将磁场和电子严格隔离,看来只有靠超导体来完成这个任务。令人信服的实验是 26 年后以超导体为屏蔽完成的。殿村(A.Tonomura)等人的实验于 1985 年取得了决定性的成功①,为世人所公认。

殿村等人用磁环代替螺线管或铁晶须,外包以超导屏蔽层,如图 3.4.3 所示.由于超导屏蔽层的厚度超过穿透深度,电子不可能进入磁场区;由于迈斯纳效应,磁通不会泄漏在外。实际做法是,磁环用光刻法在坡莫合金薄膜上制备,直径几个微米,厚 20 nm,磁环为 50 nm 厚的 SiO_2 和 300 nm 的 Nb 所包封,如图 3.4.4 所示,其中图(a)是磁环样品的扫描电子显微照片,图(b)是它的结构示意图。氧化硅的作用是使坡莫合金的矫顽力减少,铌是超导体,其转变温度 9.2 K,穿透深度为 100 nm 左右,小于包封厚度。电子干涉实验是用电子全息装置完成的。图 3.4.5 给出此装置的光学类比,实际上图 3.4.5 中所示的透镜、双棱镜等光学元件都应被相应的电子光学元件所取代,光波换成电子波。

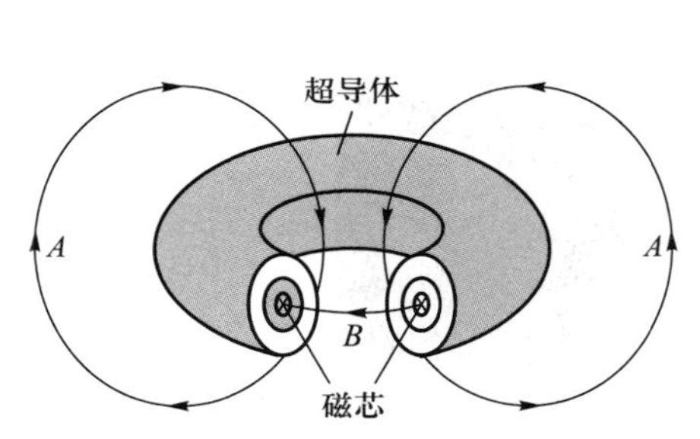

图 3.4.3 超导屏蔽磁环示意图

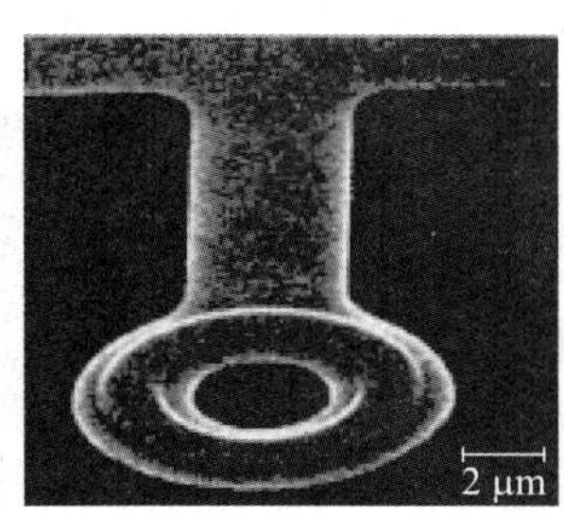

(a) 扫描电子显微照片

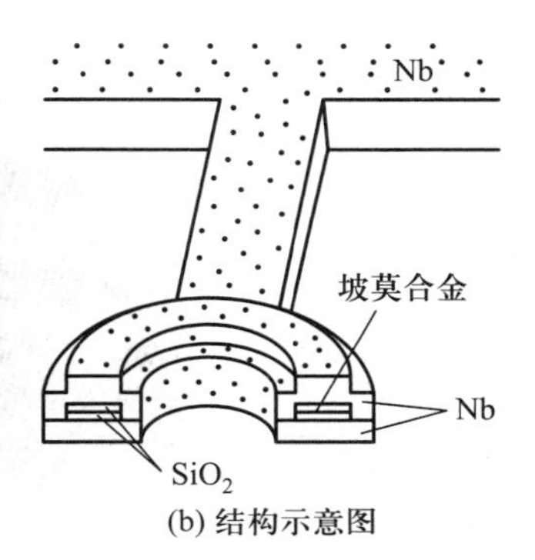

(b) 结构示意图

图 3.4.4 加工好的磁环样品

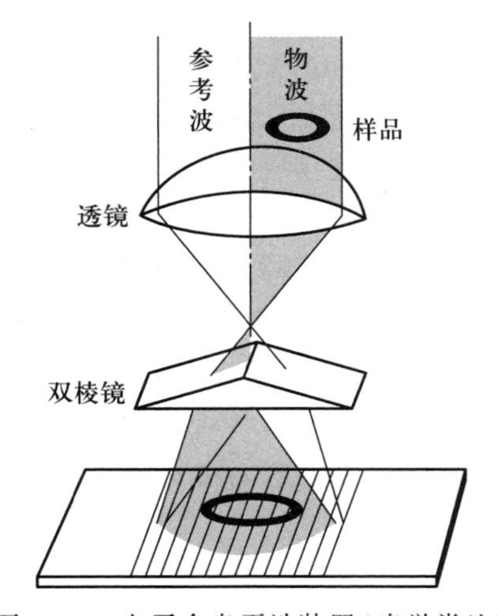

图 3.4.5 电子全息干涉装置(光学类比)

① Tonomura A, et al. Phys. Rev. Lett. 1982(48):1443;1986(56):72.介绍性文章可参阅 Tonomura A, Asia Pacific Physics News, 1989, June/July(4):3.林木欣,林瑞光.大学物理,1991(6):4.

实验所得电子全息干涉图如图 3.4.5 和图 3.4.6 所示，前者是在 4.5 K 超导状态下完成的，后者则从室温逐步降到超导转变温度以下。按 AB 效应的理论公式(13)，有

$$\Delta\varphi = q\Phi_B/\hbar = 2\pi q\Phi_B/h$$

式中 Φ_B是磁芯内的磁通，$q=-e$ 是一个电子的电荷。另一方面，磁通量子 $\Phi_0=h/|q|=h/2e$，这里 $q=-2e$ 是库珀对的电荷。所以上式可写为

$$\Delta\varphi = \pi\Phi_B/\Phi_0 \tag{14}$$

即磁通量子化时 $\Delta\varphi$ 是 π 的整数倍，否则取值任意。做实验的人事先在室温下检验过，漏磁通肯定不超过 $\Phi_0/10$，电子穿透到磁芯里的概率绝对是可忽略不计的。所以在实验中一旦观察到相移 $\Delta\varphi$，就可判定 AB 效应的存在；$\Delta\varphi$ 等于 π 的整数倍，就说明磁通量子化了。

设干涉条纹的间隔为 b_0，每移动一根条纹，表明相位差 $\Delta\varphi$ 增加了一个 2π。在如图 3.4.5 所示的实验装置里，人们观察的是环内、环外干涉条纹错开的距离 Δb，但 $2\pi\Delta b/b_0$并不等于 $\Delta\varphi$。而 $\Delta\varphi\neq0$，就说明有 AB 效应。磁通量子化则表现为 $\Delta\varphi=n\pi$（n 为整数），如 $\Delta\varphi=0$ 或 π。

图 3.4.6(a)表明，在室温下环孔内干涉条纹的 $\Delta\varphi=0.8\pi$，说明此时有 AB 效应，但磁通未量子化。图 3.4.6(b)和(c)表明，环孔中干涉条纹的 $\Delta\varphi=0$ 和 π，即此时磁通是量子化的。

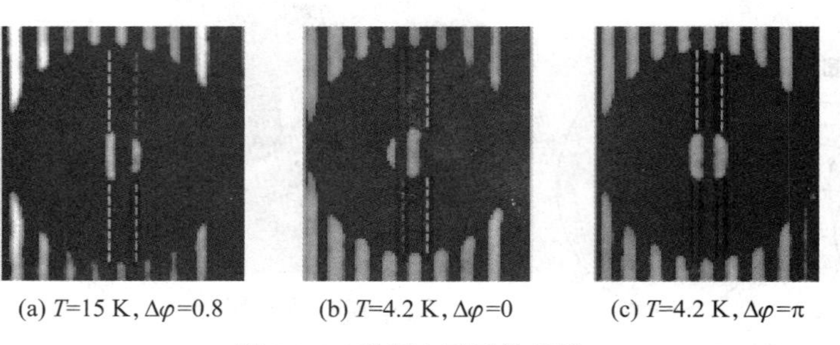

(a) T=15 K, $\Delta\varphi$=0.8　　(b) T=4.2 K, $\Delta\varphi$=0　　(c) T=4.2 K, $\Delta\varphi=\pi$

图 3.4.6　磁环电子干涉花样

电磁场矢量 $\boldsymbol{E}$、$\boldsymbol{B}$ 是局域量(local quantity)，与之相联系的力(如库仑力和洛伦兹力)也都是局域量，即带电粒子感受的是所在处的场量；而电磁势 $\boldsymbol{A}$、φ 是总体量(global quantity)，它们是规范可变的，其中包含一些非物理的内容。经典物理认为，场矢量是描述电磁场的基本量，力的表述是基本的；而势是辅助量。AB 效应表明，在量子物理中，单纯力的描述是不够的。虽然势的表述中包含一些冗余的非物理信息，它们的环路积分剔除了非物理的因素，确实会产生一些力的表述不能解释的物理后果。这便是 AB 效应的重大意义。杨振宁先生说："AB 效应是按量子力学理论提出来的关于电磁场的量子效应，所以 AB 效应的实验结果将是对量子力学的严峻考验，如果实验得出否定的结果，那么整个量子力学理论至少应重新考虑。"还有人把这个实验结果与迈克耳孙-莫雷实验的结果相比拟，可见人们对它评价之高。

3.5 机械能守恒与相对性原理

关于机械能守恒与相对性原理的问题,在20世纪八九十年代曾进行了热烈的讨论,为此《大学物理》编辑部前后发表了两篇综述性文章[1,2],论述了许多重要的观点,对教学有一定的参考价值。但是我们觉得言犹未尽,并且有些提法,值得商榷,本文就此提出几点意见。

(1)某个物理量的守恒,指的应是任一时刻不随时间变化,而不是某两个时刻该物理量相等,这是"守恒"的基本意义。尽管在具体应用时,不一定要知道每一瞬时的情况,但作为定律而言,还是应当强调守恒的任一瞬时意义,这不是要求是否苛刻的问题。目前很多基础物理教材对这一点往往有些含糊。我们认为,这里讨论的**"守恒",应是特指对时间的不变量**,它不同于对某一坐标平移或转动的不变量。因此对某一质点系而言,它的机械能守恒应表示为

$$\frac{\mathrm{d}}{\mathrm{d}t}\left(\sum\frac{1}{2}m_iv_i^2+E_\mathrm{p}\right)=0 \tag{1}$$

这里当然假定势能 E_p 满足它存在的条件,即不显含 t 和非保守内力不做功。

至于机械能守恒的条件,则根据机械能增量等于外力 $\boldsymbol{F}_i$ 所做的总功这一定义,当然有

$$\frac{\mathrm{d}}{\mathrm{d}t}\left(\sum\boldsymbol{F}_i\cdot\mathrm{d}\boldsymbol{r}_i\right)=0$$

《大学物理》编辑部发表的第2篇参考文献"编者的话"[2]中建议采用

$$\mathrm{d}\left(\sum\frac{1}{2}m_iv_i^2+V\right)=\sum\boldsymbol{F}_i\cdot\mathrm{d}\boldsymbol{r}_i$$

为机械能守恒定律的数学表达式[即文中的(4)式],我们认为值得商榷。因为这一表达式实质上是"机械能增量等于外力 $\boldsymbol{F}_i$ 所做的总功"这一定义的微分形式,还不能称为**机械能守恒定律**。

此外,物理学中更高一层次的"**对称性原理**"指出:"**具有时间平移对称性的系统,其能量守恒。**"在分析力学的正则运动方程中,若

$$\frac{\mathrm{d}H}{\mathrm{d}t}=\frac{\partial H}{\partial t}=0,\quad 则\quad H=常量 \tag{2}$$

这里 H 为哈密顿量,在不显含 t 和理想约束的情况[相当于势能 $V(=E_\mathrm{p})$ 满足它存在的上述条件]下,H 就是机械能。可见本文提出的机械能守恒定律的数学形式(1),更能与**对称性原理**相呼应,是机械能守恒定律的更好的数学表达式。

也许读者会提出疑问,这里为什么不列出机械能守恒的条件($\sum\boldsymbol{F}_i\cdot\mathrm{d}\boldsymbol{r}_i=0$ 和 $\sum\boldsymbol{F}_{i非保}\cdot\mathrm{d}\boldsymbol{r}_i=0$)呢?笔者认为在(1)式成立的前提下,狭义来讲,这两个条件一定成立,不必单独列出。广义来讲,实际上非保守力(耗散力)做负功是不可避免的,只要外力的功刚好补偿,则系统的机械能仍然守恒,参看本文第(5)点的讨论。

(2)在狭义相对论中,机械能(或一般能量),只不过是**能量-动量**四维矢量的一个分量。在坐标系(参考系)变换时,满足相对性原理要求的不变量是能量-动量四维矢量,而能量只是其中

的一个分量，不是不变量。参考文献[2]中建议的(4)式，实质上是机械能增量等于外力所做的总功这一定义的微分形式，因而不是坐标变换的不变量；而上述(1)式则是不变式，因此把(1)式作为机械能守恒定律的数学形式似乎更为合适。

至于在广义相对论中，能量也只是能量-动量张量的一个组元(或称分量)，在坐标变换时，它是按照广义协变原理变换的，在不同坐标系中能量这个组元也是不同的。

(3)相对性原理要求**物理定律**在不同的参考系(坐标系)中的不变性，即有相同的数学表式，它强调的是定律的数学形式坐标变换的不变性(协变性)；而目前物理学中的几个重要的守恒定律(能量、动量、角动量)则强调的是时间不变性(守恒性)。换句话说，不管在哪一个坐标系中，只要满足守恒所需的条件(如对机械能，只要 $dA_{外}=0, dA_{内非保}=0$)，则有关物理量就守恒。这些守恒定律在大至宇观范围和小至微观世界，以及速度接近或等于光速和甚强的引力场中都经实践证明是成立的，它们较之某些物理定律(如牛顿运动定律及万有引力定律等)有更大的普适性，因此说是自然界中普遍的物理定律，并由此而导出了某些新的**结论**(如由β衰变发现中微子等)。

(4)从本质上讲，物理量的守恒是由时空的对称性决定的。事实上，从分析力学的正则运动方程容易看到[3]，时间的均匀性决定系统的能量守恒，空间的均匀性(平移对称性)决定系统的动量守恒，而空间的各向同性(转动对称性)则决定系统的角动量守恒。由于在不同的参考系(坐标系)观测到的时空结构会有所不同，因而由时空对称性决定的守恒量也会有所改变，然而作为守恒定律的本身(包括它的数学形式)应是不变的。

(5)守恒定律的普遍表达应是：在某个空间(物理系统)范围内某一物理量的总的减少量，等于该物理量通过边界传输出的总和。换言之，守恒定律的实质无非是指出某些物理量不能自生自灭，对时间来讲是不变的。若某物理量为 Q，则对可视为连续分布的物理量(包括场量)，其守恒定律可用数学式表示为

$$-\int_V \frac{dQ}{dt}dV=\oint Q\boldsymbol{v}\cdot d\boldsymbol{S}=\int_V \nabla\cdot(Q\boldsymbol{v})dV \tag{3}$$

式中 V 为所考虑的空间体积，$d\boldsymbol{S}$ 为边界面积面元，$\boldsymbol{v}$ 为 Q 在 $d\boldsymbol{S}$ 面积元上“流出”的速度，$\nabla\cdot$ 为散度算符；第二个等号之间利用了高斯积分定理。(3)式又可写成微分形式

$$\frac{dQ}{dt}+\nabla\cdot(Q\boldsymbol{v})=0 \tag{4}$$

对于物理系统的机械能，$Q=E=E_k+E_p$ 而 $\nabla\cdot(Q\boldsymbol{v})=\boldsymbol{v}\cdot\nabla E_p=-\boldsymbol{v}\cdot\boldsymbol{F}$，则由(4)式得

$$\frac{dE}{dt}=\boldsymbol{v}\cdot\boldsymbol{F}$$

这正是瞬时形式的功能原理。

(6)综上所述，我们认为，“一个物理量守恒”与某“守恒定律”的说法应加以区分。“一个物理量守恒”是指该物理量不随时间变化，这是不协变的。“守恒定律”是重要基本定律，其表达式应该是协变的，就要包括能量的输入或输出(功、热量、辐射等)。“单纯”的机械能坐标系变换确实不满足相对性原理的不变性要求，这是由时空的性质决定的。只有机械能守恒定律(1)式，或由四维散度为零所表达的守恒定律(4)式才是协变的(满足相对性原理)[4]。

参考文献

[1]《大学物理》编辑部.机械能守恒与相对性原理.大学物理,1988(7):13.

[2]《大学物理》编辑部.编者的话.大学物理,2000(2):27.

[3]朗道,等.力学.北京:高等教育出版社,1959:第二章§6,§7,§9.

[4]赵凯华.时空对称性与守恒律(上篇)——牛顿力学.大学物理,2016(1):1.

3.6 对质量和能量以及质能关系的理解

质量和能量及其守恒定律是自然界最重要的概念和最普遍的规律之一。狭义相对论得到的一个著名的关系是关于质量和能量之间的关系。

一、物体的动能

按照功能原理，物体(质点)的动能等于使它由静止到运动状态所做的功，即

$$E_k = \int_0^l \boldsymbol{F} \cdot d\boldsymbol{s}$$

式中 $\boldsymbol{F}$ 为作用在物体上的力，$d\boldsymbol{s}$ 为它的位移，l 为在 $\boldsymbol{F}$ 的作用下物体所走过的路程。利用运动定律的相对论形式，动能的表达式可写成

$$E_k = \int_0^l \frac{d(m\boldsymbol{v})}{dt} \cdot d\boldsymbol{s} = \int_0^u \frac{d\boldsymbol{s}}{dt} \cdot d(m\boldsymbol{v}) = \int_0^u \boldsymbol{v} \cdot d(m\boldsymbol{v})$$

考虑到质速关系，并利用分部积分公式 $\int x dy = xy - \int y dx$，得

$$\begin{aligned} E_k &= \int_0^u v \cdot d\left(\frac{m_0 v}{\sqrt{1 - v^2/c^2}}\right) \\ &= \frac{m_0 u^2}{\sqrt{1 - u^2/c^2}} - m_0 \int_0^u \frac{v dv}{\sqrt{1 - v^2/c^2}} \\ &= \frac{m_0 u^2}{\sqrt{1 - u^2/c^2}} + m_0 c^2 \sqrt{1 - v^2/c^2} \Big|_0^u \end{aligned} \tag{1}$$

即

$$E_k = mc^2 - m_0 c^2 \tag{2}$$

式中 m_0 为物体静止时的质量，m 为运动时的质量，c 为真空中的光速。(2)式的意义是：**物体的动能，等于因运动而使它增加的质量乘以光速的二次方**。

当物体运动的速度 u 比光速 c 小得多时，利用二项式定理展开(2)式并略去高阶小量，得

$$\begin{aligned} E_k &= m_0 c^2 \left[\frac{1}{\sqrt{1 - u^2/c^2}} - 1\right] \\ &\approx m_0 c^2 \left[\left(1 + \frac{1}{2} \cdot \frac{u^2}{c^2}\right) - 1\right] = \frac{m_0 u^2}{2} \end{aligned}$$

由此可见，日常低速运动已经验证了的动能公式，只不过是更为普遍的相对论公式在低速情况下的近似。

二、总能和"静能"

动能的表达式(2)式可以改写为

$$\Delta E = \Delta m c^2 \tag{3}$$

其中 $\Delta m = m - m_0$，$\Delta E = E_k$。这表明，物体因整体运动而增加的能量，与所增加的质量成正比，比

例系数为光速 c 的二次方。据此,我们还可以进一步把(2)式写成

$$mc^2 = E_k + m_0c^2$$

可以把 mc^2 解释为物体的总能量,从而 m_0c^2 就是当物体在静止($E_k=0$,即无整体运动)时具有的能量,叫做静止质量为 m_0的物体的"静能"。于是方程(2)化为

$$E = E_k + E_0$$

此式表明,物体的总能量等于它的动能与静能之和。在狭义相对论体系中,静能的存在是洛伦兹协变性要求的一个必然结果。

有一类基本粒子(如光子、中微子等)的静止质量 $m_0=0$。这类粒子和其他所有物质一样,运动是它们的存在形式,它们同样也具有其他物质所具有的运动属性——惯性。换句话说,它们应该具有一定的运动质量。

爱因斯坦首先指出,静止质量为零的粒子的质量由质能关系 $m=E/c^2$ 确定。以光子为例,频率为 ν 的光子的能量为 $E=h\nu$(其中 h 为普朗克常量),故它的质量为

$$m = \frac{E}{c^2} = \frac{h\nu}{c^2}$$

此外,光子的动量为

$$p = mc = \frac{E}{c} = \frac{h\nu}{c}$$

这跟从电磁场理论得到的结果一致。

三、质能关系

物体的总能量和静能为

$$E = mc^2, \quad E_0 = m_0c^2$$

上式叫做质能关系,它反映了物体的能量与惯性质量之间的内在联系。物体的质量越大,它所具有的潜在能量也越大。能量与质量成正比关系,它们之间的比例系数为 c^2。换句话说,1 kg 质量的物体,蕴藏着的总能量为 9×10^{16} J。这是一个多么巨大的数量,它比化学反应所释放出来的能量要大 9 个数量级!(例如燃烧,汽油的燃烧热为每千克约 4.6×10^7 J,较好的煤燃烧热为每千克约 2.9×10^7 J。)一般来说,只有在核反应的情况下才有可能把大量的静能(原子能)释放出来。

按照公式(3),可以算出质量增加值。下面举几个有关质能关系问题的例子。

(1)设火箭的静止质量为 100 t=1×10^5 kg,速度为第二宇宙速度,即 11 km/s。计算火箭由于整体运动所增加的质量。

按题意,$m_0=10^5$ kg,$u=1.1\times10^4$ m/s。由于 u/c 远小于 1,因而在计算动能时可以利用经典力学的公式

$$E_k = \frac{1}{2}mu^2$$

得

$$\Delta m = m-m_0 = \frac{E_k}{c^2} = \frac{m_0u^2}{2c^2}$$

$$= \frac{10^5\times(1.1\times10^4)^2}{2\times(3\times10^8)^2}\ \text{kg} \approx 7\times10^{-5}\ \text{kg}$$

这个数值与 $m_0 = 100\ \text{t} = 10^5\ \text{kg}$ 比较，只有它的约 $1/10^9$，可见是微不足道的，实际上觉察不到。

（2）试计算把一热水瓶的开水（约 2.5 kg）从 100 ℃冷却至 20 ℃时它所减少的质量。

在这过程中水所减少的热能为

$$\Delta E = 2 \times 4.2\ \text{kJ} = 8.4\ \text{kJ}$$

由此可见，水所减少的质量为

$$\Delta m = \frac{E}{c^2} = \frac{8.4 \times 10^3}{2 \times (3 \times 10^8)^2}\ \text{kg} = 9.3 \times 10^{-12}\ \text{kg}$$

这就是说，减少的质量只有原来的约 4×10^{-13}，比上例就更难觉察了。

（3）从天文观测中知道，在单位时间内，太阳光垂直地照射到地球大气层边缘单位面积上的能量为

$$\Delta\varepsilon = 1.4 \times 10^3\ \text{J/(m}^2 \cdot \text{s)}$$

因此，太阳每秒钟辐射到空间的总能量 ε，等于 $\Delta\varepsilon$ 乘上以太阳为球心、日地平均距离（$R = 1.5\times10^8\ \text{km} = 1.5\times10^{11}\ \text{m}$）为半径的球面面积，即

$$\varepsilon = \Delta\varepsilon \cdot 4\pi R^2 = 1.4 \times 10^3 \times 4\pi \times (1.5 \times 10^{11}\ \text{m})^2 \approx 4 \times 10^{26}\ \text{J}$$

由此得到太阳每秒辐射的质量为

$$\Delta m = \varepsilon/c^2 \approx 4.4 \times 10^9\ \text{kg} = 4.4 \times 10^6\ \text{t}$$

这个结果表明，太阳每秒钟损失的质量约为 440 万吨。从地球上的尺度看，这是一个多么巨大的数字！然而，与太阳的总质量（2×10^{27} t）相比，这么一点损失又是微不足道的，即使从人类开始观测天文到现在的大约 5 000 年内，太阳由于辐射所减少的质量也只不过是 7×10^{15} t，大约等于它的总质量的三万亿分之一，这当然对行星的运动规律不会有什么影响。

按照天体物理学现阶段的认识，太阳系从形成到现在大约经过了 60 亿年，目前正处于它演化的“中年”时期，它还可以照这样稳定地辐射几十亿年。大家知道，人类的文明史才不过几千年，即使从人类诞生之日算起，也只不过是几百万年，因此，在这个问题上，我们完全没有必要“杞人忧天”！

四、质能关系的意义

质能关系在理论上和实践上都有着重大的意义。

第一，它揭示了惯性和引力性质量度的质量与作为运动量度或不同形态的运动相互转化能力量度之间的深刻联系。粗略地说，物体的惯性与它内部及整体运动的激烈程度是同时消长的。在经典力学中，质量守恒定律和能量守恒定律是两个彼此独立的定律。在某个过程中，一个物体系统可以质量守恒而能量不守恒（例如，热水瓶中的水冷却了，从经典观点看来，情况就是如此）。但是，在相对论中，它们是统一的，可称之为质量-能量守恒定律——质量守恒就意味着能量守恒，反之亦然。当然，与经典力学不同，这里的质量不单一是指物体的“静止质量”。例如，电子与正电子组成的“电子对”在一定的条件下可以转化为一对高能光子（γ 射线）。在这个例子中，电子对的静能全部转化为光子对的动能，能量改变了形式，而数量上是守恒的；与此同时，电子对的质量（绝大部分是静质量）也全部转化为光子对的运动质量，质量也是守恒的。有一种观点认为，质能关系意味着物质可以转化为能量，这是不确切的。在上述的典型例子中，物质质量并没有消灭，它只是从一种形式转化为另一种形式；与此同时，能量也从某种形式转化为

另一种形式。

第二，静止能量的揭示是相对论最重要的成就之一。按照辩证唯物主义的经典观点是不可思议的，没有运动的物质同没有物质的运动同样是不可思议的。一个“静止”的物体，仅仅是相对于所选用的参考系没有整体的运动而已，在它的内部，存在着多种形式的运动。这些内部运动的形式，有些已经为我们所认识。例如一个宏观尺度的物体，里面有分子、原子的运动，在原子内部有核外电子的运动和原子核内核子的运动等。在更深的物质结构层次下，例如基本粒子内部的运动形式，目前我们还不完全清楚。尽管如此，按照质能关系，一个具有静止质量的基本粒子，相应地也有静止能量。这个静能的存在，正是它的内部运动的表现。

第三，在许多情况下，物体的静能比起它的整体运动能量来，大得无可比拟。也就是说，大量的能量以静能的形式“束缚”在物体的内部。这就启发人们用各种办法来“释放”这些能量，最大限度地利用这些能量。

一个物体或物体系统分裂为其组成部分（例如化学分解、原子电离、核分裂等）和与此相反的过程，通常都伴随着和外界的能量交换。相应地，物体系统的总能量也在过程中发生变化，所改变的这部分能量就是结合能。如果过程中物体系统从外界吸收能量，总能量增加，那么，按照质能关系，它的质量也相应增加。反之，就是释放能量和质量减少，即出现“质量亏损”。当然，质量亏损越大，释放的能量就越多。

甚至在我们对物体系统各部分相互作用的具体机制和规律性还缺乏足够认识的时候，只要我们能够测定质量亏损的数值，也就很容易推知所释放的能量值。事实上，人们正是通过这个途径认识到核能利用的可能性。

3.7 片流和湍流　雷诺数

我们认为基础物理的内容应有流体力学,而流体力学中实际上又不能忽略黏性,因此必须介绍片流和湍流以及雷诺数,这是不需花很多学时,却能使学生收获甚丰的明智之举。这不但可以拓宽学生的物理思维方法和提升想象力,还能给学生展现出方方面面丰富的应用实例。

一、片流和湍流

流体力学中斯托克斯(G.G.Stokes)定律以及泊肃叶(J.L.M.Poiseuille)公式,都是在球体与流体的相对速度不太大或流体流经管子的速度不太大的情况下才适用。因为在推导这些公式时,我们假定流体的流动具有片流的性质。也就是说,流体在运动时,层与层之间有相对滑动,但互不混合。当相对速度增大时,流体将失去片流的性质而变成湍流。此时在流体中的障碍物附近形成涡旋,如图 3.7.1(b)和(c)所示。有涡旋时,阻力会突然大大增加,并且作用在物体上的阻力将不与速度成正比,而是和它的二次方或更高次方成正比。流过管中的流量也因湍流的出现而大大减少,因这时流体流动的阻力也大为增加。阻力之所以大大增加是由于形成涡旋时消耗很多能量的缘故。

为了尽量避免涡旋的发生,凡是在液体中或气体中运动得较快的物体,如飞机或潜水艇,必须做成所谓流线型(雪茄形)。如图 3.7.1(a)和(d)所示的两种情形,在速度很大时,阻力可相差几十倍。

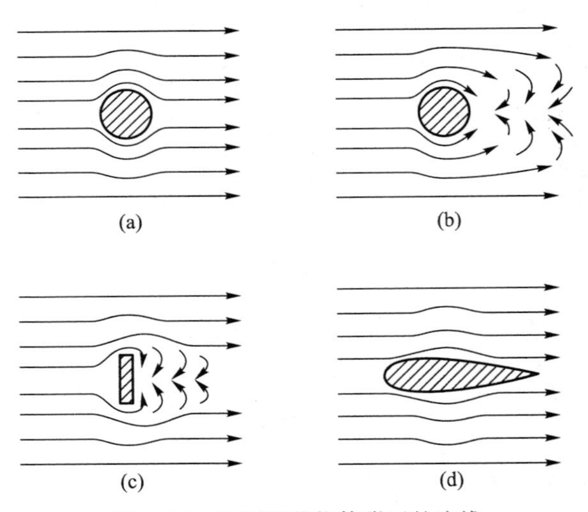

图 3.7.1　不同形状物体附近的流线

二、雷诺数

雷诺(O.Reynolds)仔细研究了由片流转变成湍流的过程,发现它决定于这样一个量,称为雷诺数:

$$Re = \frac{\rho l v}{\eta} \tag{1}$$

其中 l 为物体某一代表线度,如管的直径或球的直径等,ρ 为流体(液体或气体)的密度,v 为相对速度,η 为流体的黏度。所有这些量一般都用绝对单位(即厘米克秒制单位)来表示。

对于一定几何形状的物体(不论大小),由片流转变成湍流的雷诺数都是相同的(称为临界雷诺数),例如普通的自来水管中流动的水,Re 的值在 1 200 至 2 000 的范围内。Re 的值与管壁的性质,与弯曲部分和突起前缘的存在,与入口的机构以及许多其他因素有关。

取最高值 $Re=2\ 000$,我们可以计算出在给定管的半径下的临界速度:对于水,$\rho=1\ \text{g}\cdot\text{cm}^{-3}$,$\eta=1.8\times10^{-2}\ \text{g}\cdot\text{cm}^{-1}\cdot\text{s}^{-1}$,设管的半径为 1 cm,则

$$v = \frac{Re\eta}{\rho l} = \frac{2\ 000 \times 1.8 \times 10^{-2}}{1 \times 2} = 18\ \text{cm}\cdot\text{s}^{-1} \approx 20\ \text{cm}\cdot\text{s}^{-1}$$

超过这一速度时,将在管中形成湍流。同样,在半径为 0.1 cm 的细管中,湍流将在大得多的速度——约 200 $\text{cm}\cdot\text{s}^{-1}$之下才形成。

雷诺数还有一个十分重要的应用。当我们研究实际物体在流体中的运动时,往往要做成一个形状相似的模型在气体动力管中进行实验。然而要把实验结果由模型转移到实物上去,必须遵守一些相似条件,其中最基本而最重要的一条是:雷诺数对于物体和它的模型必须相同。

例如,设计一架飞机,要求速度为 360 $\text{kg}\cdot\text{h}^{-1}$($10^3\ \text{cm}\cdot\text{s}^{-1}$),机翼宽为 200 cm,取空气密度 $\rho=0.001\ 3\ \text{g}\cdot\text{cm}^{-3}$,黏度 $\eta=0.00017\ \text{g}\cdot\text{cm}^{-1}\cdot\text{s}^{-1}$,在这些数据之下,雷诺数等于

$$Re = \frac{1.3 \times 10^{-3} \times 200 \times 10^{3}}{1.7 \times 10^{-4}} \approx 1.5 \times 10^{6}$$

对于模型,必须具有同样的雷诺数,即要求

$$Re = \frac{\rho' l' v'}{\eta'} = 1.5 \times 10^{6}$$

其中 ρ'、v'和 η'分别为实验风洞中的气体密度、气流速度和黏度,l'为飞机模型的机翼宽度。

三、塔科马吊桥坍塌之谜

塔科马(Tacoma)海峡吊桥的坍塌对理解**雷诺数和**湍流的问题会有所启发。

塔科马海峡吊桥位于美国西北部华盛顿州西雅图市西南方的塔科马市附近,基本情况是:

全长:1810 m(5 940 ft),主跨长:853 m(2 800 ft),桥宽:11.9 m(39 ft),梁厚:1.3 m(4.3 ft),两侧纵向梁高:2.4 m(8 ft)。1938 年开工,1940 年 7 月 1 日建成通车,1940 年 11 月 7 日,当地时间上午 11:10,在 68 $\text{km}\cdot\text{h}^{-1}$的劲风吹拂下坍塌。

施工历时两年的塔科马吊桥竟在建成仅四个月后,受常态劲风吹拂上下扭动以至最终扭断,轰然坍塌,其原因成为一时之谜!

塔科马吊桥的坍塌,显然不是受迫振动引起的。经反复研究和模拟实验表明,吊桥的坍塌是由自激振动引起。自激振动的特征是:①外力是非周期性单向的;②系统以本身固有的振动模式振动;③外力通过一个非线性换能器向系统输入能量;当输入能量的频率与系统的固有频率相同时,发生激烈的共振。

下面考察塔科马吊桥坍塌前的情况:①作用于吊桥上的风力是单向线性力;②吊桥横截面

的振动模式如图 3.7.2 所示；③这里的非线性换能器是吊索和桥身。

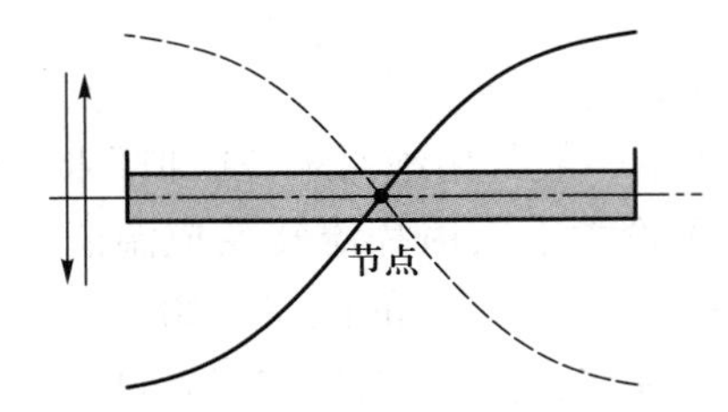

图 3.7.2　吊桥横截面的振动模式示意图

如图 3.7.3 所示为气流流过圆柱体时周围的流动状态，它是由雷诺数决定的。

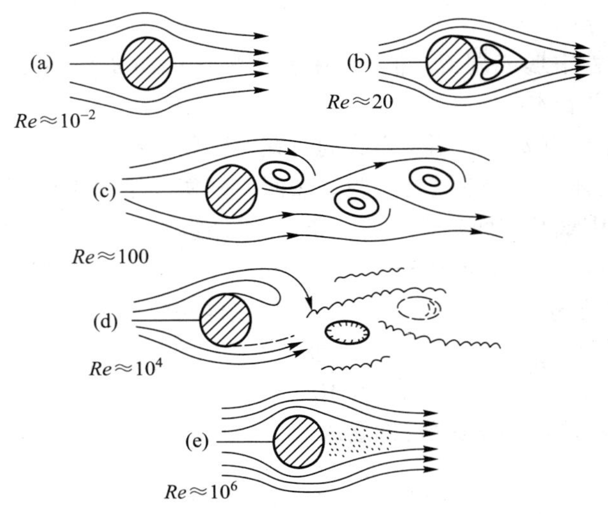

图 3.7.3　涡旋和卡尔曼涡街形成与 Re 的关系示意图

由图 3.7.3 可见，当 Re 较小时，柱体周围流动的是稳定的层流；当 Re 增大时，柱体后面形成对称的涡旋；当 Re 达到 100 的数量级时，柱体的后面就交替形成顺时针和逆时针的涡旋，这叫做卡尔曼涡街（Kármán vortex street）[图 3.7.3（c）中的情况]。这时柱体受到卡尔曼涡街所施予上、下交替的压力，便会使它上下振动。美国西雅图市附近的塔科马吊桥在速度为 68 $\text{km} \cdot \text{h}^{-1}$（相当于 8 级）的劲风吹拂下，悬索在流体下游的两侧形成卡尔曼涡街，引起两吊索受到反相的作用，使悬索上下摆动频率与桥梁的固有振动模式一致，这样振动就越来越强烈，直至吊桥坍塌，如图 3.7.4—图 3.7.6 所示①。

为了避免自激振动对吊桥的损害，要尽量削弱卡尔曼涡街的作用和排除有害的振动模式。例如，采用线度较小的斜拉索方式悬挂，桥梁主体用桁架式结构，一方面增加桥身的刚度，使其固有振动频率远离卡尔曼涡街引起的振动频率，同时又减少桥身对风的阻力。顺便指出，弄清吊桥坍塌的原因，主要是由匈牙利裔美国空气动力学家冯·卡尔曼完成的，他也是我国火箭专家钱学森的导师。

① 这些图是从视频网站播放的视频中截取的。

图 3.7.4　塔科马吊桥通车仪式(1940 年 7 月 1 日)

图 3.7.5　塔科马吊桥被扭曲时的情景(1940 年 11 月 7 日上午 10:00)

图 3.7.6　塔科马吊桥坍塌的情景(1940 年 11 月 7 日上午 11:10)

四、卡尔曼涡街

卡尔曼涡街的定义是流体中安置阻流的物体,在特定条件下,满足相应的雷诺数,则在阻流体下游的两侧,会产生两道非对称排列的旋涡,如图 3.7.7 所示。其中一侧的旋涡沿顺时针方向转动,另一旋涡则反方向旋转,这两排旋涡相互交错排列,各个旋涡和对面两个旋涡的中间点对齐,如街道两边的街灯般。这种现象因冯 · 卡尔曼**最先从理论上阐明**,而得名为卡尔曼涡街。

图 3.7.7 卡尔曼涡街模型示意图

卡尔曼涡街是流体力学中重要的现象。在自然界中可常遇到,在一定条件下流体绕过某些物体时,物体两侧会周期性地先后形成旋转方向相反、排列规则的双列旋涡,经过非线性作用后,形成卡尔曼涡街。如水流过桥墩,风吹过高塔、烟囱、电线等都可能形成卡尔曼涡街。卡尔曼涡街有很多很重要的应用和惨痛的例子。例如,1965 年 11 月,英国西约克郡费里布里奇发电站两座一百多米高的冷却塔,在大风中因卡尔曼涡街引起共振倒塌。

20 世纪 60 年代,我国曾在北京郊区建造了一座高达 325 m 的气象塔,以研究北京地区的大气污染情况。该塔用 15 根纤绳固定在地面上,是当时亚洲最高的气象塔。但在竣工不久便出现了奇怪的现象:在天气晴朗、微风吹拂时,高塔发生振动,伴之有巨大轰鸣声,使附近居民感到担心;而在刮风下雨的恶劣天气,反倒无事。经过科研人员的详细测量和分析,终于弄清了这一现象的原因,是在那样的风速下,气流在塔的纤绳这一柱体上形成了卡尔曼涡街,其频率又与纤绳的自振频率相耦合而发出了轰鸣声。

一个法国海军工程师告诉卡尔曼,当某一潜艇在潜航速率超过 7 海里每小时(1 海里 = 1 852 m)时,潜望镜忽然完全失去作用。卡尔曼认为,这是因为镜筒形成周期性的涡街,在一定速率下,涡街形成的频率和镜筒的固有振动频率相近,发生了共振。由于同样的原因,无线电天线塔也会在自然风中发生共鸣振动;输电线的低频振动也与形成涡旋有关。

因为卡尔曼涡街的理论得到推广,现在进行高层建筑物设计时,都要进行计算和风洞模拟实验,以保证不会因卡尔曼涡街造成建筑物的破坏。就如北京、天津的电视发射塔,上海的东方明珠电视塔在建造前,都曾在北京大学力学与工程科学系的风洞中做过模拟实验。

第 4 篇　相对论教学析疑

4.1　相对论与高科技及我们的日常生活①

——纪念广义相对论建立 100 周年暨狭义相对论建立 110 周年

2015 年是爱因斯坦建立广义相对论 100 周年暨狭义相对论建立 110 周年，也是联合国确定 2005 年为世界物理年 10 周年。相对论是科学理论上璀璨的瑰宝，在科技和日常生活中发挥越来越大的作用。

提起"相对论"，人们会觉得它的结论过于玄妙，很难接受，因为它和我们的日常经验和理念相去太远了。相对论所指的高速，是和光速 $c=3\times10^5$ km/s $=3\times10^8$ m/s（3 亿米每秒）比较而言的。我们日常所接触到的速度和光速相比，实际上是太慢了。以长途大型客机（如波音 747 或空客 380）为例，它的巡航速度约为 $v=1.08\times10^3$ km/h $=3\times10^2$ m/s（300 米每秒），两者之比 $v/c=1\times10^{-6}$，即长途大型客机的巡航速度仅为光速的 10^{-6}（百万分之一）！相对论的结论是在其中的尺缩率或钟慢率与运动速率比的二次方成正比，即大型客机中尺缩率或钟慢率约为 0.5×10^{-12}。若某人始终待在以此速度巡航的飞机上 10 年，即约 3×10^8 s（3 亿秒），则他所携带的钟（或生物钟）总共才变慢了 1.5×10^{-4} s（万分之 1.5 s）！这在实际生活中是没有意义的。但在科学实验上就不同了，目前用于精确测量时间的铯原子钟精度可达 1×10^{-12} s（即亿万分之一秒）。20 世纪 70 年代就有人把两台这种钟分别放在地面上和超音速（大于 1.2×10^3 km/h）的飞机上，待该飞机高速绕地球飞行一周回来两钟重逢时对钟，结果证明相对论的预言是正确的。

此外还要注意，相对论中的"相对"，不是观察者个体的相对，而是作为描述物质运动基本"参考系"的相对。否则，所得到的结论就会"公说公有理，婆说婆有理"，没有客观标准了。例如，你从广州乘车赴中山大学珠海校区，你会看到路旁的树木往后退，但你也会看到远离的建筑物（如广州塔）却和你一样往前走。难道你因此就能得出结论"树木相对车往后运动，广州塔相对车往前运动"吗？显然不对，因为车和你最后都到了珠海，而树木和广州塔却仍然留在广州。可见树木和广州塔相对的是车和与之相联的空间——参考系的向后运动。

相对论的另一个重要推论是"同时"的相对性。即在一个参考系中不同地点同时发生的两件事，在另一个相对运动的参考系中就会观测到不是同时发生的。譬如说你在广州早上 7 点整醒来，此刻北京钟也是指在 7 点整吗？你怎样确定这两个异地事件（广州钟 7 点整和北京钟 7 点整）是同时发生的？你也许毫不犹豫地回答，这还不简单，把两地的钟对准了不就成了吗。例

---

① 本文曾发表于：郑庆璋，罗蔚茵．物理通报，2015(10)：126．有改动。

如，可以打开广播电台正点报时节目，待“嘟、嘟……嘀！”最后一响对准广州的钟 7 点整。这在日常生活中没有问题，但在相对论里就不行了。因为从北京发报时刻至广州接收到信号期间，电磁波已传播约 2×10^3 km（2 000 km）的距离，需耗时约 7×10^{-3} s（千分之 7 秒），即广州钟比北京钟滞后约 7×10^{-3} s（千分之 7 秒），由此可见，当我们把广州钟 7 点整和北京钟 7 点整这两个异地事件调校到“同时”发生，在另一高速运动参考系观测，由于存在尺缩、时缓和光速不变等效应，这两个事件就不再是同时发生的了[1]。

目前科技已经发展到如此高的水平，以致不但过去不能验证的相对论预言能够实现，而且还有许多新发现和新验证。当今蓬勃发展的“天体物理”和“现代宇宙学”，无不建立在相对论的理论基础上，而且取得了巨大的进展和成果。例如，1961 年彭齐亚斯（A.A.Penzias）和威耳孙（R.R.Wilson）发现了宇宙微波背景辐射，因而获得了 1978 年诺贝尔物理学奖。1968 年休伊什（A.Hewish）发现了脉冲星，因此获得了 1974 年诺贝尔物理学奖，等等。20 世纪 30 年代，爱因斯坦曾预言存在引力透镜现象，即巨大的天体可以使经过它附近的光线偏转，因而观测者有可能观测到在此巨大天体后面天体所成的像。如果我们把此巨大天体称为“引力透镜”，它后面的天体称为天体物，则爱因斯坦的计算指出，如果天体物与观测者的连线与观测者和引力透镜连线间的偏角很小，例如在角毫秒以下，则引力透镜所成的像光强增大，特别是当连线重合时，将观测到一个围绕引力透镜的光环[2]，称为“爱因斯坦环”。然而，在当时所能观测到的宇宙范围内，要满足爱因斯坦条件实际上是不可能的。

20 世纪 60 年代以后，发现了大量光度很强、离地球很远的“类星体”，使人类观测宇宙的范围大为增加，满足爱因斯坦条件的可能性增大。1979 年，沃尔什（D.Walsh）等人发现了第一个引力透镜成像事例，以后又陆续发现更多的引力透镜所成的星像。特别是 20 世纪哈勃空间望远镜上天后，能观测到距离 10 万亿光年以上的天体，人类可观测宇宙中的天体数目大大增加，满足爱因斯坦条件的天体数目也就更多。果然，近年美国航空航天局（NASA）公布了不少拍摄到的“爱因斯坦环”（图 4.1.1）和许多其他引力透镜所成的星像照片[3]。

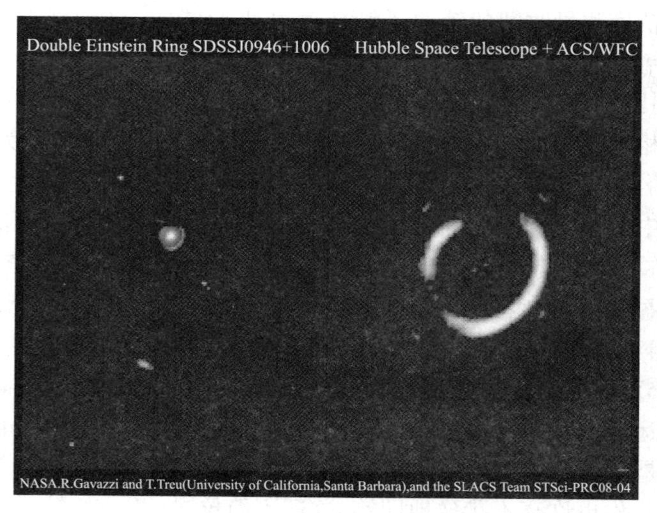

图 4.1.1　爱因斯坦环照片

至于探测引力波的问题，我国在20世纪80年代所建立的室温共振型天线，已达到当时国际同类型天线的先进水平，但其灵敏度还远远未达到探测预期的引力波要求。为进一步提高天线的灵敏度，必须在超低温的条件下，建立超大规模的迈克耳孙干涉仪型的引力波天线，而这是要耗费巨额资金的（据说美国在华盛顿州和亚利桑那州建立了两座该类型引力波天线，每座耗资几千万美元），在当时的条件下我们办不到。

正当人工探测引力波遇到困难时，太空中却传来好消息。1974年，赫尔斯（R.A.Hulse）和泰勒（J.H.Taylor）发现脉冲双星PSR1913+16的自转周期变慢，经过长期的观测，证实这是对广义相对论关于引力波预言的一个最精确的检测，他们因此获得了1993年的诺贝尔物理学奖①。2014年3月17日，哈佛大学史密森天体物理学中心宣布一个轰动全球科技界的消息，位于南极洲的BICEP2望远镜，在宇宙微波背景辐射中观测到B模式偏振。这一发现意味着在宇宙大爆炸的最初一瞬间可能出现非常强烈的“暴胀”，从而激发强烈的引力波。这原初的引力波在宇宙中回荡，虽不被吸收，但随着宇宙膨胀迅速减弱。在目前变得极其微弱、无法直接探测。然而它们会在微波背景辐射中留下印迹，使辐射偏振形成螺旋状的特殊形态。引力波是一种张量波，它的偏振正是B模式偏振。宇宙微波背景B模式偏振的存在，证明可能存在原初引力波，从而证明宇宙大爆炸之初确实存在一段“暴胀”时期。但是在南极BICEP2望远镜科学家公布成果后不久，其他科学家质疑数据的准确性。最终BICEP2团队承认了观测可能存在误差，误差可能来自银河系磁场与尘埃之间的相互作用。当然，这些结论还需要进一步旁证[4]。

相对论是20世纪物理学两项最伟大的成就之一。其实，相对论不但对高科技，乃至日常生活都产生越来越大的影响。试看微观世界中，粒子物理的研究和发现；宏观世界中，核弹和核能发电的研究和实践；宇观世界中，天体物理和近代宇宙学的进展和新发现，都离不开相对论的理论基础。而且目前国防和交通系统，乃至许多智能手机上安装有的全球（卫星）定位系统GPS，都因相对论效应使卫星钟和地面钟快慢不一，要随时修正才有实用意义[5]。正是：

寻寻觅觅千万遍，
上穷碧落下黄泉，
蓦然回首惊发现，
竟然就在你身边！

相对论不仅仅是一个物理理论，它已经深深地融入人类文化中。它催生了那么多理论和应用的成果，又给小说和电影带来那么多灵感和素材，它还可以变成诗歌！美国科幻大片《星际穿越（Interstellar）》就十分感人。中山大学一位2011届物理系本科毕业（现在香港读博士学位）的学生看了影片以后表示，“以前学习timedilation（时间延缓）时，更多是感叹它的神奇，从来没想到它会带来那么大的情感冲击。我记得在电影中，包括库帕在内的几位宇航员去了第一颗行星，待了几个小时，回到飞船上时，却发现已经过去23年！在飞船上看到远在地球的儿子发来的视频片段时，人生的酸甜苦辣，尽在倏忽之间，让人无限动容……您的第三首诗[6]，再次激起了我内心那份感动。诗中提到的‘惊险历尽回归日，女儿垂老已临终’，一样让人泪珠打转。一个物理理论，竟然可以带给人感情的体验，亲情父爱的体验，对我来说，真的很神奇！”

① 美国LIGO团队于2015年9月探测到双黑洞合并产生的引力波，R.Weiss，K.S.Thorne和B.C.Barish因此分享了2017年诺贝尔物理学奖。

北京大学知名教授赵凯华曾说:“在西方世界中,普遍认为不知道莎士比亚的人是没有素养的,这当然是就文化素质而言。近来有不少学者认为,不知道牛顿的人亦应当认为是没有素养的,起码从科学素质角度来看是这样。”因为在当今的现代化社会中,牛顿力学无处不在。上面举出莎士比亚和牛顿这两位典型人物,无非是用他们代表文化素质和科学素质两个方面,意在说明要建成一个现代化的社会,必须普遍提高人们的文化和科学素质。

最后,我想用苏联诗人马雅可夫斯基在影响几代人的科普期刊《知识就力量》创刊号中写的几句诗,来结束本文:

如果
　　你想忘记
　　　　忧闷和懒惰
自己就要知道
　　地球上在做些什么
　　　　天空中发生些什么
……

参考文献

[1]罗蔚茵,赵凯华.哪一个钟慢了? 大学物理,2001(4):15.
[2]LIEBES S.Gravitational Lenses,Phys.Rev.1964,133(3B):B835.
[3]可参看哈勃空间望远镜官网有关爱因斯坦环的报道。
[4]可搜索“BICEP2 望远镜”,参看相关网页。
[5]郑庆璋,罗蔚茵.全球定位系统 GPS 的相对论修正.物理通报,2011(8):6-8.
[6]郑庆璋.诗三首.中大老园丁,2015(1):54.

4.2 狭义相对论的时空概念

经典力学的讨论对象是宏观物体在弱引力场中的低速运动,然而,20 世纪物理学的发展告诉我们,高速运动和强引力场在物理学中是不可回避的事实。此外,时空观是当代有科学素养的人知识背景里不可或缺的组成部分,而狭义相对论和广义相对论已成为 20 世纪时空观的必要基础。经典的时空观认为,时间和空间彼此独立互不关联,它们与物质的存在和物质的运动也无关。时间独立于空间和物质而均匀流逝,空间就像一座舞台或一个容器,各式各样的物质运动形态都在这个舞台上表演。现代的时空观是以相对论为依据的,它认为时间与空间紧密联系,彼此互相依赖,构成一个四维的时空统一体。狭义相对论告诉我们时空与物质运动的关系,而广义相对论则进一步告诉我们时空与物质的存在和分布的关系。

本文主要介绍我们在基础物理的力学课程中,如何面向刚进大学的一年级学生,不追求理论的严格性,而是通过物理图像和初等数学推导,着重阐明建立时空观理念的思路,不需占用很多学时(只需 4~5 学时)讲述狭义相对论的时空概念,从而揭示在高速运动的情况下时间与空间以及运动的内在关系(本文未包括动力学内容)。

一、伽利略相对性原理

1.伽利略相对性原理的文字表述

在科学不发达的远古时代,人们已开始对宇宙的结构产生种种的设想和猜测。在中国有盖天、浑天、宣夜诸说;在希腊,从亚里士多德到托勒密,数百年间建立起极为精致而复杂的宇宙模型,那时在人们的观念里,毫无例外地把人类自己放在宇宙的中心上。哥白尼否定了地心说,把宇宙的中心移到太阳上。随着天文学的发展,人们了解到,与银河系中其他许许多多恒星一样,太阳也不过是一颗普普通通的恒星。实际上,在许许多多的星系中,我们的银河系也不过是一个普普通通的星系。越来越多的观测事实表明,宇宙在大尺度上看是均匀各向同性的,换句话说,宇宙根本就没有中心。

如果宇宙有中心(譬如说是地球),则固联在宇宙中心物体上的参考系将是时空的一个从优的参考系(preferred frame of reference),从而可以认为,相对于这个参考系的运动是绝对运动。如果宇宙没有中心,而所有参考系对描述物理定律来说又是平权的话,则无法判断时空中哪个参考系是绝对参考系,所有运动都将是相对的。这便是相对性原理的基本思想。

如前所述,哥白尼提出日心说,是走向宇宙无中心论的第一步,也是最关键的一步。众所周知,为宣传和捍卫这个学说,布鲁诺被宗教裁判活活烧死,伽利略受到迫害。起初,哥白尼阐述日心地动理论的著作《天体运行论》尚未引起广泛注意,布鲁诺的宣传,特别是伽利略的解说是如此有说服力,这才引起罗马教廷的警觉。在这方面伽利略的杰出著作是《关于哥白尼和托勒密两大世界体系的对话》。在那个时代,反对地动说的重要论据之一,就是若地球东转,为什么落体不偏西?伽利略在书中通过他代言人萨尔维亚蒂的口讲了如下这段十分精辟而生动的论述:

……把你和一些朋友关在一条大船甲板下的主舱里,再让你们带几只苍蝇、蝴蝶和其他小

飞虫。舱内放一只大水碗，其中放几条鱼。然后，挂上一个水瓶，让水一滴一滴地滴到下面的一个宽口罐里。船停着不动时，你留神观察，小虫都以等速向舱内各方面飞行，鱼向各个方向随便游动，水滴滴进下面的罐子中。你把任何东西扔给你的朋友时，只要距离相等，向一个方向不比另一方向用更多的力，你双脚齐跳，无论向哪个方向跳过的距离都相等。当仔细地观察这些事情后（虽然船停止时，事情无疑一定是这样发生的），再使船以任何速度前进，只要运动是匀速的，也不忽左忽右地摆动。你将发现，所有上述现象丝毫没有变化，你也无法从其中任何一个现象来确定，船是在运动还是停着不动。即使船运动得相当快，在跳跃时，你将和以前一样，在船底板上跳过相同的距离，你跳向船尾也不会比跳向船头来得远，虽然你跳到空中时，脚下的船底板向着你跳的相反方向移动。你把不论什么东西扔给你的同伴时，不论他是在船头还是在船尾，只要你自己站在对面，你也并不需要用更多的力。水滴将像先前一样，滴进下面的罐子，一滴也不会滴向船尾，虽然水滴在空中时，船已行驶了许多拃①。鱼在水中游向碗前部所用的力，不比游向碗后部来得大；它们一样悠闲地游向放在水碗边缘任何地方的食饵。最后，蝴蝶和苍蝇将继续随便地到处飞行，它们也决不会向船尾集中，并不因为它们可能长时间留在空中，脱离了船的运动，为赶上船的运动显出累的样子。如果点香冒烟，则将看到烟像一朵云一样向上升起，不向任何一边移动。所有这些一致的现象，其原因在于船的运动是船上一切事物所共有的，也是空气所共有的。这正是为什么我说，你应该在甲板下面的缘故；因为如果这实验是在露天进行，就不会跟上船的运动，那样上述某些现象就会出现或多或少的差别。毫无疑问，烟会同空气本身一样远远落在后面。至于苍蝇、蝴蝶，如果它们脱离船的运动有一段可观的距离，由于空气的阻力，就不能跟上船的运动。但如果它们靠近船，那么，由于船是完整的结构，带着附近的一部分空气，所以，它们将不费力，也没有阻碍地会跟上船的运动。

在上面引的这段话里，关键的语句是：**……使船以任何速度前进，只要运动是匀速的，也不忽左忽右地摆动，你将发现，所有上述现象丝毫没有变化，你也无法从其中任何一个现象来确定，船是在运动还是停着不动。**这句引语集中反映了伽利略的相对性原理思想。

用现代的术语来概括，伽利略相对性原理可表述为：

一个相对于惯性系作匀速直线运动的其他参考系，其内部所发生的一切物理过程，都不受到系统作为整体的匀速直线运动的影响。或者说，不可能在惯性系内部进行任何物理实验来确定该系统作匀速直线运动的速度。既然相对于惯性系作匀速直线运动的系统遵从同样的物理学规律，由此可得出结论：**相对于一惯性系作匀速直线运动的一切参考系都是惯性系。亦即，对于物理学规律来说，一切惯性系都是等价的。**

2.伽利略坐标变换

设有两个相对作匀速直线运动的惯性参考系 K、K′（图 4.2.1）。由于 K′相对于 K 的速度 $\boldsymbol{u}$ 为常量，即相对加速度 $-\mathrm{d}\boldsymbol{u}/\mathrm{d}t=0$，故两坐标系原点间的相对位移为

$$\boldsymbol{R}=\overrightarrow{OO'}=\boldsymbol{R}_0+\boldsymbol{u}t$$

式中 $\boldsymbol{R}_0$为 $t=0$ 时刻的 $\boldsymbol{R}$。由于参考系的原点和时间的起点都可任意选择，为了简单而又不失普遍性，我们假定在 $t=0$

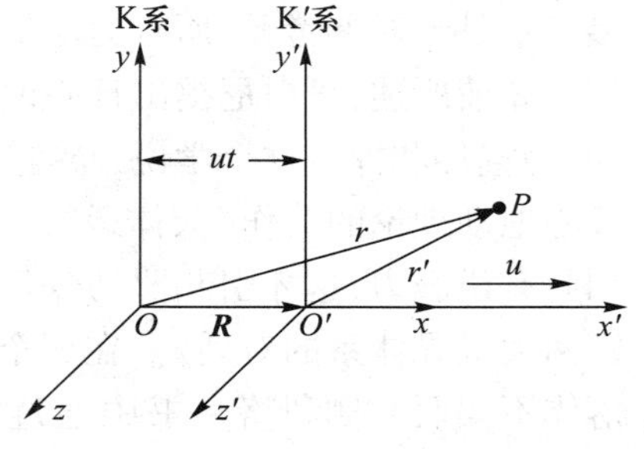

图 4.2.1　伽利略坐标变换

① 张开手时，拇指和中指间的距离叫一拃，长 20~24 cm。

时刻两坐标系重合(即 $\boldsymbol{R}_0=0$),上式化为

$$\boldsymbol{R}=\overrightarrow{OO'}=\boldsymbol{u}t \tag{1}$$

不难得出,同一质点在 K、K′系中的位矢 $\boldsymbol{r}$、$\boldsymbol{r}'$,速度 $\boldsymbol{v}$ 、$\boldsymbol{v}'$ 和加速度 $\boldsymbol{a}$ 、$\boldsymbol{a}'$ 之间有如下变换关系:

$$\begin{cases}\boldsymbol{r}'=\boldsymbol{r}-\boldsymbol{v}t\\ \boldsymbol{v}'=\boldsymbol{v}-\boldsymbol{u}\\ \boldsymbol{a}'=\boldsymbol{a}\end{cases} \tag{2}$$

对 K,K′,分别取直角坐标系(x,y,z)和(x',y',z'),由于坐标轴的取向也可任意选择,我们还可取 x 轴正向沿相对速度 $\boldsymbol{u}$ 的方向,把(2)式写成分量形式,即得两惯性系间坐标的变换关系:

$$\begin{cases}x'=x-ut\\ y'=y\\ z'=z\\ t'=t\end{cases} \tag{3}$$

这组公式称为**伽利略坐标变换式**。上面在空间坐标变换式的后面,我们并列了一个时间变换式,以强调在伽利略变换中,两惯性系中的时间 t、t' 被认为是相同的,即这里采用了绝对时间的概念。这一点在日常生活中是不言而喻的,但在物理学中我们却要格外小心,常识告诉我们,观念不一定总是对的。当 $u\to c$(光速)时,绝对时间的概念和上述伽利略变换整个都不对了,要用另一种变换(洛伦兹变换)来代替。

3.伽利略相对性原理的意义

通常说"伽利略相对性原理",其含义包含上面的文字表述和伽利略变换。伽利略变换只适用于低速(速度 $u\ll c=3\times10^8\ \mathrm{m/s}$)的机械运动。超出力学范围,譬如对于电磁过程,即使在低速情况下伽利略变换也不适用。伽利略变换不适用时,惯性系之间的变换要用洛伦兹变换来代替。然而,上面的文字表述不受此限,它对狭义相对性原理仍适用。

此外要注意,上面所说的"**一切惯性系都等价**",并不是说人们在不同惯性系中所看到的现象都一样。譬如萨尔维亚蒂大船里垂直下落的水滴,在岸上的观察者看来,它是沿水平抛物线下落的,其水平速度是恒定的,因为地板上的水罐也以同一恒定速度前进,正好能把水滴接住。伽利略坐标变换公式所描述的就是这一点。z、z'轴垂直向上,x、x'水平沿船前进的方向,在岸上的观察者(K 系)看来,$x=ut$;在船上的观察者(K′系)看来,$x'=u't-ut=0$;在垂直方向两观察者都看到$y=y'=-gt^2/2$。

我们说"一切惯性系都等价",是指不同惯性系中的动力学规律(如牛顿三定律)都一样,从而都能正确地解释所看到的现象。在伽利略变换中加速度不变,它保证了牛顿定律 $F=ma$ 的形式不变。不难验证,其他一些重要的动力学规律,如动量守恒定律,在伽利略变换下,其形式都保持不变。

二、旧理论(经典力学)的困难

爱因斯坦说:"相对论的兴起是由于实际需要,是由于旧理论中的矛盾非常严重和深刻,而看来旧理论对这些矛盾已经没法避免了。"①下面分几个方面阐述一下这些严重而深刻的矛盾。

---

① 爱因斯坦,英费尔德.物理学的进化.周肇威,译.上海:上海科学技术出版社,1962:124.

1.速度合成律中的问题

伽利略相对性原理和他的坐标变换,已经在超越个别参考系的描述方面,迈出了重大的一步。它的重要的结论之一,是速度的合成律。例如,一个人以速度 $\boldsymbol{u}_0$ 相对于自己掷球,而他自己又以速度 $\boldsymbol{u}$ 相对于地面跑动,则球出手时相对于地面的速度为 $\boldsymbol{v}=\boldsymbol{u}_0+\boldsymbol{u}$,按常识,这算法是天经地义的。但是把这种算法运用到光的传播问题上,就产生了矛盾。请看下面的例子。

设想两个人玩排球,甲击球给乙。乙看到球,是因为球发出的(实际上是反射的)光到达了乙的眼睛。设甲乙两人之间的距离为 l,球发出的光相对于它的传播速度是 c,在甲即将击球之前,球暂时处于静止状态,球发出的光相对于地面的传播速度就是 c,乙看到此情景的时刻比实际时刻晚 $\Delta t=l/c$。在极短冲击力作用下,球出手时速度达到 u,按上述经典的合成律,此刻由球发出的光相对于地面的速度为 $c+u$,乙看到球出手的时刻比它实际时刻晚 $\Delta t'=l/(c+u)$。显然 $\Delta t'<\Delta t$,这就是说,乙先看到球出手,后看到甲即将击球!这种先后颠倒的现象谁也没有看到过。

会有人说,由于光速非常大,Δt 和 $\Delta t'$ 的差别实在微乎其微,在日常生活中是观察不到的,这个例子没有什么现实意义。那么我们就来看另一个天文上的例子。

1731 年英国一位天文学爱好者用望远镜在南方夜空的金牛座上发现了一团云雾状的东西。外形像个螃蟹,人们称它为“蟹状星云”(图 4.2.2)。后来的观测表明,这只“螃蟹”在膨胀,膨胀的速率为每年 0.21″。到 1920 年,它的半径达到 180″。推算起来,其膨胀开始的时刻应在(180″÷0. 21″)年=860 年之前,即公元 1060 年左右。人们相信,蟹状星云到现在是 900 多年前一次超新星爆发中抛出来的气体壳层。这一点在我国的史籍里得到了证实。《宋会要》是这样记载的(图 4.2.3):嘉祐元年三月,司天监言,客星没,客去之兆也。初,至和元年五月晨出东方,守天关。昼见如太白,芒角四出,色赤白,凡见二十三日。这段话的大意如下:负责观测天象的官员(司天监)说,超新星(客星)最初出现于公元 1054 年(北宋至和元年),位置在金牛座星(天关)附近,白昼看起来赛过金星(太白),历时 23 天。往后慢慢暗下来,直到 1056 年(嘉祐元年)这位“客人”才隐没。当一颗恒星发生超新星爆发时,它的外围物质向四面八方飞散。也就是说,有些抛射物向着我们运动(图 4.2.4 中的 A 点),有些抛射物则沿垂直方向运动(图 4.2.4 中的 B 点)。如果光线服从上述经典速度合成律的话,按照类似前面对排球运动的分析即可知道,A 点和 B 点向我们发出的光线传播速度分别为 $c+u$ 和 c,它们到达地球所需的时间分别为 $t'=l/(c+u)$ 和 $t=l/c$,沿其他方向运动的抛射物所发的光到达地球所需的时间介于这二者之间。蟹状星

图 4.2.2　蟹状星云

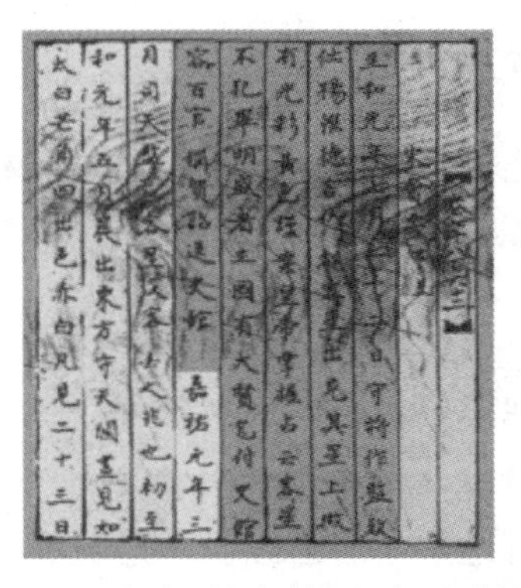

嘉祐元年三
月司天
和元年五
太白芒角四出色赤白凡见二十三日

图 4.2.3　《宋会要》中关于“客星”的记载

云到地球的距离大约是 5 000 光年，而爆发中抛射物的速度 u 大约是 1 500 km/s，用这些数据来计算，t' 比 t 短 25 年。亦即，我们会在 25 年内持续地看到超新星开始爆发时所发出的强光。而史书明明记载着，客星从出现到隐没还不到两年，这怎么解释？

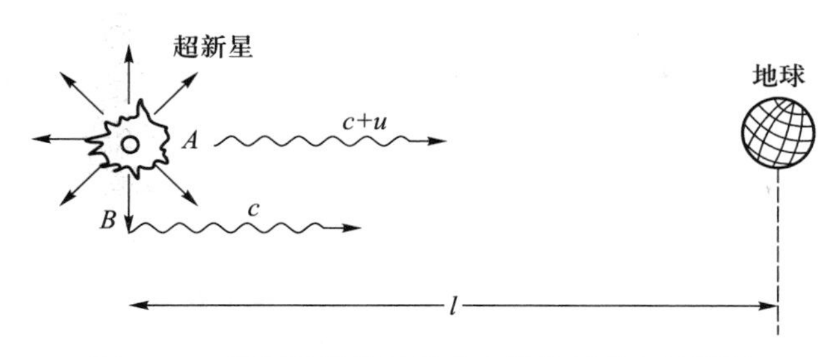

图 4.2.4 超新星爆发过程中光线传播引起的疑问

2.以太风实验的零结果

大海中轮船激起波浪的传播速度只与洋流的速度有关，而与轮船的航速无关。这给上述问题提供了另一种可能的解释，即超新星发出的光，其传播速度与爆发物的速度无关，只与传播介质的运动状态有关。于是上述矛盾不复存在。不过，一个新的问题又产生了，那个传播光线的"海洋"是什么？按照旧时的看法，是一种叫做"以太（ether）"的物质。海浪的传播速度固然与波源的运动无关，但相对于观察者的传播速度却与波源相对于海洋的速度有关。在我们所讨论的问题里，在茫茫以太的海洋中漂泊的观察者乘坐的航船是地球，地球以怎样的速度在以太的海洋里航行？也许更准确的说法应该把以太比喻作无处不在的大气，在其中飞行的地球上应感到迎面吹来的以太风。如图 4.2.5（a）所示，在以太风的参考系中光沿各个方向的传播速率皆为 c，设地球在以太风中的速率为 v，则按伽利略的速度合成律，对地球参考系来说，光的传播速率应为 $c-v$，于是沿前后两个方向光的传播速率分别为 $c-v$ 和 $c+v$，沿左右两个方向光的传播速率则为 $\sqrt{c^2-v^2}$ 如图 4.2.5（b）所示。如果有以太风存在，精密的光学实验是可以把这种差别测量出来的。1881 年迈克耳孙（A.A.Michelson）用他自己著名的干涉仪做了这类实验，没有观察到以太漂移的结果。1887 年他与莫雷（E.W.Morley）以更高的精度重新做了这类实验，仍得到零结果，即测不到想象中的"以太风"对光速产生的任何影响。①

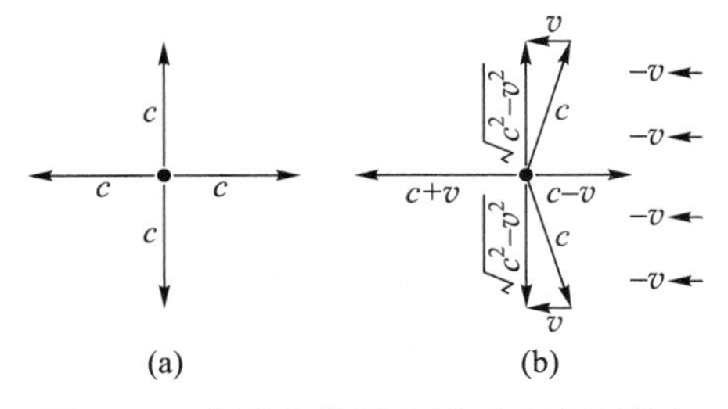

图 4.2.5 想象中的以太风对光速的影响

① A.A.Michelson，Am.J.Sci.1881（22）：120.A.A.Michelson and E.W.Morley，Am.J.Sci.1887（34）：333；Phil.Mag.1887（24）：449.

3. 电磁现象不服从伽利略相对性原理

我们在前面引用了萨尔维亚蒂大船的故事。按照伽利略的描述，只要船保持匀速直线运动，你就在这条封闭的大船里观察不到任何能判断船是否行进的现象。要知道，我们的地球就是一条在“以太”中行进的萨尔维亚蒂大船。但是伽利略提到的都是力学现象，若涉及电磁现象，情况就不一样了。如图 4.2.6 所示，设想在一刚性短棒两端有一对异号点电荷$\pm q$，与船行进的方向成倾角放置。在船静止时，两电荷间只有静电吸引力 $\boldsymbol{F}_{\mathrm{E}}$和 $\boldsymbol{F}_{\mathrm{E}}'$，它们沿二者的连线，对短棒不形成力矩[图 4.2.6(a)]。如果大船以速度 v 匀速前进，正、负电荷的运动分别在对方所在处形成磁场 $\boldsymbol{B}$ 和 $\boldsymbol{B}'$，方向如图 4.2.6(b) 所示，垂直于纸面向里，使对方受到一个磁力(洛伦兹力)$\boldsymbol{F}_{\mathrm{M}}$和 $\boldsymbol{F}_{\mathrm{M}}'$，方向如图所示。这一对磁力对短棒形成力矩，使之逆时针转动。这样一来，我们不就能判断大船是否在行进了吗？1902 到 1903 年间，特鲁顿(F.T.Trouton)和诺贝尔(M.R. Noble)做了这类实验以检验地球是否与以太有相对运动，获得的也是零结果。① 这就是说，用电磁理论与经典力学来分析，伽利略相对性原理本应对电磁现象失效，但实验表明，利用电磁现象仍无法知道，我们这条在以太中的萨尔维亚蒂大船是否在漂移。

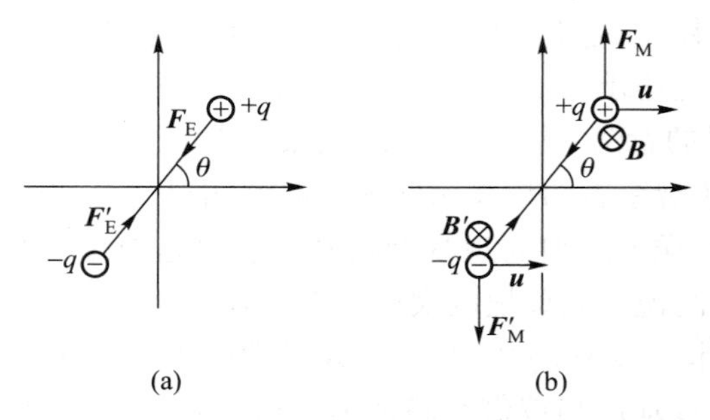

图 4.2.6　电磁现象与伽利略相对性原理抵触

4. 质量随速度增加

按照牛顿力学，物体的质量是常量。但 1901 年考夫曼(W.Kaufmann)在确定镭发出的 β 射线(高速运动的电子束)荷质比的实验中首先观察到，电子的荷质比与速度有关。他假设电子的电荷不随速度而改变，则它的质量就要随速度的增加而增大。② 这类实验后来被更多人用越来越精密的测量不断地重复着。③

三、爱因斯坦的假设

解决上述旧理论与实验的矛盾呼唤着新理论。爱因斯坦在关于“旧理论”的论述之后，接着说：“**新理论的好处在于它解决这些困难时，很一致，很简单，只应用了很少几个令人信服的假定。**”④当别人忙着在经典物理的框架内用形形色色的理论来修补“以太风”的学说时，爱因斯坦另辟蹊径，提出两个重要假设：

---

① T.Trouton, Trans.Roy.Soc.Dub.Soc.1902(7):379.F.T.Trouton and M.R.Noble, Phil.Trans.1903(202):165.

② W.Kaufmann, Nachr.Ges.Wiss.Gting, MathNat.Kl.1901:143.

③ A.N.Bucherer, Ann.d.Phys.,1909(28):513.E.Hupka, Ann.d.Phys.,1910(31):169.

④ 爱因斯坦，英费尔德.物理学的进化.周肇威，译.上海：上海科学技术出版社，1962:124.

1.相对性原理

爱因斯坦的相对性原理与伽利略的思想基本上一致,即所有惯性系都是平权的,在它们之中所有的物理规律都一样。但是伽利略所给出的具体变换式(3)式只适用于牛顿力学,它不能保证电磁学(包括光)也满足相对性原理。爱因斯坦提出的相对性原理希望把一切物理规律都包括进去。

2.光速不变原理

在看到牛顿力学以及电磁学(特别是与光有关的现象)中暴露出的诸多矛盾后,爱因斯坦经过多年的思考,提出下列假设:

在所有的惯性系中测量到的真空光速 c 都是一样的。

爱因斯坦提出这个假设是非常大胆的。下面我们即将看到,这个假设非同小可,一系列违反"常识"的结论就此产生了。

四、时空相对性的定性讨论

1.时间的相对性

爱因斯坦曾对人说,他从 16 岁起花了 10 年工夫才弄明白"时间是值得怀疑的"。首先我们对日常经验中"同时性"的概念提出质疑。

何谓两地的事件同时发生?譬如说,来自银河中心的引力波信号"同时"激发设在北京和广州的引力波探测天线,我们怎样知道引力波是"同时"到达两地的呢?也许有人说,这还不简单,两地的人都看看钟就行了。于是,问题就化为如何把两地的钟对准的问题。按现代的技术水平,这将通过电台发射无线电报时信号来实现。但电磁波是以光速传播的,报时信号从北京传到广州需要时间。这段时间差按日常生活的标准来看当然是微不足道的,然而对于同样以光速传播的引力波来说,这段时间内它已飞越了两千多千米。对于精密的科学测量来说,对钟的时候这段时间差是要经过严格校准的。

爱因斯坦根据他提出的光速不变原理,提出一个异地对钟的准则。假定我们要对 A、B 两地的钟,则在 AB 连线的中点 C 处设一光信号发射(或接收)站。当 C 点接收到从 A、B 发来的对时光信号符合时,我们就断定 A、B 两钟对准了。当然也可以由 C 向 A、B 两地发射对钟的光信号,A、B 收到此信号的时刻被认定是"同时"的。

以上的"同时性"判断准则适用于一切惯性系,于是就产生了这样的问题:同一对事件,在某个惯性参考系里看是同时的,是否在其他惯性参考系里看也同时?"常识"和经典物理学告诉我们,这是毋庸置疑的。但有了爱因斯坦的光速不变原理,此结论将不成立。为了说明这一点,爱因斯坦提出了一个理想实验。设想有一列火车相对于站台以匀速 u 向右运动,如图 4.2.7 所示。当列车的首、尾两点 A'、B' 与站台上的 A、B 两点重合时,站台上同时在这两点发出闪光;所谓"同时",就是两闪光同时传到站台的中点 C。但对于列车来说,由于它向右行驶,车上的中点 C' 先接到来自车头 A'(即站台上的 A)点的闪光,后接到来自车尾 B'(即站台上的 B)点的闪光。于是,对于列车上的观察者 C' 来说,A 的闪光早于 B,而对于站台上的 C 来说,则同时接到 A 的闪光和 B 的闪光。这就是说,对于站台参考系为同时的事件,对列车参考系不是同时的,事件的同时性因参考系的选择而异,这就是同时性的相对性。

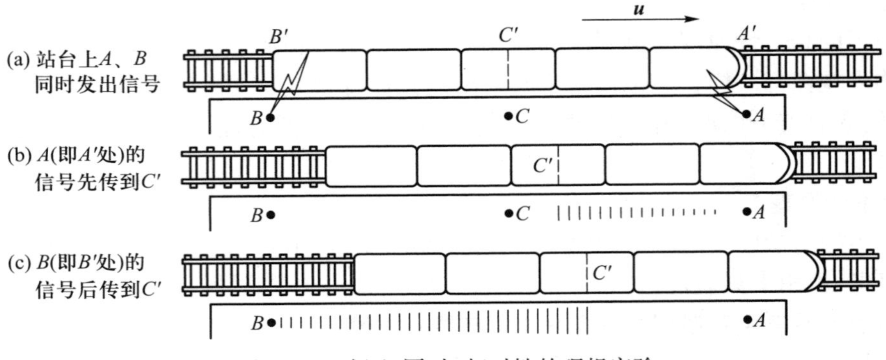

图 4.2.7　论证“同时”相对性的理想实验

为了把问题描绘得更尖锐一点,我们不妨将上述理想实验发展一下,进一步假设,在站台上 A、B 两点同时发出闪光的那一刹那,另有一列相同的火车以速度 $-u$ 向左行驶,且其车头 B''和车尾 A''恰好分别与站台上的 B、A 重合(图 4.2.8)。用同样的分析可知,这列车的中点 C''先接到来自车头 B''(即站台上的 B)点的闪光,接到来自车尾 A''(即站台上的 A)点的闪光。于是,对于这列车上的观察者 C''来说,A 的闪光迟于 B。如果发自站台上 A、B 点的闪光不是一般的光信号,而是两个人相对开枪射击发出的火光,在谁先开枪的问题上,目击者 C'和 C''在法庭上将提供相反的证词,这不成了“公说公有理,婆说婆有理”,没有统一的是非标准了吗?以后我们会看到,问题没有那么严重,因为无论哪个参考系中的观察者都不会得出这样的结论:A、B 之中的某人是在看到对方开枪的火光之后才开枪的。亦即,事件之间的因果关系不会混淆!

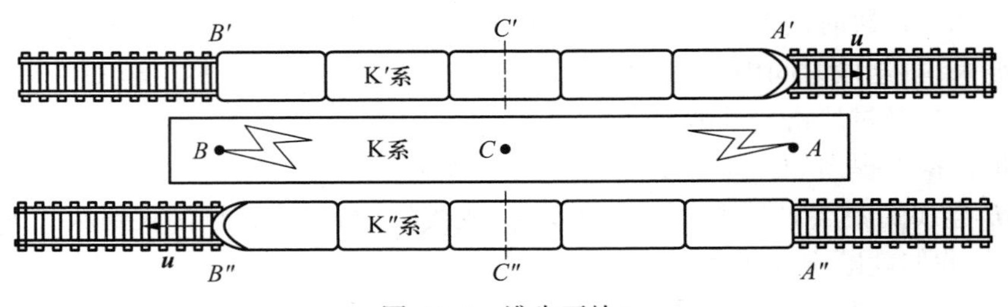

图 4.2.8　谁先开枪?

2.长度的相对性

上面我们谈的是时间的相对性问题,除此之外,光速不变原理还会带来空间长度的相对性问题。那就是说,同一物体的长度,在不同的参考系内测量,会得到不同的结果。通常,在某个参考系内,一个静止物体的长度可以由一个静止的观测者用尺去量;但要测量一个运动物体的长度就不能用这样的办法了。让物体停下来量吗?不行,因为这样量得的是静止物体的长度。追上去量吗?也不行,因为这样量出来的是在与物体一起运动的那个参考系中物体的长度,仍旧是该物体静止时的长度。合理的办法是:记下物体两端的“同时”位置,如图 4.2.7 中站台上的 A、B,然后去量它们之间的距离,就是运动着的火车的长度。如前所述,A、B 两点只对于站台参考系来说是同时的,对列车参考系来说,A'与 A 重合在先,B'与 B 重合在后,所以列车上的观察者认为,长度 $|AB|$ 小于列车在 K′系中的长度 $|A'B'|$。这便是长度相对性的由来。

再把问题描绘得尖锐些,假定从 A 到 B 刚好是一段隧道,在地面参考系中看,隧道与车等长;然而在列车参考系中看,列车比隧道长。若有人问:这两个说法同样真实吗?如果当列车刚好完全处在隧道内时,在隧道的入口在隧道的出口 A 处和 B 处同时打下两个雷,躲在隧道里的列车安然无恙吗?如果说列车能够免于雷击,则“列车比隧道长”的说法,岂非不真实吗?要正确地理解这个问题,即“长度的相对性”问题,关键仍旧是那个“同时的相对性”。你说“同时打下两个雷”,对谁同时?当然应该是对地面参考系同时。那么,从任何参考系观测,列车都可幸免于雷击。从地面参考系观测固然没有问题,从列车参考系观测:出口 A 处的雷在先,这时车头尚未出洞,车尾虽拖在洞外,而那里的雷尚未到来[图 4.2.9(a)];入口 B 处的雷在后,这时车尾已缩进洞内,车头虽已探出洞外,而那里的雷已打过[图 4.2.9(b)]。结论依然是:列车无恙。

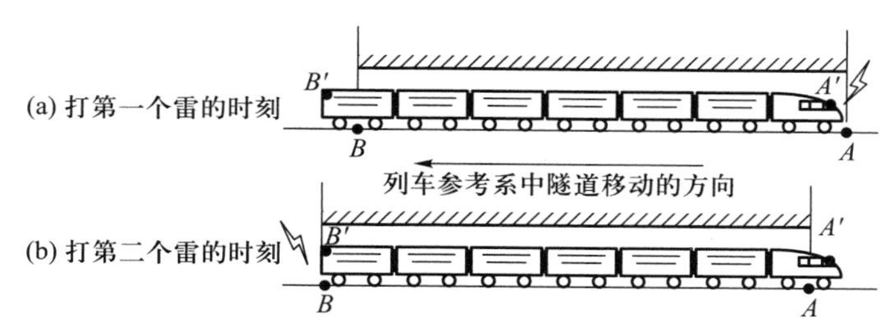

图 4.2.9　隧道里的列车能免于雷击吗?

可见,由长度相对性引起表面相互矛盾的说法,只不过是同一客观事物的不同反映和不同描述而已。以后我们把与物体相对静止的参考系中测出的长度 $L_0 = |A'B'|$ 叫做物体的固有长度,以区别于它运动时的长度。

应当指出,长度的相对性只发生在平行于运动的方向上,在垂直于运动的方向上没有这个问题。为了说明这一点,看图 4.2.10 中的例子。为了测量列车的高度 $|A'D'|$,地面观测者可用一竖立的杆。在车厢经过时同时记下 A'、D'两点在杆上的位置 $|AD|$ 即为车高。按照以前所述的对钟办法,若从 A、D 两点发出的光信号同时到达其中点 C 的话,它们也会同时到达 $A'D'$的中点 C'。亦即,在地面参考系 K 中校准了放在 A、D 两点的钟,在列车参考系 K′中观测也是同步的,从而车上的观测者认为 A、A'和 D、D'是同时对齐的。于是,$|A'B'| = |AB|$,即在两参考系内测量的横向的长度是一样的。

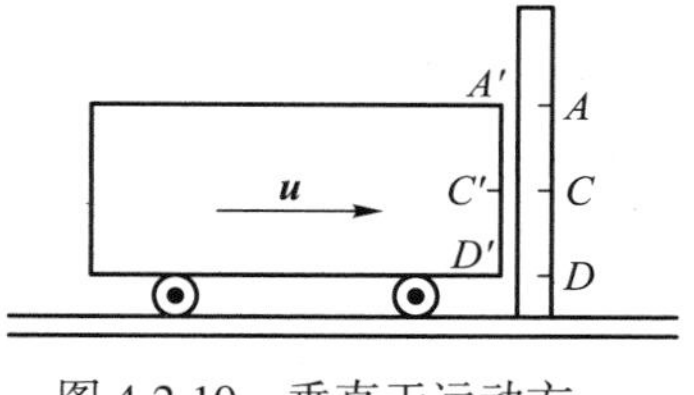

图 4.2.10　垂直于运动方向尺不收缩

五、钟慢和尺缩效应

前面我们只对时空相对性作了定性的讨论,下面推导一些定量公式。

1.时间的延缓

看另外一个理想实验。假定列车(K′系)以匀速 u 相对于路基行驶,车厢里一边装有光源,紧挨着它有一标准钟。正对面放置一面反射镜 M,可使横向发射的光脉冲原路返回[图 4.2.11(a)]。设车厢的宽度为 b,则在光脉冲来回往返过程中,车上的钟走过的时间为

$$\Delta t' = \frac{2b}{c}$$

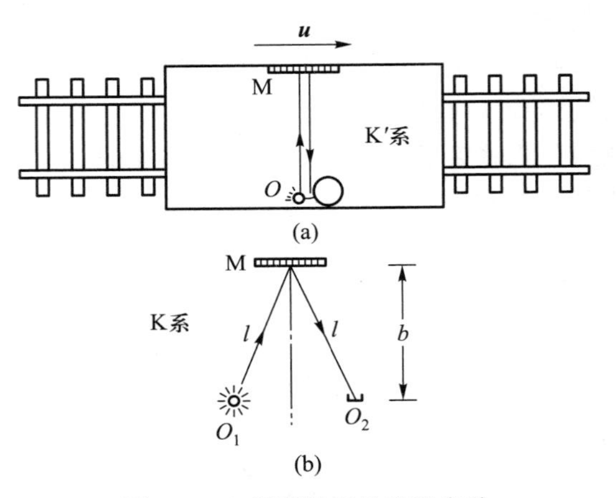

图 4.2.11　说明钟慢的理想实验

从路基(K 系)的观点看,由于列车在行进,光线走的是锯齿形路径[图 4.2.11(b)],光线“来回”一次的时间为

$$\Delta t=\frac{2l}{c}=\frac{2}{c}\sqrt{b^2+\left(\frac{u\Delta t}{2}\right)^2}$$

注意,这里用到了在两参考系中车厢的宽度 b 一样的性质。由两式消去 b,得 Δt 和 $\Delta t'$之间的关系:

$$\Delta t=\frac{\Delta t'}{\sqrt{1-\frac{u^2}{c^2}}}=\frac{\Delta t'}{\sqrt{1-\beta^2}}=\gamma\Delta t' \tag{4}$$

式中

$$\beta=\frac{u}{c},\quad \gamma=\frac{1}{\sqrt{1-\beta^2}} \tag{5}$$

由于$\sqrt{1-\beta^2}<1$,$\gamma>1$,故 $\Delta t>\Delta t'$。这就是说,在一个惯性系(如上述 K 系)中,运动的钟(如上述列车里的钟)比静止的钟走得慢。这种效应就是钟慢效应,或称爱因斯坦延缓、时间延缓。

必须指出,这里所说的“钟”应该是标准钟,把它们放在一起应该走得一样快。不是钟出了毛病,而是运动参考系中的时间节奏变缓了,在其中一切物理、化学过程,乃至观察者自己的生命节奏都变缓了。因而在运动参考系里的人认为一切正常,并不感到自己周围发生的一切变得沉闷呆滞。

还必须指出,运动是相对的。在地面上的人看高速宇宙飞船里的钟慢了,而宇宙飞船里的宇航员看地面站里的钟也比自己的慢。今后我们把相对于物体(或观察者)静止的钟所显示的时间间隔 $\Delta\tau$ 叫做该物体的固有时。(4)式中的 $\Delta t'$就是列车里乘客的固有时 $\Delta\tau$,故

$$\Delta t=\gamma\Delta\tau \tag{4'}$$

在日常生活中爱因斯坦延缓是完全可以忽略的,但在运动速度接近于光速时,钟慢效应就变得重要了。在高能物理的领域里,此效应得到大量实验的证实。例如,一种叫做 μ 子的粒子,是一种不稳定的粒子,在静止参考系中观察,它们平均经过 2×10^{-6} s(其固有寿命)就衰变为电子和中微子。宇宙射线在大气上层产生的 μ 子速度极大,可达 $u=2.994\times10^{8}$ m。如果没有钟慢效

应，它们从产生到衰变的一段时间里平均走过的距离只有$(2.994\times10^{8}\ \mathrm{m/s})\times(2\times10^{-6}\ \mathrm{s})\approx 600\ \mathrm{m}$，这样，μ 子就不可能达到地面的实验室。但实际上 μ 子可穿透大气 9 000 多米。试用钟慢效应来解释：以地面为参考系 μ 子的"运动寿命"为

$$\tau=\frac{\text{固有寿命}\ \tau'}{\sqrt{1-\dfrac{v^{2}}{c^{2}}}}=\frac{2\times10^{-6}\ \mathrm{s}}{\sqrt{1-(0.998)^{2}}}=3.16\times10^{-5}\ \mathrm{s}$$

按此计算，μ 子在这段时间通过的距离为$(2.994\times10^{8}\ \mathrm{m/s})\times(3.16\times10^{-5}\ \mathrm{s})\approx 9\ 500\ \mathrm{m}$，这就与实验观测结果基本一致了。

2.长度的洛伦兹收缩

现代化的方法测量一个物体的长度可以不用尺，而用激光。为了在相对静止的参考系 K′内测量一直杆的长度，可在直杆的一端加一脉冲激光器和一接收器，另一端设一反射镜，如图 4.2.12(a)所示。精密测得光束往返的时间间隔 $\Delta t'$后，即可得知直杆的长度

$$L'=L_{0}=c\Delta t'/2 \tag{6}$$

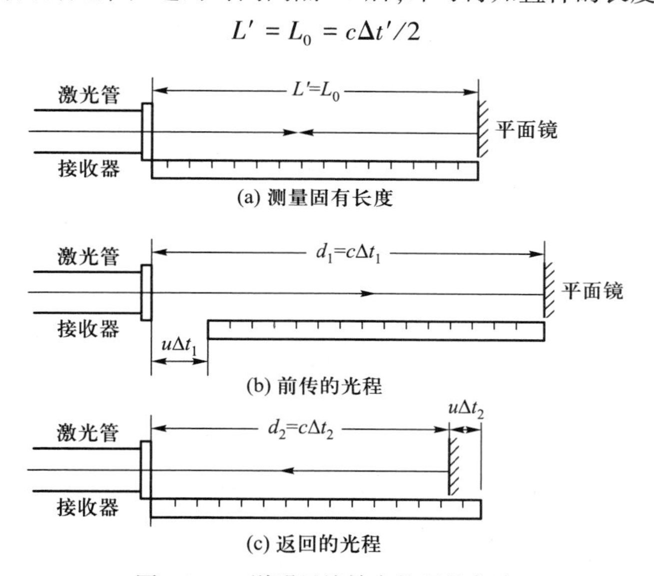

图 4.2.12　说明尺缩效应的理想实验

怎样找到有相对运动的参考系 K 中测得直杆的长度 L 与它的固有长度 L_0之间的关系呢？首先要弄清楚什么是不变的，什么是可比的。按照光速不变原理，光速 c 是不变的。另外，根据(4)式，从 K 系观测上述测量过程的时间间隔 Δt 与在 K′系本身里的时间间隔 $\Delta t'$是可比的：

$$\Delta t=\Delta t'/\sqrt{1-u^{2}/c^{2}}$$

式中 u 为直杆在 K 系中的速度。下面我们就来看，此测量过程在 K 系里是怎样表现的，并从中找到 Δt 和 L 的关系。

在 K 系中观测，光束往返的路径长度 d_1 和 d_2 是不等的，从而所需的时间 Δt_1 和 Δt_2 也不等。设直杆以速度 u 沿自身长度的方向运动，它在时间间隔 Δt_1 内走过距离 $u\Delta t_1$[图 4.2.12(b)]，故 $d_1=L+u\Delta t_1$，而 $\Delta t_1=d_1/c$，由此得 $\Delta t_1=\dfrac{L}{c-u}$；同理 $d_2=L+u\Delta t_2$，而 $\Delta t_2=d_2/c$[图 4.2.12

(c)],由此得

$$\Delta t_2 = \frac{L}{c+u}$$

因此
$$\Delta t = \Delta t_1 + \Delta t_2 = L\left(\frac{1}{c-u} + \frac{1}{c+u}\right) = \frac{2L}{c(1-u^2/c^2)} \tag{7}$$

这便是我们要找的 Δt 和 L 的关系式,与(6)式比较,有

$$\frac{\Delta t}{\Delta t'} = \frac{L}{L_0(1-u^2/c^2)}$$

再将(4)式代入,得

$$L = L_0\sqrt{1-u^2/c^2} = L_0/\gamma \tag{8}$$

由于上式里的根式小于1,这就是说,物体沿运动方向的长度比其固有长度短。这种效应叫做**洛伦兹收缩**,或**尺缩效应**。

在前面所举的 μ 子的例子里,μ 子以 $u=0.998c$ 的速度垂直入射到大气层上,已知它衰变前通过的大气层厚度为 $L=9\ 500$ m,在 μ 子本身的参考系看来,这层大气有多厚呢?因为对于 μ 子来说,大气层是以速度 u 运动的,按洛伦兹收缩公式(8)式,其厚度为

$$L = L_0\sqrt{1-u^2/c^2} = 9\ 500 \times \sqrt{1-(0.998)^2}\ \text{m} = 600\ \text{m}$$

这正是原先预期的结果。

六、洛伦兹变换

1.时空变换公式

现在我们来讨论一个事件的时间和空间坐标在不同惯性系之间的变换关系。伽利略变换式(1)式就是这类的变换关系,不过它只适用于牛顿力学,不保证光速的不变性。下面我们要推导的变换关系以光速不变原理为依据,是相对论的坐标变换关系。

设有一惯性参考系 K,在其中取一空间直角坐标系 $Oxyz$,并在各处安置一系列对 K 系静止,且对 K 系来说是对准了的钟(我们把这些钟称为 K 钟)。在参考系 K 中一个事件用它的空间坐标(x,y,z)时间坐标 t(即在该地点 K 钟的读数)来描写。类似地,对于另一个惯性参考系 K′,也在其中取一个空间直角坐标系 $O'x'y'z'$,并在各处安置一系列对 K′系静止的,且对 K′系来说是对准了的钟(K′钟)。在参考系 K′中,一个事件用它的空间坐标(x',y',z')和时间坐标 t'(该地点 K′钟的读数)来描写。

为简明起见,设两坐标原点 O、O' 在 $t=t'=0$ 时刻重合,且 K′系以匀速 u 沿此重合的 x 和 x' 轴正方向运动,而 y 和 y' 轴、z 和 z' 轴保持平行(图 4.2.13)。于是 $|OO'|=ut$。

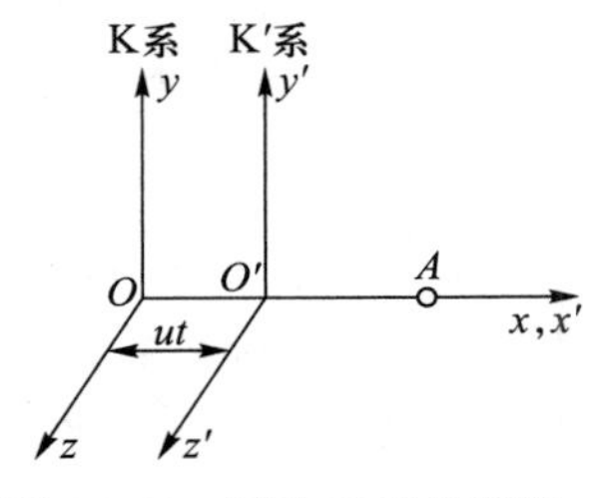

图 4.2.13　时空坐标的变换

设在 x、x' 轴上的 A 点发生一事件,对 K 系来说 A 点的坐标为

$$x = |OA| = |OO'| + |O'A|$$

注意到
$$|OO'| = ut,\quad |O'A| = x'\sqrt{1-u^2/c^2}$$

式中的根式是由于 K′系以速度 u 相对于 K 系运动而出现的尺缩因子,于是

$$x = ut + x'\sqrt{1-u^2/c^2}$$

从中可将 x' 解出：

$$x' = \frac{x-ut}{\sqrt{1-u^2/c^2}} \tag{9}$$

因为 K 系和 K′系的运动是相对的，若把上式里的 u 换为 $-u$，带撇的量和不带撇的量对调，我们就得到从 K 系到 K′系的逆变换关系：

$$x = \frac{x'+ut}{\sqrt{1-u^2/c^2}} \tag{10}$$

从以上两式消去 x' 得

$$x = \frac{1}{\sqrt{1-u^2/c^2}}\left(\frac{x-ut}{\sqrt{1-u^2/c^2}} + ut'\right)$$

由此解出 t'：

$$t' = \frac{\sqrt{1-u^2/c^2}}{u}\left(x - \frac{x-ut}{1-u^2/c^2}\right)$$

即

$$t' = \frac{t-ux/c^2}{\sqrt{1-u^2/c^2}} \tag{11}$$

如果 A 点不在 x、x' 轴上，则由于垂直方向长度不变，我们有 $y'=y$，$z'=z$。综上所述，我们得到从 K 系到 K′系空间、时间坐标的变换关系：

$$\begin{cases} x' = \dfrac{x-ut}{\sqrt{1-u^2/c^2}} = \gamma(x-\beta ct) \\ y' = y \\ z' = z \\ t' = \dfrac{t-ux/c^2}{\sqrt{1-u^2/c^2}} = \gamma(t-\beta cx) \end{cases} \tag{12}$$

以上便是著名的洛伦兹变换方程。易见，在 $u \ll c$，$x \leqslant ct$ 的情况下，洛伦兹变换式将过渡到非相对论的伽利略变换式。

把上式里的 u 换为 $-u$，带撇的量和不带撇的量对调，得到从 K 系到 K′系的逆变换关系：

$$\begin{cases} x = \dfrac{x'+ut'}{\sqrt{1-u^2/c^2}} = \gamma(x'+\beta ct') \\ y = y' \\ z = z' \\ t = \dfrac{t'+ux'/c^2}{\sqrt{1-u^2/c^2}} = \gamma(t+\beta cx') \end{cases} \tag{13}$$

上述洛伦兹变换的四个变量之间的变换，由于我们采取了特殊的 x 轴方向，y、z 两个变量不变，(12)式和(13)式简化成 x、t 两个变量之间的变换。这样，我们就可以用一张平面图将它们表示出来。为了量纲一致，我们用 ct 代替 t 作纵坐标，以 x 为横坐标，作图 4.2.14(a)、(b)，分别对应正、逆洛伦兹变换(12)式、(13)式。可以看出，变换后的坐标系不再是直角的，但变换中两坐标轴的分角线(在高维空间实为圆锥面,称为光锥) $x = \pm ct$ 或 $x' = \pm ct'$ 不变,这是光速不变原理要求的。

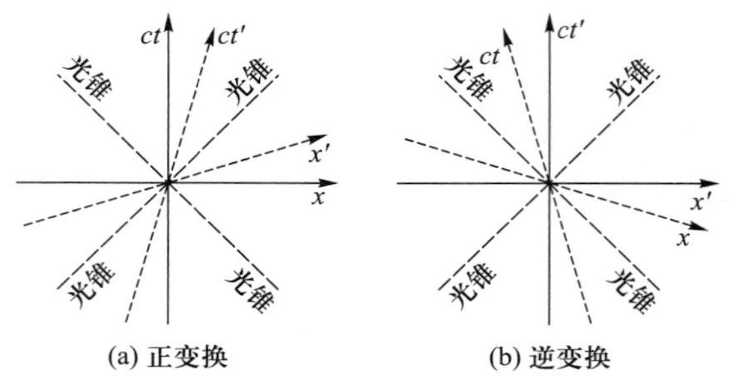

图 4.2.14　洛伦兹变换

2.速度的合成

现在我们来讨论这样一个问题:如果一个质点在 K 系的速度是 $v=(v_x, v_y, v_z)$,在 K′系看来,它的速度 $v'=(v'_x, v'_y, v'_z)$ 是什么? 注意到

$$v_x = \frac{\mathrm{d}x}{\mathrm{d}t},\quad v_y = \frac{\mathrm{d}y}{\mathrm{d}t},\quad v_z = \frac{\mathrm{d}z}{\mathrm{d}t}$$

$$v'_x = \frac{\mathrm{d}x'}{\mathrm{d}t'},\quad v'_y = \frac{\mathrm{d}y'}{\mathrm{d}t'},\quad v'_z = \frac{\mathrm{d}z'}{\mathrm{d}t'}$$

取洛伦兹变换式(12)式的微分:

$$\begin{cases} \mathrm{d}x' = \dfrac{\mathrm{d}x - u\mathrm{d}t}{\sqrt{1 - u^2/c^2}} = \dfrac{(\mathrm{d}x/\mathrm{d}t - u)\mathrm{d}t}{\sqrt{1 - u^2/c^2}} \\ \mathrm{d}y' = \mathrm{d}y \\ \mathrm{d}z' = \mathrm{d}z \\ \mathrm{d}t' = \dfrac{\mathrm{d}t - u\mathrm{d}x/c^2}{\sqrt{1 - u^2/c^2}} = \dfrac{\mathrm{d}t[1 - (u/c^2)(\mathrm{d}x/\mathrm{d}t)]}{\sqrt{1 - u^2/c^2}} \end{cases}$$

最后一式又可写成

$$\mathrm{d}t' = \gamma(1 - uv_x/c^2)\mathrm{d}t$$

用它去除前三式,即得

$$\begin{cases} v'_x = \dfrac{\mathrm{d}x'}{\mathrm{d}t'} = \dfrac{v_x - u}{1 - uv_x/c^2} \\ v'_y = \dfrac{\mathrm{d}y'}{\mathrm{d}t'} = \dfrac{v_y\sqrt{1 - u^2/c^2}}{1 - uv_x/c^2} \\ v'_z = \dfrac{\mathrm{d}z'}{\mathrm{d}t'} = \dfrac{v_z\sqrt{1 - u^2/c^2}}{1 - uv_x/c^2} \end{cases} \tag{14}$$

这便是相对论的速度合成定理。我们从中看到,虽然垂直于运动方向的长度不变,但速度是变的,这是因为时间间隔变了。

易见，当 $V\ll c, x\leq ct$ 时，上式简化为

$$v_x' = v_x - u, \quad v_y' = v_y, \quad v_z' = v_z$$

这就是我们熟知的经典速度合成公式。

在 v 平行于 x、x' 轴的特殊情况下，$v_x = v, v_y = 0, v_z = 0$，相对论的速度合成公式(11)式简化为

$$v' = \frac{v - u}{1 - vu/c^2} \tag{15}$$

把上式里的 u 换为 $-u$，带撇的量和不带撇的量对调，我们得到从 K 系到 K′系的逆变换关系：

$$v = \frac{v' - u}{1 - v'u/c^2} \tag{16}$$

在(15)式中当 $v=0$ 时，$v'=-u$。这表明，K 系本身在 K′系中的速度是 $-u$，这正是相对性原理所要求的倒逆性，而这种倒逆性我们此前在推导逆变换公式时已多次用过了。

看一个速度合成的例子。一艘以 0.9c 的速率离开地球的宇宙飞船，以相对于自己 0.9c 的速率向前发射一枚导弹，以地面为 K 系，宇宙飞船为 K′系，按速度合成公式(16)式，有

$$v = \frac{v' + u}{1 - v'u/c^2} = \frac{0.9c + 0.9c}{1 - 0.9 \times 0.9} = 0.994c$$

即导弹相对于地面的速率 v 仍小于 c。

由上例可知，按照相对论速度合成定理，两个小于 c 的速度合成后速度仍然小于 c，即从运动学的观点看，我们不能借助于速度叠加而得到大于 c 的速度。因此，狭义相对论的体系实际上暗含着真空中光速是所有物体所能具有的速度的最大限度。

我们在前面以玩排球和超新星爆发为例说明了，若假定由运动物体发出的光的速度大于 c 会导致怎样令人困惑的结论。有了光速不变性，上述困惑自然解除。在(15)式中，当 $v=c$ 时，不管 u 有多大，总有 $v'=\frac{c-u}{1-cu/c^2}=c$，这正是光速不变原理所要求的。为了精密验证这个结论，从 20 世纪 50 年代起，许多高能物理学家反复测量了高速微观粒子发出的 γ 射线(一种波长极短的电磁波)的速率，发射粒子的能量从几百个 MeV($1\ \text{MeV}=10^6\ \text{eV}$)到几个 GeV($1\ \text{GeV}=10^9\ \text{eV}$)，在很高的精度下($\approx 10^{-4}$)验证了，它们发出 γ 射线相对于实验室参考系的速率确实等于 c。

在介绍了上面有关狭义相对论时空最基本的概念后，还可以**进一步讨论关于钟慢和尺缩效应**，因为学生常常会问：在两惯性系间尺缩与钟慢问题都是相互的，两个作相对运动的观测者，都说对方的钟变慢了。到底谁对呢？乙钟相对甲钟运动，乙钟变慢；但运动是相对的，也可以说，甲钟相对乙钟运动，应是甲钟变慢。到底哪个钟比哪个钟慢？同样，究竟是哪把尺子比哪把尺子短？狭义相对论无疑会激发起学生极大的兴趣，也会产生诸多的疑问，或许会陷入不少的误区。其实，这对提升学生的分析能力和批判思维都是大有裨益的。在本篇中有一篇专文讨论狭义相对论误区析疑，希望能对狭义相对论的教和学都能提供有益的参考。

4.3　广义相对论一瞥

我们认为,在普物力学中必须有个窗口是开向广义相对论的,否则学生不可能真正懂得什么是惯性,以及绝对时空错在哪里。广义相对论形式优美,概念奇特,无愧是理论物理中的一件珍品。诚然,广义相对论离不开万有引力,在微观领域中,万有引力与电磁力相比是微不足道的。然而在宏观世界,特别是在宇观世界中,万有引力就成为物体间的一种主导性的相互作用,成为物体间的一种不能忽略的相互作用力。宇观世界中的宇宙学和天体物理理论固然离不开广义相对论,近年研究发现表明,即使在日常生活中,广义相对论也越来越显出它的重要作用。例如交通定位使用的 GPS[全球(卫星)定位系统],地面钟和卫星钟由于运动速度和引力势不同,走时率的快慢也就不同,如不用广义相对论修正,是没有实用意义的。然而,由于广义相对论所涉及的时空概念和有关问题与人们在日常生活中形成的概念相去甚远,加上它所使用的数学工具又比较深奥,就越发令人感到高深莫测,难于接受。

我们觉得,在普通物理教学中,对于近代物理的内容,应该用符合普通物理风格和特点去介绍,采用定性或半定量的方法,避免使用高深的数学推导。讲授要具体、形象化,深入浅出,让学生通过揭开被掩盖的迷幕去掌握现象的本质,通过具体的事例去理解普遍的规律。按照我们的经验,把这些原则运用到介绍广义相对论上,大多数学生都能基本接受。当然,由于广义相对论所涉及的概念、理论和结论都比较抽象,在讲解上常常使人感到荆棘丛生,陷阱密布,稍不留神或举例不当,就会出现悖论,或引至错误的概念和结论。因此在讲述某个有关问题时,一定要深入备课,把要讲的问题吃深吃透,即要求具备通常所谓的"一杯水和一桶水"的精神。如果确实没有把握,也只好略过"避而不谈"。下面具体介绍如何简明地对广义相对论一瞥。

到目前为止,我们还只是局限于惯性坐标系之间的变换问题,即只讨论狭义相对论的问题,给予惯性坐标系一种特殊的地位,认为所有惯性坐标系在描述物理定律时都是同样有效的(狭义相对性原理)。对实际上更为普遍存在的加速坐标系,我们还未讨论过。

另一方面,我们也没有涉及万有引力的问题。这是否因为万有引力太微不足道可以忽略不计呢? 不是! 诚然,在微观领域中万有引力与电磁力相比是微不足道的。然而在宏观世界,特别是在宇观世界中,万有引力就成为物体间的一种不能忽略的力,成为物体间的一种主导性的相互作用。前面回避万有引力的根本原因在于,牛顿万有引力定律与狭义相对论的框架不相容。

在经典力学中介绍机械运动几种常见的力时已经指出,牛顿万有引力定律反映的是一种瞬时即达的"超距作用",这与狭义相对论关于信号传递速度以真空中光速为极限的结论相矛盾。另外,牛顿万有引力定律的形式也不满足狭义相对论中关于洛伦兹变换不变性的要求。也就是说,牛顿万有引力定律是非相对论性的。

爱因斯坦一方面注意到牛顿万有引力定律与狭义相对论的框架不相容,另一方面也注意到,在引力定律中出现的引力质量等于在运动定律中出现的惯性质量这一事实。如图 4.3.1 所示,他设想在一个升降机(电梯)中做力学实验时,如果牵引电梯的钢索突然断了,那么,由于引力质量与惯性质量相等的缘故,电梯及其内部的所有物体都以完全相同的加速度自由降落。于是,若在电梯中释放一个物体,此物体就不会落到电梯的地板上,原先挂在弹簧秤上的重物使弹簧伸长，现在弹簧不再伸长，重力消失了。对于以电梯为参考系的观察者来说，他对这种现象的一种可能解释是万有引力消失了，因为他无法通过实验来判断，究竟是电梯在自由降落，还是根本不存在引力场。同样，如果把这电梯置于引力场可以忽略的宇宙空间中，但使它以重力加速度的量值相对于惯性系向上加速，则由于惯性力的缘故，电梯中所有物体都犹如受到一个向下的重力。电梯中的观测者也无法通过力学实验来判别，究竟是电梯向上加速还是受到向下的万有引力作用。总而言之，在电梯的局部范围内，从力学实验的角度来看，引力场的效应可以用一个加速的参考系来代替；反之，加速的参考系，同样可以用一个引力场的效应来代替。

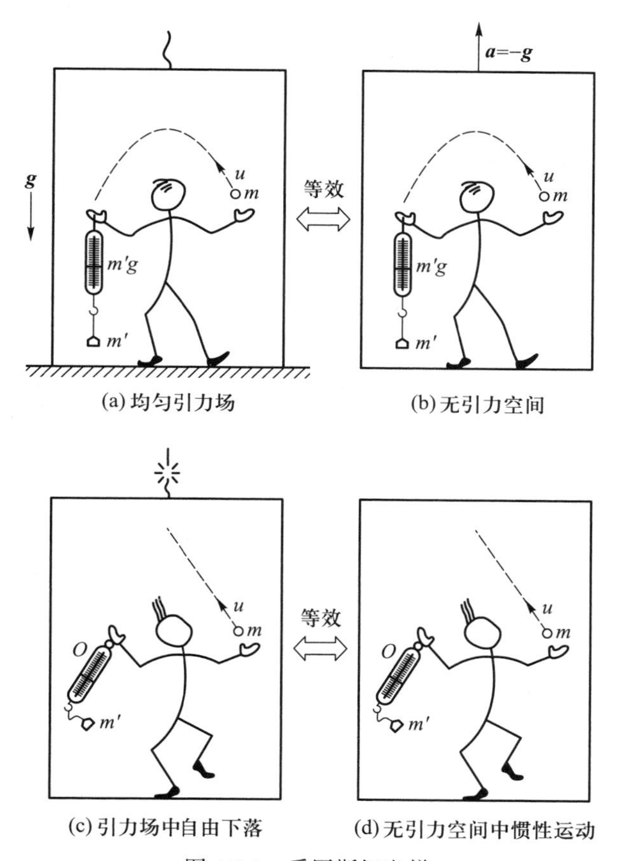

图 4.3.1　爱因斯坦电梯

根据以上的分析，爱因斯坦指出，力学定律在无引力场区域内的加速系中，与在静态引力场中一个给定的充分小区域内的静止系中是相同的。这就是所谓“等效原理”，它实质上也就是说，同一物体的惯性质量和引力质量总是相等的。有时为了与爱因斯坦提出的、在下面接着介绍的进一步假设相区别，又把这叫做**弱等效原理**。

在弱等效原理中指出，引力场与加速系只局限于在一个充分小区域内等效。这是因为实际的引力场是非均匀的，不可能在大区域内以单一的加速系代之，这也就是引力场与加速系之间的根本区别。在充分小的时间间隔内，加速系的速度可以认为近似不变，即可以看成是一个瞬时的惯性系。这样，我们便把一个在充分小的时间间隔内、在空间一点附近充分小的范围内的自由降落系叫做“局域惯性系”。爱因斯坦推广了弱等效原理，进一步假定，**在任一引力场中的每一个时空点，可以选择一个“局域惯性系”，使得在所讨论的那一时空点附近充分小的邻域内，自然定律具有狭义相对论的表述形式**。这就是**强等效原理**。显然，这里所说的充分小空间区域，指的是在这个范围内引力场可以看成是均匀的；而充分小的时间间隔，则是指在此时间间隔内，有关参考系的速度无明显变化。这样，爱因斯坦利用他所提出的等效原理，就“一箭双雕”地解决了万有引力定律与狭义相对论框架不相容，以及把狭义相对论推广到非惯性系这两个表面看来似乎无关的问题。正因为这样，等效原理成为广义相对论的一块基石。

既然局部的引力场和加速参考系之间等效，那么，我们就有可能用参考系的特殊性质代替任何引力场，这就要求比狭义相对论更为彻底地修改我们的时空概念。我们由狭义相对论知道，对某惯性系以一定速度运动的惯性系存在“尺缩”和“钟慢”效应，但这种尺缩和钟慢效应在整个坐标系中是均匀一致的，因而坐标网格不会出现畸变，时空性质还是属于平直的时空。但是，在存在引力场的情形下，各个时空点附近都有它自己的局域惯性系，它们之间的速度（相对某一惯性系）一般来说并不相同，因而各自的尺缩和钟慢效应也不相同，描述空间的坐标网格不但会发生畸变，而且还可能出现蠕动（和时间有关）。此外，空间中各点上的钟的走时率也可能不同。总之，时空不再是平直的，而是非欧几里得的弯曲时空。广义相对论的另一块基石是**广义相对性原理**。广义相对性原理又叫做广义协变原理。它指出，在所有的坐标系（包括惯性和非惯性的坐标系）中，全部物理定律都可以用相同的形式表达，或者说，物理定律对坐标变换是不变式，即物理定律满足广义协变的要求。可以证明，在此情况下，物理定律应写成四维时空的黎曼（Riemann）张量方程，而有关的运算涉及我们现阶段还未掌握的数学工具，因而只能简介到此为止。

自1915年爱因斯坦完整地建立广义相对论以后的四十多年间，它的实验验证一直停留在所谓“三大验证”，即“光经过太阳附近的弯转”“引力红移”和“水星近日点的进动”。直到20世纪60年代，才有“雷达回波延迟”这个第四验证。在这段期间，由于没有什么重要的观测实施，广义相对论的进展不大。20世纪60年代以后，由于观测手段的进步（如射电天文学）和实验技术的发展（如精密计时、雷达和激光定位技术、空间技术等），天文学上有许多重大的发现（如脉冲星、类星体、3K微波背景辐射等），广义相对论对预言和解释这些新的发现都起了重大作用，因而近年来得到较快的发展。

下面，让我们避开艰深的数学工具，简单地介绍广义相对论的概要。

一、广义相对论基本原理

1.广义相对性原理（又称广义协变原理）

所有参考系都是平权的，物理定律必须具有适用于任何参考系的性质。

2.等效原理（分为弱等效原理和强等效原理）

①弱等效原理

实验基础：惯性质量=引力质量。

推论：局部时空中引力等效于惯性力（局域惯性系）。

②强等效原理与时空弯曲

在每一事件（时空点）及其邻域里存在一个局域惯性系，即与在引力场中自由降落的质点共动的参考系，在此局域惯性系内一切物理定律具有狭义相对论的形式。

二、引力的时空效应

9岁的爱德华问爱因斯坦："爸爸，你为什么这样出名?"爱因斯坦："你看见没有，当瞎眼的甲虫沿着球面爬行的时候(图4.3.2)，它没发现它爬过的路径是弯的，而我有幸地发现了这一点。"

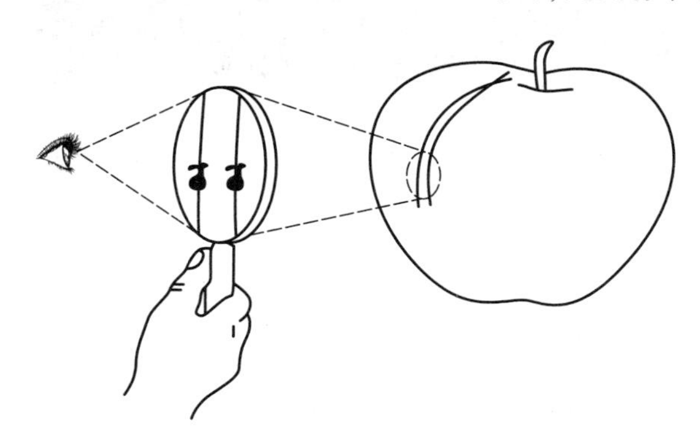

图4.3.2　在苹果上爬行的甲虫

如图4.3.3所示，设远离引力场源的惯性系K中，一个质点自由降落至离场源m'为r处，在该瞬时质点的邻域构成一个局域惯性系K′。根据能量守恒定律(设离引力场无穷远处引力势能为零)，有

$$\frac{1}{2}mv^2 = \frac{Gmm'}{r}, \quad v = \sqrt{\frac{2Gm'}{r}}$$

按狭义相对论的洛伦兹变换，有

$$\mathrm{d}t = \frac{\mathrm{d}t'}{\sqrt{1 - v^2/c^2}} = \frac{\mathrm{d}t'}{\sqrt{1 - 2Gm'/c^2 r}}$$

$$\mathrm{d}r = \mathrm{d}r' \sqrt{1 - v^2/c^2} = \mathrm{d}r' \sqrt{1 - 2Gm'/c^2 r}$$

上式中$\mathrm{d}t$、$\mathrm{d}r$应理解为离引力场源无穷远处(惯性系K)观察者测得引力场(局域惯性系K′)中的时空间隔。$\mathrm{d}t'$、$\mathrm{d}r'$是引力场(局域惯性系K′)中的固有时空间隔。这就是说：在引力场中发生的物理过程，在远处(引力场可以忽略)观测，其时间节奏比当地(远处)观察者的固有时慢，其空间距离比观察者当地的固有长度短，这就是引力产生的时空效应。

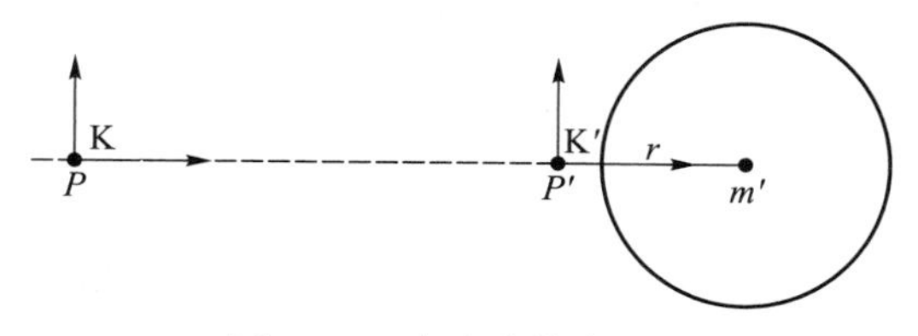

图4.3.3　自由降落参考系

时空弯曲：由于引力场在不同的时空点(局域惯性系K′)，其时空间隔的变换有不同的比值(因为每个时空点的速度不同)，故出现时空的不均匀(图4.3.4)。

图 4.3.4　时空弯曲示意图

这是时空弯曲的一个定性形象化解释,深入的理解需要广义相对论的理论公式和较高深的数学

三、几个可观测的广义相对论效应

1.广义相对论验证之一:水星近日点进动

按牛顿力学,行星的轨道是以太阳为焦点的椭圆形闭合曲线,实际天文观测到水星在近日点有进动,如图 4.3.5 所示,每世纪 5 557.62″,比牛顿理论的计算值多了 44.11″,成了世纪之谜。直到广义相对论成功预言了水星在近日点的进动,得出每世纪应有 44.11″的附加值。这是时空弯曲对牛顿反平方定律的修正,可以看作是广义相对论早期重大验证之一。

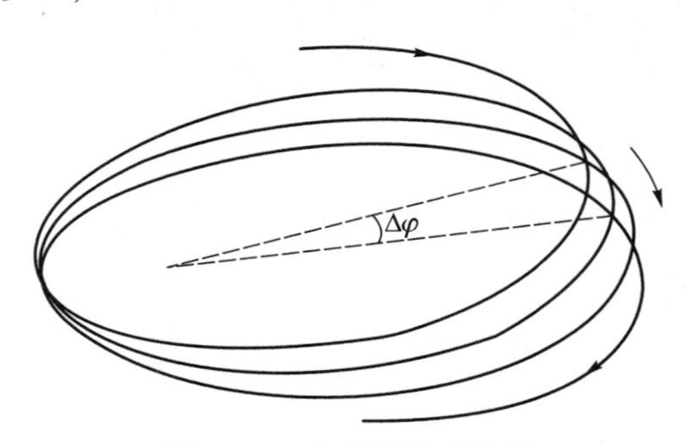

图 4.3.5　水星近日点进动

2.广义相对论验证之二

(1)引力场中粒子速度变慢

由上面的结果可知,K 系(惯性系)中观测到 K′系(引力场)中的粒子速度为

$$\mathrm{d}t = \frac{\mathrm{d}t'}{\sqrt{1 - 2Gm'/c^2 r}}, \quad \mathrm{d}r = \mathrm{d}r' \sqrt{1 - 2Gm'/c^2 r}$$

$$\frac{\mathrm{d}r}{\mathrm{d}t} = \frac{\mathrm{d}r'}{\mathrm{d}t'}\left(1 - \frac{2Gm'}{c^2 r}\right)$$

由此可推论引力场中光速变慢(这是远离引力场的惯性系观测到的结果):

$$c_{\mathrm{g}} = c\left(1 - \frac{2Gm'}{c^2 r}\right)$$

(2)光线的引力偏转

按广义相对论,在引力场中,光速变慢,光的传播方向与光速有关,可以通过理论计算得到,

光线通过质量为 m' 的星体时产生的偏转角为

$$\delta = \frac{4Gm'}{c^2 r}$$

理论和观测结果在误差范围内一致(图 4.3.6)。

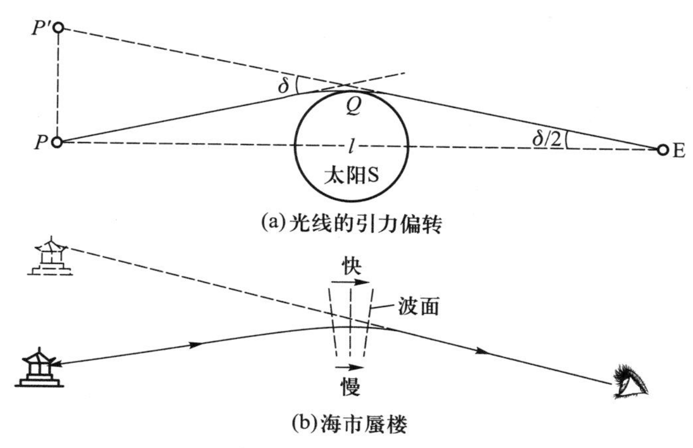

图 4.3.6　光线偏转的示意图

按广义相对论,光线经太阳附近的引力偏转角度的理论值为 1.75″。1919 年巴西日全食时,测量光线经太阳附近的引力偏转角度为 $\delta \approx 1.5'' \sim 2.0''$,1975 年对射电源 0116+08 观测到射电波经太阳附近的引力偏转角度为 $\delta \approx 1.761'' \pm 0.016''$,理论值和观测值符合得相当好。

(3)引力透镜

按广义相对论,光线经星球附近会发生引力偏转。1936 年,爱因斯坦证明,引力偏转使球对称引力场出现引力透镜效应,一般形成双像,但两像十分靠近,不易分辨,如图 4.3.7 所示。

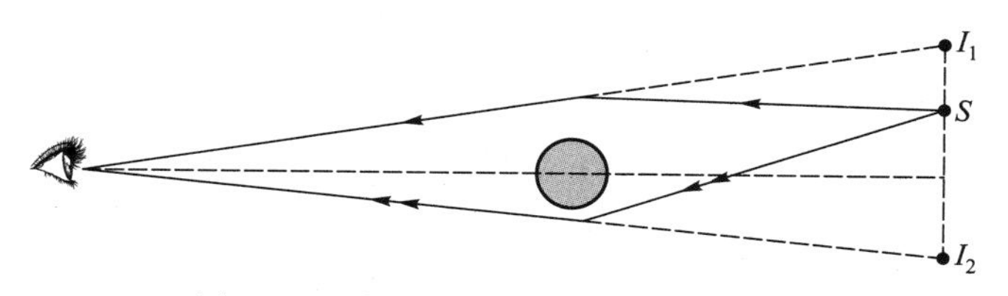

图 4.3.7　球对称引力透镜成双像示意图

引力透镜与光学透镜的差别:引力透镜与光学透镜不同,它的会聚作用是散焦的,犹如一个玻璃酒杯底部的会聚作用,如图 4.3.8 所示,因此它的成像情况十分复杂。

1957 年,瓦尔什等发现一对孪生类星体 QSOs0957+561A\B,它们之间的角分离只有 5.7″,发射光谱和吸收光谱几乎完全一致,红移量也都为 1.4。后经多方面观测确认,这是引力透镜的第一个事例。以后又陆续发现其他一些双像甚至是多重像的事例。

3.广义相对论验证之三:引力红移

按广义相对论,在引力场中,光速变慢,光的周期变长,频率变小,颜色变红,这称为引力红移现象。相应的公式为

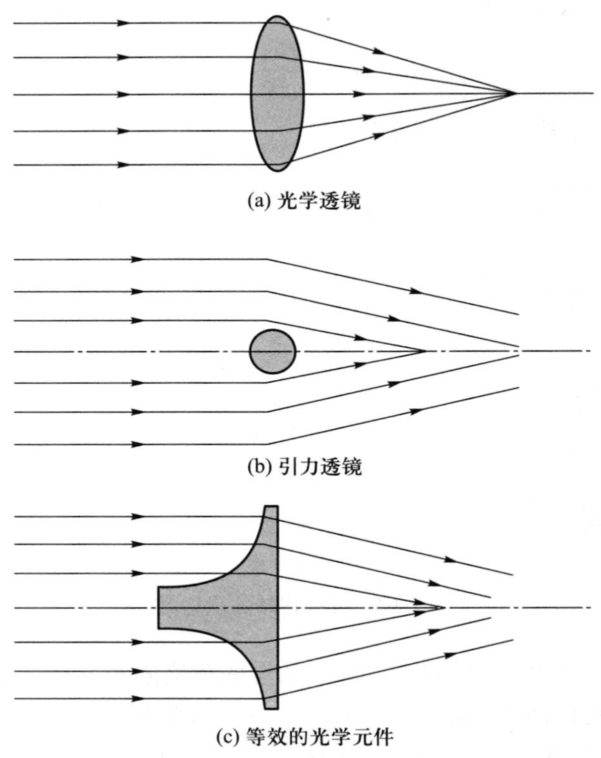
(a) 光学透镜

(b) 引力透镜

(c) 等效的光学元件

图 4.3.8　光学透镜与引力透镜聚焦示意图

$$T = \frac{T_0}{\sqrt{1 - \frac{2Gm'}{c^2 r}}}, \quad \nu = \nu_0 \sqrt{1 - \frac{2Gm'}{c^2 r}}$$

引力红移效应是非常小的,直到 20 世纪 60 年代以后才得到比较确定的结果。1961 年观测到了太阳光谱中的钠谱线的引力红移;1971 年观测到了太阳光谱中的钾谱线的引力红移;1971 年观测到了天狼星伴星光谱中的钾谱线的引力红移;1958 年庞德等人完成了第一个地面上的引力红移实验。

4.广义相对论验证之四:雷达回波延迟

引力场中光速变慢的一个可观测效应是雷达回波延迟。广义相对论预言,雷达回波将延迟一段时间,其理论计算值与 1971 年夏皮罗等对金星的观测值相符。这应是光速减小引起的,而因光线偏转导致路程加长的影响要小三至四个数量级。

对金星的雷达回波延迟时间,按广义相对论的理论计算值为 2.05×10^{-4} s,与 1971 年夏皮罗等人对金星的观测值偏离不到 2%。此后,利用固定在火星和水手号、海盗号等人造天体上的应答器来代替反射的主动型实验,得到了更好的结果。

5.广义相对论验证之五:引力波的预言和引力波的探测

爱因斯坦从他的引力场方程预言,存在以光速传播的引力波,引力波具有如图 4.3.9 所示的偏振态。

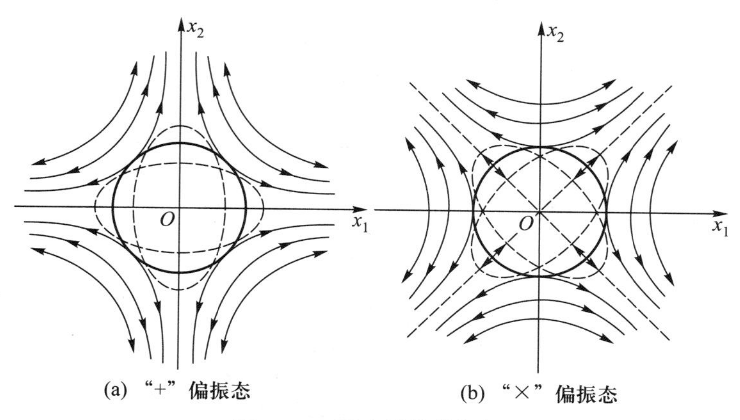

图 4.3.9　引力波的偏振性

(1)可能的引力波源

①连续引力波源

旋转的、质量分布不对称的天星体,例如蟹状星云中的中子星,$f = 60$ Hz,相对振幅 h 为 10^{-25};其他重要双星相对振幅 h 为 $10^{-22} \sim 10^{-20}$。

②爆发引力波源

银河系内超新星爆发(平均 100 多年才一次),相对振幅 h 为 10^{-17};银河系外超新星爆发(平均一年几次),相对振幅 h 为 10^{-21}。

③无规背景辐射

包括宇宙极早期各种过程的辐射。例如 1975 年 J.H.Taylor 和 R.A.Hulse 通过对脉冲双星 PSR1913+16 长达 18 年的连续观测,得出两星公转周期的变化率与相对论所预言的数值吻合得很好,因而获得了 1993 年的诺贝尔物理学奖。

(2)人工探测引力波

①共振棒天线探测

装置如图 4.3.10 所示。室温下灵敏度:$10^{-16} \sim 10^{-15}$,低温下灵敏度:$10^{-20} \sim 10^{-18}$。

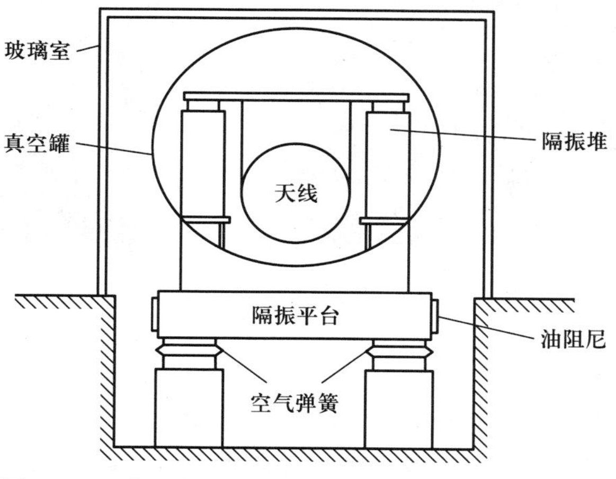

图 4.3.10　中山大学室温共振型引力波探测装置示意图

②激光干涉仪探测

探测原理如图 4.3.11 所示。

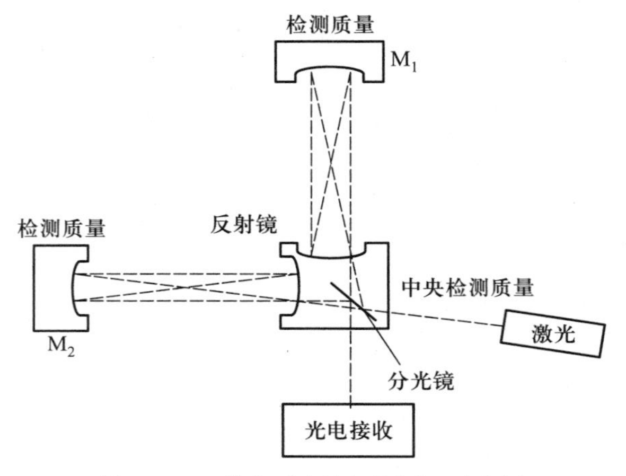

图 4.3.11　激光引力波探测原理示意图

激光天线灵敏度:小型 $10^{-17}\sim10^{-16}$,特大型 10^{-21}以上。

1990 年,美国国家自然科学基金会资助加州理工学院、麻省理工学院,以及科学合作组织建立“激光干涉引力波天文台”(Laser Interferometer Gravitational-Wave Observatory,缩写为 LIGO),并于 21 世纪 10 年代初步在华盛顿州和路易斯安那州相距 3 000 多千米远建成两座用于做复合实验的 LIGO,每座分别有两条长 4 km、互相垂直的光臂,其中之一如图 4.3.12 和图 4.3.13 所示。

图 4.3.12　建于美国华盛顿州 Livingston 的 LIGO 之一

图 4.3.13　LIGO 长 4 km 的光臂

经过多次设备更新和技术改进,LIGO 的灵敏度不断提高,终于在 2015 年 9 月 14 日探测到引力波信号。2016 年 2 月 11 日,美国 LIGO 科学合作组经过细致分析和研究,正式宣布探测到来自 10 多亿光年的双黑洞合并产生的引力波。这是人类直接探测到引力波的可信度较高的事件,如果有旁证观测或经得起时间考验,这无疑是一个具有里程碑意义的成果。

四、结语

广义相对论确实是物理学中一件灿烂溢彩的瑰宝，多年来诺贝尔物理学奖多次授予与广义相对论密切相关的领域，例如微波背景辐射、脉冲星、引力波的间接发现等，它不但在宇观中起了不可替代的作用，而且近年来军民广泛应用的全球（卫星）定位系统 GPS 也离不开广义相对论的时间修正，这样才有实用意义。

以上我们在基础物理的水平上简单地介绍了广义相对论的梗概。至于广义相对论的丰富内容和深刻意义，还有待大家进一步研读。最后还应概括地指出，广义相对论的基本思想是：

Matter tells spacetime, how to curve（**物质告诉时空如何弯曲**）；

Spacetime tells matter, how to move（**时空告诉物质如何运动**）。

五、后记

在本书成书期间，欣闻美国 LIGO 团队于 2015 年 9 月探测到编号为 GW150914 的引力波；随后又与意大利 VIRGO 团队合作，探测到编号为 GW151226 及 GE170114 的引力波。此项工作的主要负责人因此荣获 2017 年诺贝尔物理学奖。更令人惊喜的是，LIGO 团队等，于 2017 年 8 月 17 日发现的双中子星相互绕转最后碰撞的 GW170817 引力波事件。LIGO 观察到引力波信号不到 2 s 后，美国宇航局费米空间望远镜观察到一个 γ 爆信号，之后，全世界许多天文台（包括我国的天文台和“天眼”等）都先后观察到同一空间区域不断发来的各种电磁波波段的信号。经综合分析认为，这是一次来自约 1.3 亿光年外的双中子星碰撞的结果。这个事件标志着人类历史上第一次使用引力波天文台和其他望远镜观测到同一天体物理学事件，开启了期待已久的多“信史”天文学的窗口。

4.4 狭义相对论教学中的误区析疑①

为了提高学生的科学素质,近几年我们为中山大学文理本科生开设了两门公选(通识)课:“照亮世界的物理学”和“新概念物理撷英”,颇受学生欢迎,每期每门选修人数均超过 200 人。我们发现,选修这两门课的学生,大部分都想了解一些相对论的知识。更令我们意外的是,大约有三分之一的学生说在中学时已听老师谈过相对论问题,不少中学课本也提及相对论。但遗憾的是,不少学生或从日常生活经验推想,或从一些不严谨的读物读到,或听某些一知半解的人说过,先入为主,以致对相对论的一些基本概念产生许多误解。

其实,在目前已出版的一些读物中,对相关的问题也有讨论[1]。本文把相对论教与学中的一些常见误区收集整理在一起,例如光速不变的意义,哪一个钟慢了,哪一把尺缩短,如何理解孪生子佯谬,高速运动的物体是否变扁了,可以和光子火箭通信吗和光子可以作为参考系吗,等等。本文将对其中一些问题析疑,有些问题将在本篇中另文讨论。关于光子能否作为参考系和在光子火箭上能正常通信吗这两个问题将在本书第五篇中讨论。通过这些简要的析疑,以期对对这些问题有兴趣但感到困惑的读者有所帮助。

首先,要从狭义相对论的误区中脱困,除了正确理解它的两条基本原理外,最重要的是必须明确这里指的是两个参考系(或坐标系)的相对性,而不是某人(观测者)之间的相对问题。此外还要正确掌握“同时”的相对性概念和对“时空计量”的约定。

我们选取某一惯性参考系 K,和另一以匀速度 v 相对于它运动的惯性系 K′(图 4.4.1)。在同一参考系 K 内,可以把各处的钟都同时“对准”,但在另一参考系 K′内观测,并不认为 K 内的钟是对准了的;反之亦然。

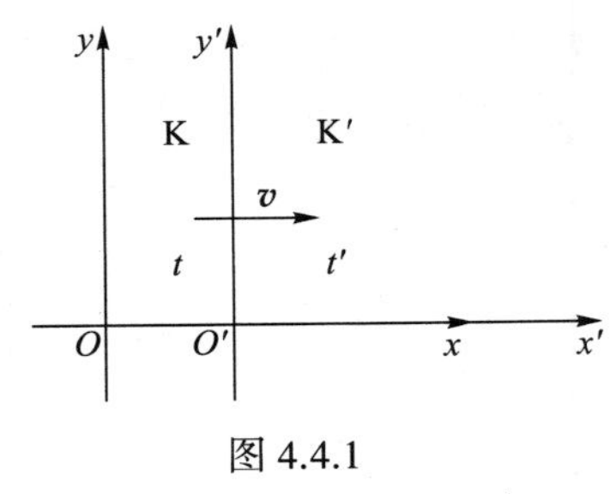

图 4.4.1

我们约定,所谓尺在某一参考系(例如 K 系)中的长度,是指它的首尾在该参考系中“同时”记录下的长度。所谓运动钟在某一参考系中走过一段距离的时间间隔,指的是该钟始末两个位置在当地(例如 K 系)对准了的两钟时差。

由此容易导出运动尺的长度

$$\mathrm{d}L = \mathrm{d}L_0\sqrt{1 - v^2/c^2} \tag{1}$$

其中 $\mathrm{d}L_0$为静止尺的固有长度;运动钟所走过的时间间隔

$$\mathrm{d}t = \frac{\mathrm{d}\tau}{\sqrt{1 - v^2/c^2}} \tag{2}$$

其中 $\mathrm{d}\tau$ 为静止钟的固有时间间隔;K,K′系之间的坐标变换,即洛伦兹变换和逆变换公式为②

① 本文的主要内容曾发表于:罗蔚茵,郑庆璋.物理通报,2012(6):20-23.

② 这些式子都可以在参考文献[2]中找到,只需把其中的 V 改成 v,$\mathrm{d}t'$改成 $\mathrm{d}\tau$。

$$
\begin{cases}
x' = \dfrac{x - vt}{\sqrt{1 - v^2/c^2}} \\
y' = y \\
z' = z \\
t' = \dfrac{t - vx/c^2}{\sqrt{1 - v^2/c^2}}
\end{cases}
\tag{3}
$$

$$
\begin{cases}
x = \dfrac{x' + vt'}{\sqrt{1 - v^2/c^2}} \\
y = y' \\
z = z' \\
t = \dfrac{t' + vx'/c^2}{\sqrt{1 - v^2/c^2}}
\end{cases}
\tag{4}
$$

下面我们就分别在上述基础上对有关的误区予以析疑。

一、如何理解光速不变?

“光速不变”是我们很熟悉的相对论术语,但对初学者往往概念模糊,在此,我们指出正确理解这概念的三个要领:

第一,所谓“光速不变”,指的是在任何惯性系中测量时,真空中光速总是具有不变的值 c,这是狭义相对论的基本原理之一。

第二,在某一惯性系中,通过洛伦兹变换可知,在任何另一惯性系中,其真空光速仍是 c;即从一个惯性系通过洛伦兹变换推算另一惯性系中测量到的真空中光速也应该是不变的值 c,这是狭义相对论的推论。

第三,必须注意,这并不等于说,在惯性系 K 中观测到另一惯性系 K′中的“相对光速”总是 c。下面我们通过例子来领会这三个要领。

例如,如图 4.4.2 所示,在 K 系中(以它自己的尺和钟)观测一艘以 $c/2$ 的速度向前飞行的船 Q,在 A 点时向后发射一束光子。1 s 后飞船到达 B 点,而光子则到达 C 点;显然,BC 间的距离为 $3c/2$;换句话说,在 K 系中观测,光子相对于飞船的速度为 $3c/2$。如果飞船向前发射光子,则易见此情况下光子相对于飞船的速度为 $c/2$。

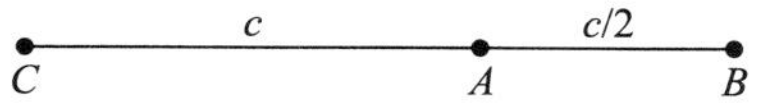

c　$c/2$
C　A　B

图 4.4.2

由此可见,在 K 系用自己的尺和钟观测,与飞船联系在一起的 K′系中,其表观的**相对光速**并不总是 c。然而在惯性系中飞行的飞船 Q 中测量时,真空中光子的速度总是具有不变的值 c(不论飞船是向前或向后发射光子)。至于从惯性系(K 系)通过洛伦兹变换推算另一惯性系 Q 中测量到的真空中光速也应该是不变的值 c。

另外一个例子是**引力场中光速变慢**。在引力场中任何一处的观测者,他观测到当地的真空中光速总是不变的 c;而在远处(引力场可以忽略)的观测者用他自己的尺和钟测量引力场中的光速时，就会得到光速变慢的结果。如雷达回波实验，在地球上的观测者用地球上的尺和钟测量，就发现光（这里是雷达波）在太阳的引力场附近的速度变慢。

二、哪一个钟慢了？[3]

初学狭义相对论的学生，接受运动钟变慢的结论不太困难。然而他们会问：乙钟相对甲钟运动，乙钟变慢；但运动是相对的，也可以说，甲钟相对乙钟运动，应是甲钟变慢。两个作相对运动的观测者，都说对方的钟变慢了。到底谁对呢？

首先必须指出，人们通常说钟的快慢有两种含义：一种含义是指针的超前或落后，这是属于零点的校正问题。例如甲、乙二人早上对钟，若甲钟指在8:00上，而乙钟却指在8:30上，按人们通常的习惯会说，乙的钟快了半小时。另一种含义是走时率的快慢。如果第二天早上甲、乙二人又对钟，若甲钟仍然指8:00，而乙钟却指8:15，人们在习惯上仍然会说乙钟比甲钟快15分钟。其实应该说乙钟在24小时内比甲钟走慢了15分钟，即乙钟的走时率比甲钟慢。本文要讨论的是后者即时钟的走时率问题。

两个相对运动着的观测者，都说对方的钟变慢了，到底谁对呢？问题的关键在于：两个钟是相对运动的，只有在相遇的一瞬间才能直接彼此核对读数，此后就只能靠同一参考系中互相对准了的钟来比较。换句话说，"静止"参考系只能用多个对准了的钟来测量运动钟的走时率。

作为一个具体例子，假定K′系以速度$v=0.866c$相对于K系运动。按相对论的时间延缓效应计算，K′钟的走时率应是K钟的一半。如图4.4.3(a)所示，K′系的T'钟在A处于0:00时刻，T'钟与K系的T_A钟对准，此刻K系在B处的T_B也是与T_A钟对准了的。再看图4.4.3(b)，K系的钟T_A和T_B走过6小时后，K′系的T'钟到达了B处，它的指针指在3:00，而处在同一位置的静钟T_A的指针却指在6:00，即静钟的走时率比动钟的走时率快一倍。

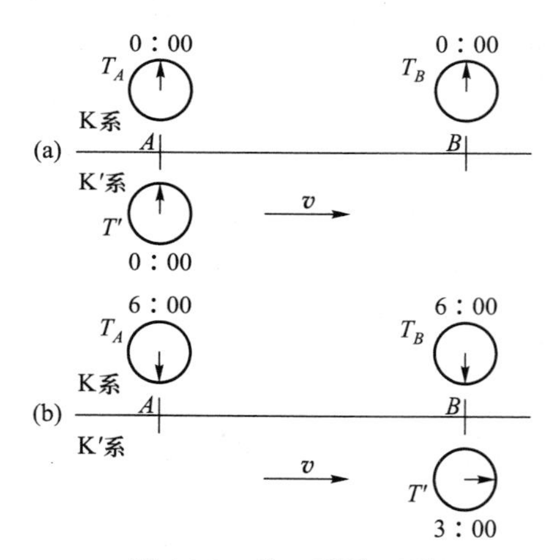

图4.4.3 从K系看K′系

反过来从K′系的角度看。问题是K′系的观察者并不认同K系中的各钟T_A、T_B是对准了的。如图4.4.4(a)所示，在他看来，K′系各处的钟都是对准了的，并且在0:00时刻在A处T'钟与K系的T_A钟对准。他观测到K系T_A钟是超前的，其读数为

$$t_B = \frac{t'_B - (-v/c)(x'_B/c)}{\mathrm{d}t}$$

式中 $t'_B=0, x'_B=x_B\sqrt{1-(v/c)^2}, x_B=6v/c$,单位为光时(light hour)。于是 $t_B=6\ (v/c)^2=4.5$ 小时,即在 0:00 时刻 K′系的观察者观测到 K 系 T_B钟的指针指在 4:30 时刻处。K′系的观察者认为,K 系以速度$-v$ 运动,T_B钟迎面朝他而来,如图 4.4.4(b)所示。当 T_B钟与他的 T'钟会合时,T'指在 3:00,而 T_B指在 6:00。在他算起来,在这 3 小时里,T_B钟走了(6−4.5) 小时=1.5 小时,自己的钟的走时率比他快一倍。

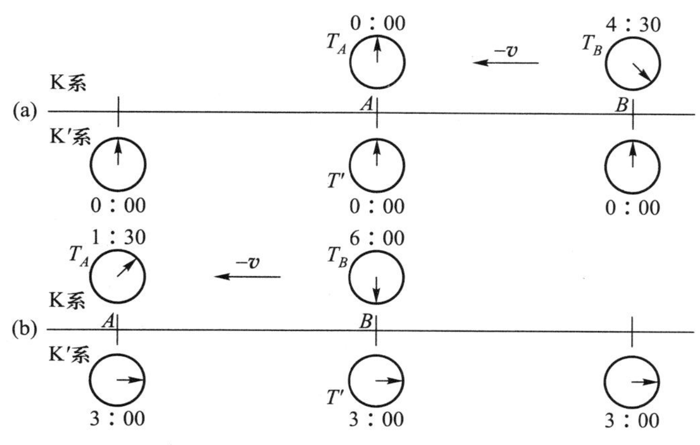

图 4.4.4　从 K′系看 K 系

由此可见,两个作相对运动的观察者互相认为对方的钟走时率慢了,问题出在对钟上。按相对论,两参考系各处的钟不能同时对准。一参考系内各处相互对准了的钟,在另一参考系看来是没有对准的。问题的关键在于:两个钟是相对运动的,只有在相遇的一瞬间才能直接彼此核对读数,此后就只能靠同一参考系中互相对准了的钟来比较。换句话说,“静止”参考系只能用多个对准了的钟来测量运动钟的走时率。反过来从运动钟的角度看又如何呢?问题是运动钟(参考系 K′)并不认同“静止系 K”(对它来说是运动系)中的各个钟是对准了的,它观测到前方的钟超前,所以当它们相遇核对读数时,仍然能够得到对方钟的走时率变慢的结论。

让我们再看一个例子。从 K 系“静钟”观测“运动钟”,则“静钟”走过 3 小时,“动钟”才走过 1.5 小时,即“动钟”的走时率慢(图 4.4.5)。

但如从 K′作为“静钟”的立场观测 K 的情形,则即 P 钟走过 1.5 小时,A“动钟”才走过 0.75 小时(图 4.4.6)由此可见,对于作相对运动的 K 系和 K′系,不论从那个参考系的观点来看,都是“动钟”的走时率变慢。这反映了相对论的自洽性。

对钟问题对理解相对论的原理是至关重要的,这问题在一些书上有论述,我们提供具体的例子,或许对学生的理解有所帮助。

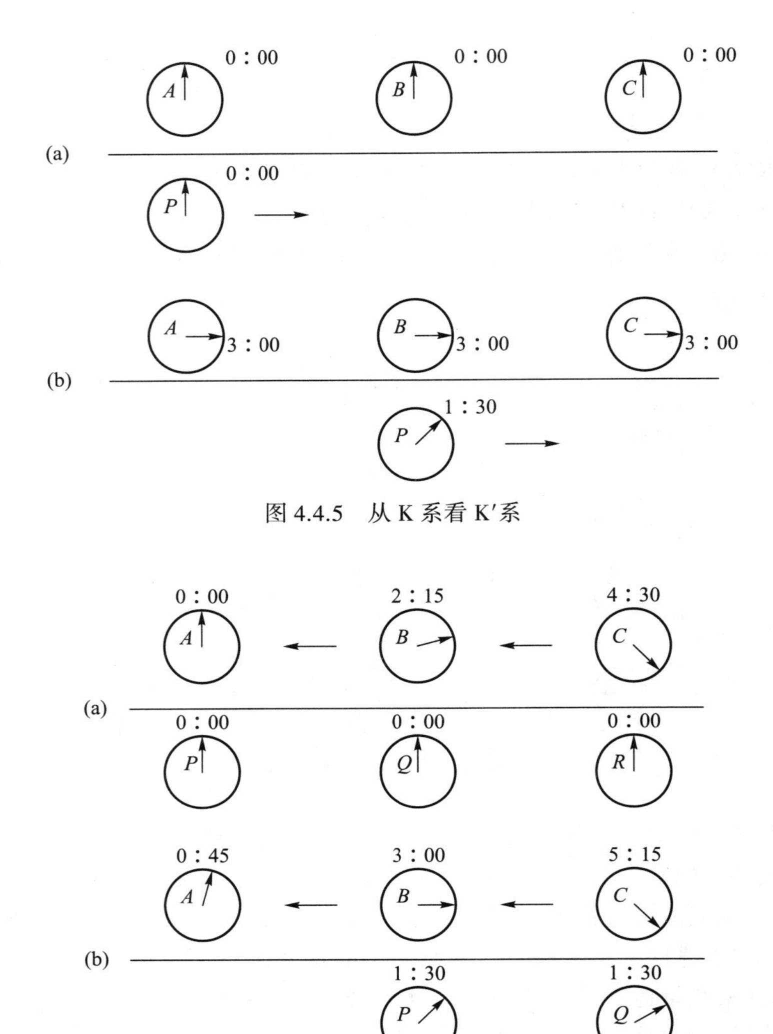

图 4.4.5　从 K 系看 K′系

图 4.4.6　从 K′看 K″系

三、哪一把尺缩短了?

两个作相对运动的观测者,都说对方的尺缩短了。到底谁对呢? 关键在于我们的测量约定:所谓尺在某一参考系(例如 K 系)中的长度,是指它的首尾在该参考系中“同时”记录下的长度。所谓运动钟在某一参考系中走过一段距离的时间间隔,指的是该钟始末两个位置在当地(例如 K 系)对准了的两钟时差。

为了讨论方便,下面我们取光速 $c=1$,于是长度的单位就和时间一样了。例如时间的单位为 1 秒,长度的单位就是 1 光秒;时间的单位为 1 小时,长度的单位就是 1 光时,等等。如图 4.4.7 所示,设 K′系相对于 K 系以 $v=0.8$ 的速度沿 $+x$ 方向运动。从 K′系看 K 尺,它以速度 $-v$ 相对自己运动,$\beta=0.8$,$\gamma^{-1}=\sqrt{1-\beta^2}=0.6$,按洛伦兹收缩公式,从 K′来看 K 系单位长度的尺子,其长度与本参考系中长度为 0.6 的尺子一样长[图 4.4.7(a)]。那么，从 K 系来看 K′系中这把长 0.6 的尺子有多长？它的长度等于 1 吗？否！因为在 K 系中观测，这把 K′尺在 0 时刻与自己单位长度的尺子起点重合，在 $t=\gamma(t'+\beta x')=(0+0.8\times0.6)/0.6=0.8$ 时刻终端重合（K′系中的观察者认为尺子的两端是同时对齐了的，即 $t'=0$，而自己尺子的长度 $x'=0.6$）。在这段时间里 K′尺的任何一端都移动了距离 $\beta t=0.8\times0.8=0.64$，即在 $t=0$ 时刻 K′尺的终端在 $x=1-0.64=0.36$ 处；在 $t=0.8$ 时刻 K′尺的起点在 $x=0.64$ 处[图 4.4.7(b)]。无论从哪头看，这把 K′尺的长度都是 0.36，即等于它在 K′系中长度 0.6 的$\sqrt{1-\beta^2}=0.6$，这也是符合洛伦兹收缩公式的。

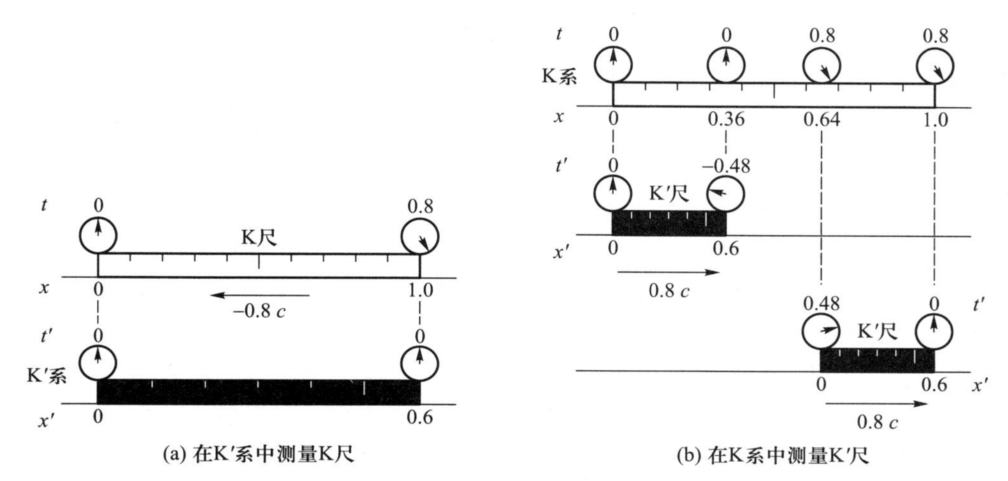

图 4.4.7　哪把尺缩短？

举一个具体的例子：在路基的观测者，观测到一列飞快的列车驶入隧道，它的长度刚好与隧道一致。这时隧道口两端同时发生雷击，列车刚好在隧道内，躲过雷击。现在要问，在列车中的观测者，他观测到隧道迎面飞来，其长度显然比列车短，它能否躲过隧道口的雷击呢？答案当然是肯定能的。由于“同时”具有相对性，对路基参考系“同时”发生的雷击，对列车参考系就不是“同时”的了：隧道口前端的雷击在先，这时列车头还在隧道内；隧道口后端的雷击在后，此时列车尾已缩进隧道内，如图 4.4.8 所示，因此列车同样安然无恙。这又一次反映了相对论的自洽性。

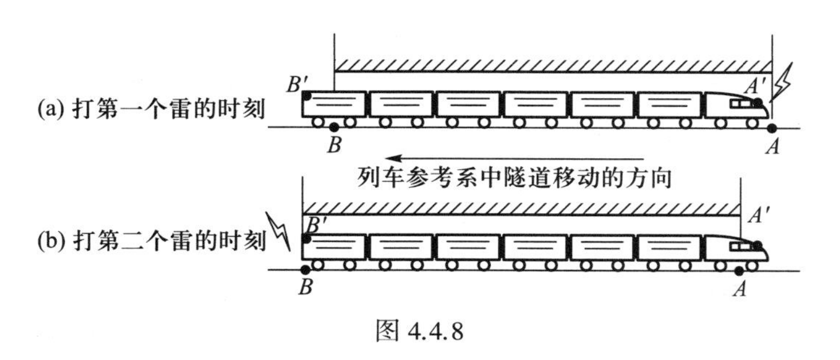

图 4.4.8

四、孪生子佯谬析疑[4]

孪生子佯谬问题,是一个狭义相对论中让人最感兴趣、争论最激烈而又最持久的问题。关于这个问题的详细诠释和举例,可以参考本书所辑的另一篇文章《孪生子效应及其狭义相对论解释》。

本质上讲,孪生子佯谬已超出狭义相对论所处理的惯性参考系之间的变换问题,因为孪生兄弟飞船的起飞、转弯、掉头和降落等都牵涉到加速度问题,这显然是属于广义相对论的范畴,因此我们将在另文中,用广义相对论的思路分析孪生子佯谬问题。请参考本书所辑的另一篇文章《孪生子佯谬的广义相对论分析》。

五、高速运动物体的测量形象和视觉形象[5]

在狭义相对论建立了运动方向尺缩的概念后,人们往往以为与此联系的高速运动物体会在运动方向上被压扁了。其实不然,运动方向尺缩是一个长度测量的问题,与此联系的物体形象称为测量形象,它与我们通常所谓观看到的形象不同。高速运动物体在静系观测者的视网膜或感光片上留下的形象称为视觉形象。由于光速传播有限,测量形象和视觉形象有所不同。这里只举两例说明视觉形象的意义。

例一,无穷远处的立方体。

在远处观测者看来,立方体的二维图像是转过一个角度而不是被“压扁”了,如图 4.4.9、图 4.4.10 所示。由图 4.4.9 可见,e 点发出的光应先于 d 点发出的,才能同时到达观测者的视网膜或感光片上,视觉上相当于立方体转过 θ 角。

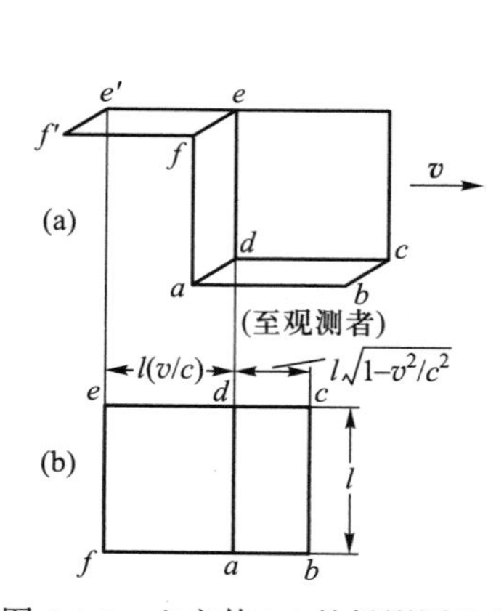

图 4.4.9　立方体(a)的投影图(b)

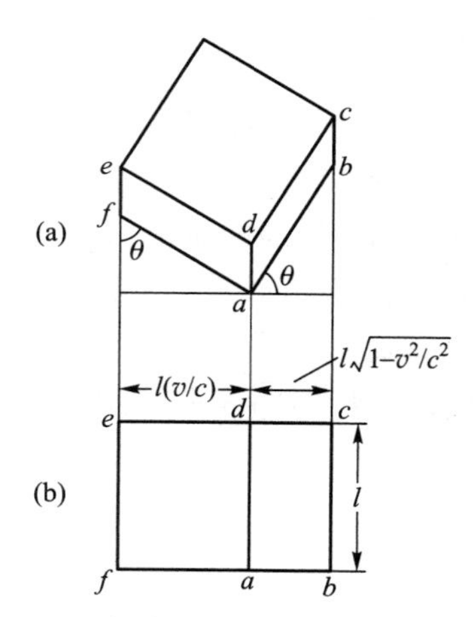

图 4.4.10　视觉上(b)相当于(a)转过 θ 角

例二,无穷远处的球。

远处观测者看到高速运动球体视觉形象的二维形象相当于转动,如图 4.4.11 所示。

从上述两例可见,从远处观测高速运动的立方体和球,并没有“看到”被压扁了的立方体和椭球,而仍然是立方体和球,只不过是转过了一个角度的立方体和球。

测量形象和视觉形象的区别和对其认知的来龙去脉,我们将在本篇中另文讨论,有兴趣的读者可参看 4.7　高速运动物体的测量形象和视觉形象。

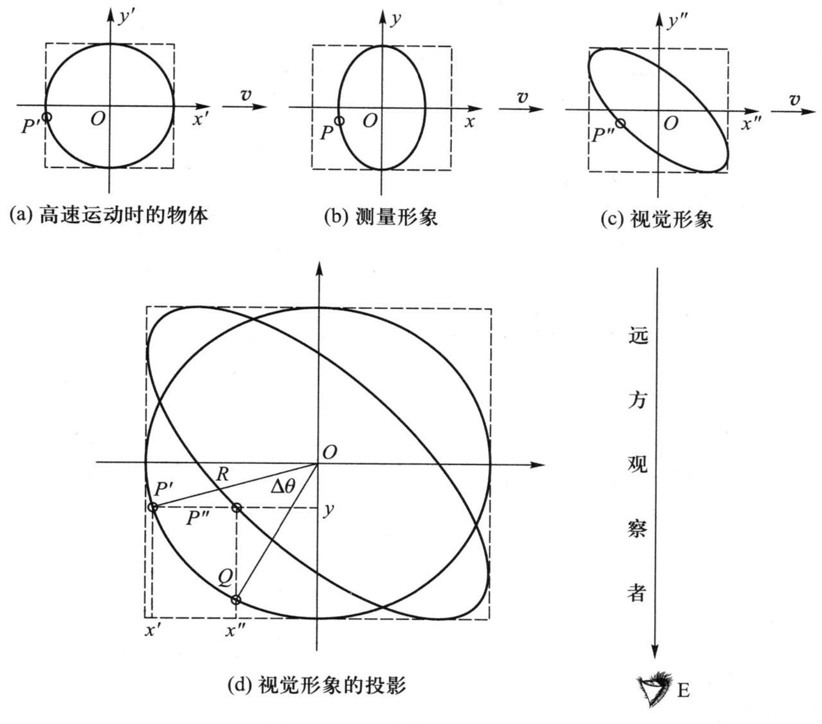

图 4.4.11　球体的视觉形象

参考文献

[1] 郑庆璋,崔世治.狭义相对论初步.上海:上海教育出版社,1981:第二章(p.44).郑庆璋,崔世治.相对论与时空.太原:山西科学技术出版社,1998:第二章(p.57).赵凯华,罗蔚茵.新概念力学十讲.成都:四川教育出版社,2002:第七、第八讲(p.135-195).

[2] 赵凯华,罗蔚茵.新概念物理教程:力学.2 版.北京:高等教育出版社,2004:(8.1),(8.5),(8.8),(8.9)诸式.

[3] 罗蔚茵,赵凯华.哪一个钟慢了? 大学物理,2001(4):15.

[4] 罗蔚茵,郑庆璋.孪生子效应析疑.大学物理,1999(6):1.

[5] 郑庆璋,罗蔚茵.孪生子佯谬的广义相对论分析.物理通报,2012(专论):2-5.

4.5 孪生子效应及其狭义相对论解释

一、从孪生子佯谬到孪生子效应

让我们畅想一下乘接近光速的光子火箭去作星际旅游。离我们最近的恒星(南门二)有4光年之遥,来回至少8年多。“天阶夜色凉如水,坐看牵牛织女星。”牛郎星远16光年,织女星远26。3光年,一来一回就得三五十年,若天假其年,在一个人有生之日还来得及造访一次。但要跨出银河系,到最近的星系(小麦哲伦云)也要15万光年,今生今世不必问津了。

以上说法对吗?否!那是经典力学的算法,它只适用于地球参考系。考虑时间的相对性,光子火箭里乘客的固有时比这要短γ^{-1}倍。只要火箭的速度v可以无限趋近光速c,γ可以趋于∞,无论目标多远,乘客在旅途上花费的固有时间原则上可以任意短。问题是,当他们回来的时候将看到什么?设想一对年华正茂的孪生兄弟,哥哥告别弟弟,登上访问牛郎织女的旅程。归来时,阿哥仍是风度翩翩一少年,而前来迎接他的胞弟却是白发苍苍一老翁了。这真应了古代神话里“天上方一日,地上已七年”的说法!且不问这是否可能,从逻辑上说得通吗?按照相对论,运动不是相对的吗?上面是从“天”看“地”,若从“地”看“天”,还应有“地上方一日,天上已七年”的效果。为什么在这里天(航天器)、地(地球)两个参考系不对称?这便是通常所说的“孪生子佯谬(twin paradox)”。

从逻辑上看,这佯谬并不存在,因为天、地两个参考系的确是不对称的。从原则上讲,“地”可以是一个惯性参考系,而“天”却不能。否则它将一去不复返,兄弟永别了,谁也不再有机会直接看到对方的年龄。“天”之所以能返回,必有加速度,这就超出狭义相对论的理论范围,需要用广义相对论去讨论。广义相对论对上述被看作“佯谬”的效应是肯定的,认为这种现象能够发生。

然而,实际上“孪生子”效应真的可能吗?真人作星际旅游,在今天仍属科学幻想;但在有了精确度极高的原子钟时代,用仪器来做模拟的“孪生子”实验已成为可能。实验是1971年完成的①:将铯原子钟放在飞机上,沿赤道向东和向西绕地球一周,回到原处后,分别比静止在地面上的钟慢59 ns和快273 ns(1 ns等于10^{-9} s)。因为地球以一定的速度由西向东转,地面不是惯性系,而地心参考系(从地心指向恒星的参考系)比地面参考系是好得多的惯性系。我们试从这个参考系来分析地面和东、西行飞机上三个钟的情况。它们的角速度和由此引起的离心加速度从大到小的顺序依次为:东行钟、地面钟和西行钟。上述实验表明,三个钟走时率大小的顺序正好反过来,即加速度越大,走时率越慢。这和孪生子问题所预期的效应是一致的。上述实验结果与广义相对论的理论计算比较②,在实验误差范围内相符。因而,我们今天不应再说“孪生子佯谬”,而应改称孪生子效应了。

---

① HAFELE J C, Keating R E. Science, 1972(177): 166, 168.

② 广义相对论中对时钟的影响不仅有运动学效应,还有引力的效应。参看:张元仲.狭义相对论实验基础.北京:科学出版社,1979:§3.1.该书以地面参考系来分析问题,三个钟所受的惯性力除离心力外,还有科里奥利力,与我们这里的分析是等价的。

二、孪生子效应的狭义相对论解释

孪生子效应可以从狭义相对论和广义相对论两个层次来进行理论上的解释。关于孪生子效应与广义相对论的关系，下面还会作一些说明，但就相当好的近似程度下，从狭义相对论的层次来解决也令人相当满意。

我们选用一个具体的特例来讨论，以期达到“举一反三”的目的。

假定孪生子甲乘宇宙飞船以速度 $v=0.8c$（c 为真空中的光速）到离地球 8 l.y.（光年）的天体去旅行，到达目的地后立刻调头以同样的速度飞回来。显然，在此过程中地球上的孪生子乙总共经历了 20 年的时光，即增长 20 岁；而从他所处的参考系——地天系（K 系）观测，甲所处的运动参考系——飞船系（K′系）上的钟走时率变慢，变慢率为 $\sqrt{1-(0.8c^2)/c^2}=0.6$，即此过程中甲的年龄只增长 12 岁。这是地天系（K 系）观测的结果，然而从甲所处的飞船系（K′系）观测，K 系的钟应变慢，即乙所增长的年龄应比甲小。这种表面看来不自洽的情况应如何解释呢？

首先，必须指出，若起飞时地球钟和飞船钟都同样校准为零，则对 K′系来说，它各处的钟都同时对准为零，而它观测到地天系（K 系）的钟并没有对准。按洛伦兹变换可知，在天体处的钟所指的时间应为 6.4 年，如图 4.5.1（a）所示；此外，按洛伦兹收缩，地天间的距离缩短为 8 l.y.×0.6=4.8 l.y.，因而天体“飞到”飞船处所经历的时间为 4.8 l.y./ 0.8c=3.6 年，而又由于时缓效应，K′系观测到 K 系的钟只走过了 0.6×6 年=3.6 年，即飞船与天体相遇时，天体钟正好指在（6.4+3.6）年=10 年，如图 4.5.1（b）所示，与在 K 系中计算的结果一样！

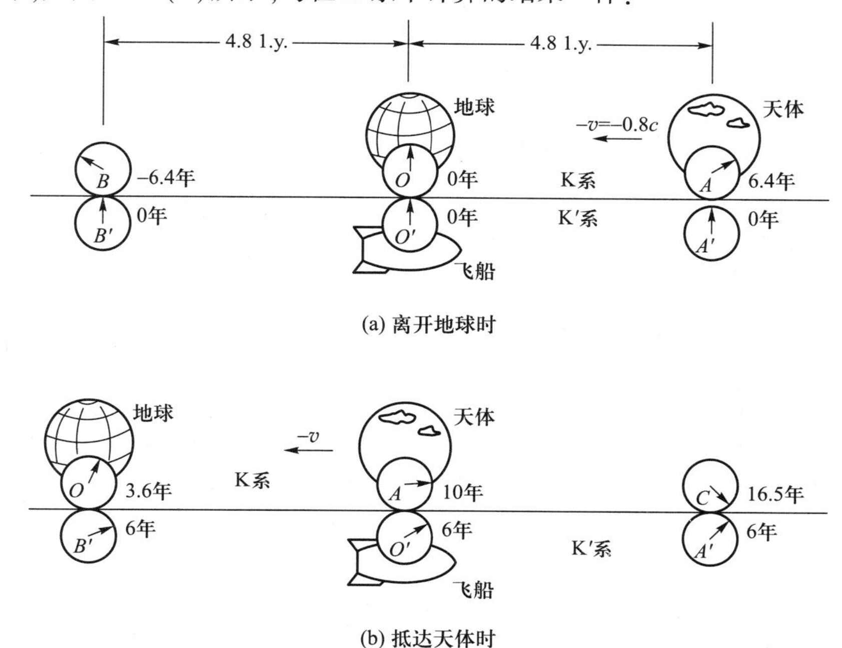

图 4.5.1　去程飞船系（K′系）观测到各钟所指的时间

假定飞船与天体相遇后迅速调头，以原来的速率往回飞。若忽略调头所需的时间，则调头后的飞船处于另一个惯性系 K″中，其中各处的钟也是对准了的，所有的钟均指在 6 年上，如图

4.5.2(a)所示，而观测到在以相对速度 $v=0.8c$ 运动的 K 系（地天系）上的各钟并没有对准，地球钟（O 钟）比天体钟（A 钟）超前 6.4 年，即应指在(10+6.4)年=16.4 年上。然后 K″观测到地球飞向飞船，此过程中 K″系的钟走过了 6 年，而 K 系的钟只走过了 3.6 年，即当飞船与地球重聚时，飞船（O''钟）指在 12 年上，而地球钟（O 钟）却指在(16.4+3.6)年=20 年，即乙老了 20 岁，而甲只老了 12 岁，如图 4.5.2(b)所示。

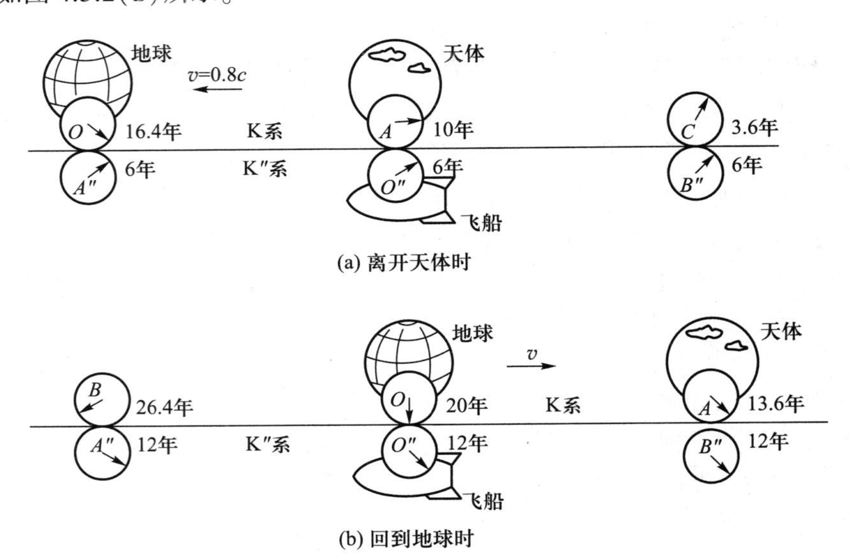

图 4.5.2　回程飞船系（K″系）观测到各钟所指的时间

三、对孪生子效应狭义相对论解释的质疑

以上用狭义相对论的时空理论解释孪生子效应显然是自洽的，然而也有人持不同意见，提出了一些质疑。主要的意见：一是忽略飞船的调头时间不合理；二是孪生子甲在飞船调头前后"看到"孪生子乙的年龄突然增长 12.8 岁，不可思议，并提出可以设计一种飞行方案导致乙"返老还童"的荒谬结果①。

下面我们就在狭义相对论的框架内对这些质疑作一些简要的分析。

1.忽略加速阶段是否合理？

首先考察一下忽略加速阶段的时间是否可以接受。假定飞船调头时以匀加速度 $a=g$（g 为地面上的重力加速度）飞行②。从 $v=0.8c$ 变为 $-0.8c$ 所需的时间为

---

① 孟广达.孪生子佯谬与广义相对论.郑州：河南人民出版社，1994：2，32.孟广达，等.狭义相对论解决双生子佯谬之不可能.大学物理，1997，16(4)：22.

② 注意是匀加速而不是匀力。飞船以速度 v 沿直线运动时，加速度 $\mathrm{d}v/\mathrm{d}t=a$ 所需的力为

$$F=\frac{\mathrm{d}mv}{\mathrm{d}t}=\frac{\mathrm{d}}{\mathrm{d}t}\left(\frac{m_0 v}{1-\sqrt{1-v^2/c^2}}\right)=m_0\left(1-\frac{v^2}{c^2}\right)^{-3/2}\frac{\mathrm{d}v}{\mathrm{d}t}$$

当 $v=0.8c$ 时，$F=4.63m_0a<5m_0a$。可见当飞船以接近最大速度运动时，所需的加速力不到静止情况的 5 倍，因而假定它作匀加速是可以接受的。

$$t = \frac{0.8c - (-0.8c)}{g} = 1.5 \text{ 年}$$

与整个旅行时间 20 年相比,误差<10%。

若取经过训练的宇航员所承受的加速度 $a = 10g$,则所导致的误差<1%。由此看来,理想模型所导致的误差是可以接受的。当然,还有一个问题是以上估算加速阶段时间是以地天系(即 K 系)为参考系,若以加速的飞船系来计算,是否会导致大得多的结果呢?广义相对论可以证明,加速系中所经历的时间比静系中短①。换句话说,我们所作的忽略加速阶段的时间的近似处理是合理的。

2.果真会出现"返老还童"现象吗?

飞船在调头前后处于 K′和 K″两个不同的惯性系中,观测到地球钟"突然"超前了 12.8 年,这是否等于在飞船中的甲"看到"他的孪生兄弟乙突然老了 12.8 岁呢?当然不是!"看到"地球钟指 3.6 年的是 K′系中的观测者 B',而"看到"地球钟指 16.4 年的却是 K″系中的观测者 A''。至于观测者甲(在 K′系中为 O',在 K″系中为 O'')在飞船调头前后所"看到"的天体钟(A 钟)仍然指在 10 年上不变,如图 4.5.1(b)和图 4.5.2(a)所示。A''和 B'是两个互不相关(没有因果关系)的观测者,他们一个在飞船之前,一个在飞船之后。这两个观测者之间相距何止十万八千里(在飞船系"看"是 9.6 l.y.)。由此可见,同一观测者不管朝哪一方向运动,都不可能"看到"地球钟(O 钟)所指示的时间有任何突然的变化,即狭义相对论在这里并不存在不自洽的问题。至于说到"返老还童",例如若甲迅速从 K″系调头变回到 K′系,岂非"看到"乙突然年轻了 12.8 岁吗?错了!不是甲"看到"乙变年轻了,而是不同坐标系中不同的观测者测量(或对钟)的结果。作个通俗的比喻,若有两个处于不同惯性系的观测者 P 和 Q 在不同场合都曾经与地球上的乙有所接触,各自"看到"了他当时的年龄,以后若 P 和 Q 相遇谈及孪生子乙的情况时,P 说他"看到"的乙是 80 岁的老翁,而 Q 却说他"看到"的乙只是个 8 岁的孩童,你能由此推断说乙由 80 岁老翁突然变为 8 岁孩童吗?

四、孪生子如何得知对方时光流逝的情况?

甲直接"看到"的只是地天系在他邻近的钟所指示的时间,他不可能直接"看到"地球上乙的时光流逝,甲只能通过信号(例如电磁波)来得知他兄弟年龄增长的流程。若在上述例子中乙每年给甲发出一封贺年电报,无可争议地,甲也收到了 20 封贺年电报。问题是甲收到电报的间隔是怎样的。对于 K 系,相继发出的两封电报的时间间隔 $\Delta t = 1$ 年,对于 K′系 $\Delta t' = \gamma \Delta t$,同时在此期间飞船又走远了 $\beta \Delta t$。两个效果合起来,甲收报的时间间隔是 $(1+\beta)\Delta t' = (1+\beta)\gamma \Delta t = (1+0.8)$ 年/0.6=3 年。按此计算,甲在驶向天体的 6 年中只收到乙开头两年发的电报,因此他仿佛觉得他的兄弟只度过了 2 年的时光。同理,乙在回程中收报的时间间隔是 $(1-\beta)\Delta t'' = (1-\beta)\gamma \Delta t = (1-0.8)$ 年/0.6=(1/3)年,6 年里收到 18 封电报。在这过程中,甲感到他兄弟乙的时光流逝得很快,在自己的 6 年中他兄弟很快地渡过了 18 个春秋。往返旅途加起来正好是 20 封,即当他们重聚时,他的兄弟老了 20 岁,而他自己只老了 12 岁。甲在往返旅途中所"看到"的乙年

---

① 例如,Tolman R C.Relativity,Thermodynamics and Cosmology.Oxford:Clarendon Press.1934:192-197.也可以从 Moller C.The Theory of Relativity.Oxford:Oxford University Press,1952.一书中找到类似的结论。

龄增长不均匀,实质上是一种多普勒效应,只不过在本问题中的发射源,其发射频率特别慢,每年只有一次罢了。知道了这个道理,乙应该能够从表观现象换算出正确的结论来。

反过来,乙也只能通过信号(电磁波)来得知甲年龄增长的流程。若乙要求旅途中的甲也每年发给自己一封电报,他收报的时间间隔是怎样的呢?用同样方法计算可知,他开头每3年收1封电报,在18年里收到6封。在此后的两年里每(1/3)年收到1封,又收到6封。加起来共计12封,即重新会面时甲老了12岁,而自己却已过了20个春秋。

五、光子火箭的通信

"在光子火箭上能够与地球进行正常的通信联系吗?"这是个富有幻想色彩的科学性问题。

在回答这个有趣的问题之前,我们首先要指出,火箭之所以能够在太空中加速飞行,靠的是向反飞行方向喷射物质所产生的反冲力。有关火箭原理的计算表明,喷出物的速度越大,火箭最终所能达到的速度也越大。根据狭义相对论的原理可以知道,光子在真空中的运动速度——光速是物质世界中最大的运动速度,没有任何物质的运动能够超过真空中的光速。因此,用光子作为喷出物的光子火箭,无疑是可以达到其他类型的火箭所不能比拟的最大速度的,这就是光子火箭的优越之处。但是,狭义相对论又指出,只有像光子(还有中微子等)那样静质量为零的物质,才可能以真空中的光速运动,其他静质量不为零的物体(例如光子火箭)无论怎样加速也不可能达到这个极限速度。也就是说,静质量不为零的光子火箭本身的速度最多只能接近光速,而永远不可能达到光速。当然,光子火箭目前还只是一个未曾实现的科学幻想,因此,有关光子火箭上的通信问题,还未能进行直接的实践检验,我们只能根据狭义相对论原理来粗略地探讨一下。

假设光子火箭相对于地球正以某种小于光速的速度作惯性运动。就目前的设想,它所使用的通信手段不外是无线电波或光波。狭义相对论的"光速不变原理"指出,真空中光的传播速度在各个方向都是相同的,与光源的运动无关,也就是说,无论火箭和地球的相对运动方向如何,在地球上或在火箭上所观测到的光的信号在真空中的传播速度都一样。而前面已谈过,光子火箭的运动速度又总是比真空中的光速要小,由此可知,不管光子火箭相对于地球的运动方向如何,总是可以通过光(或无线电波)信号和地球进行通信的。

但是,如果要问这种通信是否"正常",我们可以说,在某种意义下,它是很不正常的,它和我们日常经验的通信情况大不相同,这主要是由于作高速运动的物体有一个"时钟变慢"的相对论效应。根据狭义相对论的原理,对某个观测者来说,相对他作高速运动的时钟,比相对他静止的时钟要走得慢些,例如,若有一架光子火箭正以光速的0.8倍的飞行速度离我们而去,假定我们每年元旦都向它发去一封贺年电报,那么,光子火箭上的乘客每隔多久才能接收到我们的一份贺电呢?首先,必须考虑由于火箭离信号源(地球)越来越远,以致延长了接收电报的周期,我们按地球上的时钟来推算,光子火箭必须每隔5年才收到一封贺年电报,但由于时钟变慢的相对论效应,光子火箭上的乘客按他的时间观念是每隔3年收到我们的一封贺年电报。当火箭调头以同样的速度向我们飞来时,时钟变慢的相对论效应还是一样的,但由于火箭和地球相向接近,使收报的周期缩短了,两种因素的结果,使光子火箭上的乘客每隔四个月就可以收到我们的一封贺电。

一般来说,背着我们离去的火箭接收到我们的信号的频率会减少,即信号的波长会变长,例如，如果我们使用的信号是黄色的可见光，光子火箭所接收的信号会变成长波的红光，这种现象叫做波长的“红移”。反之，当光子火箭向着我们靠近时，它所接收的信号波长要变短，黄光变成了短波的蓝光，这叫做波长的“蓝移”。总而言之，如果我们按通常情况那样，把通信的内容按调频或调幅的办法用光信号（或无线电信号）发出去，则光子火箭中的乘客会接收到频率变化了的信号，这样就会看不到原来的图像，颜色变红或变蓝，而且图像发生畸变，或者是听不到原来的声音，音调发生了畸变。

不过，话又说回来，如果我们和光子火箭的乘客掌握了有关高速运动的客观规律，我们完全可能把观测和接收到的信号按科学规律把它“翻译”过来，就可以像通常的情况那样进行“正常”的通信联系了。

六、孪生子效应与广义相对论的关系

本文讨论了孪生子效应的狭义相对论解释，最后我们还是要指出，孪生子效应之所以出现“佯谬”或“悖论”，不在于留在地球上的孪生子所处的惯性参考系中是否观测到旅行孪生子的时钟变慢，问题的症结在于从旅行孪生子所处的非惯性参考系中是否也能得到同样的结果。从非惯性系的观点来处理这个问题，借用发展广义相对论所用的一套张量分析数学工具进行计算是方便的。在这个意义上说，孪生子效应比较令人信服的解决方案还是与广义相对论有关的。

4.6 孪生子佯谬的广义相对论分析①

孪生子佯谬问题,是一个狭义相对论中争论最为激烈、最为持久的问题。其实,这个问题在20世纪70年代,利用精密的铯原子钟在实验上解决了[1],因此这个问题可以称为孪生子效应。不过为了与传统提法接轨,不妨仍然称为孪生子佯谬。

从本质上讲,孪生子佯谬已超出狭义相对论所处理的惯性参考系之间的变换问题,因为孪生兄弟飞船的起飞、转弯、掉头和降落等都涉及加速度问题,这显然是属于广义相对论的范畴,因此应该用广义相对论的理论分析孪生子佯谬。不过为了看清问题的关键所在,不妨首先对用狭义相对论分析方法的要领作一些回顾,然后再用广义相对论的理论分析。

一、狭义相对论分析孪生子佯谬问题回顾[2]

设地面上有孪生兄弟甲乙二人,甲乘宇宙飞船以 $v=0.8c$ 的速度飞向一个距离 8 l.y.(光年)远的天体;然后立即以同样的速度飞回地球。设地天系为 K 系,去时的飞船处于 K′系,返时的飞船处于 K″系。从乙所在的 K 系观测,若**忽略飞船起飞、降落和掉头时间**,则显然去程为 10 年,回程也为 10 年,即甲乙再度相聚时,乙经历了 20 年;但相对于乙所在的 K 系,甲来回均以速度 $v=0.8c$ 运动,他的时钟变慢,来回所经历的时间均为

$$t' = t\sqrt{1 - v^2/c^2} = 10\sqrt{1 - 0.8^2} = 6 \text{ 年}$$

即总共 12 年。也为就是说,弟弟乙经历了 20 年的等待,发现以高速旅行回来的哥哥甲只老了 12 年。

现在回过头从飞船 K′系来观测。如图 4.6.1(a)、(b)所示,此时 K 是运动系,天体以速度 v 迎面向飞船飞来,K′观测到地天的距离缩短为

$$L = L_0\sqrt{1 - v^2/c^2} = 8 \text{ l.y.} \times \sqrt{1 - (0.8c)^2/c^2} = 4.8 \text{ l.y.}$$

且 K 系各处的钟没有对准,在飞船前面的天体钟超前为

$$t_{s0} = \frac{t' + vx'/c^2}{\sqrt{1 - v^2/c^2}} = \frac{0 + 0.8c \times 4.8c/c^2}{\sqrt{1 - (0.8c)^2/c^2}} \text{ 年} = 6.4 \text{ 年}$$

天体飞到飞船的时间为

$$\Delta t'_1 = 4.8 \text{ l.y.}/0.8c = 6 \text{ 年}$$

相应的 K 系钟走过了

$$\Delta t_1 = \Delta t'_1\sqrt{1 - (0.8c)^2/c^2} = 6 \times 0.6 \text{ 年} = 3.6 \text{ 年}$$

即此时天体钟的读数应为 $t_{s1}=(6.4+3.6)$ 年$=10$ 年.

如图 4.6.1(c)、(d)所示,若飞船调头的时间可以忽略,则调头后它处于 K″系,其钟的读数仍然是 $t''_2=6$ 年,天体钟 $t_{s2}=10$ 年;但在参考系 K″中,地球以速度 $v=0.8c$ 迎面飞向飞船,K″系观测到地钟和天钟不同步,且如前计算知,地钟比天钟超前 6.4 年,即此时地钟的读数为 $t_2=16.4$ 年。

---

① 本文的主要内容曾发表于:郑庆璋,罗蔚茵.物理通报,2012(专论):2-5.

当地球飞到飞船处(即甲与乙重聚时),甲所经历的时间也是 $\Delta t_2'=6$ 年,即甲在整个旅程中所花费的时间为 $t_3''=6$ 年+6 年=12 年;此外在甲的回程 6 年中,运动系 K 的时间延缓,只走过 $\Delta t_2=\Delta t_2'\sqrt{1-(0.8c)^2/c^2}=6\times0.6$ 年=3.6 年,此时地球钟记录的时间为 $t_3=16.4$ 年+3.6 年=20 年,也就是乙所经历的时间。

由上述讨论可见,在**忽略飞船起飞、降落和掉头时间**的前提下,无论孪生子甲或乙,从狭义相对论都能得到相同的自洽结果。

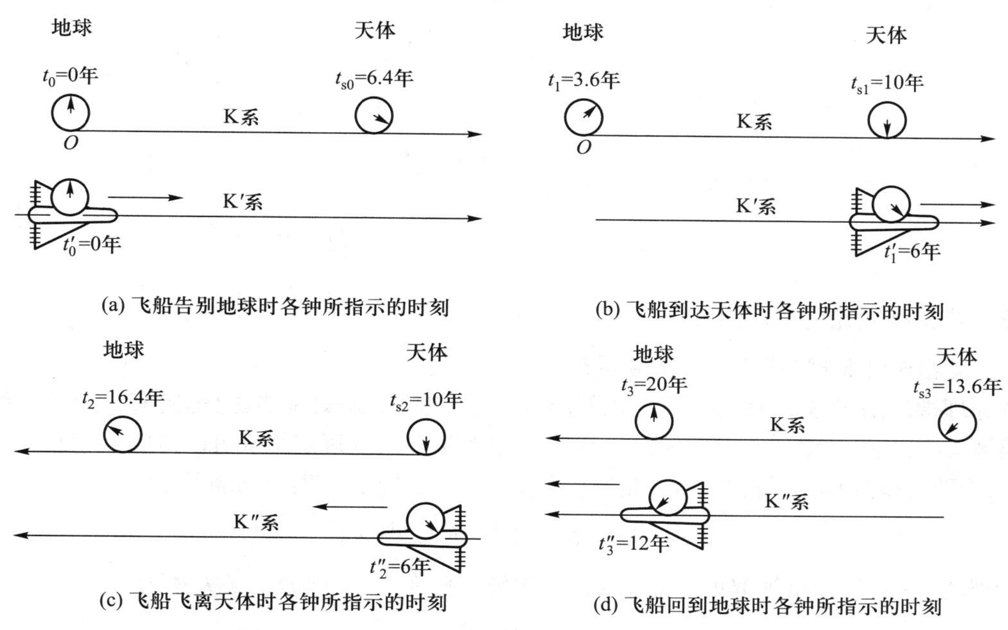

图 4.6.1 以飞船为参考系观测到各处时刻的示意图

二、狭义相对解决孪生子佯谬问题的基本缺陷

把上面的结果在闵可夫斯基(Minkowski)空间作图,可得如图 4.6.2 所示的世界线,其中 O 为地球原点,P 为天体,Q 为甲返回的地球;OQ 为孪生子乙的世界线,OP 和 PQ 分别为孪生子甲去程和回程的世界线。由图易见,从数学的角度讲,甲的世界线虽连续,但不可求导,其物理意义即是 O、P、Q 处飞船速度是不连续的(加速度无穷大),这显然脱离实际,因为无穷大的加速度意味着无穷大的惯性力,此时任何东西(包括飞船本身)都会被压得粉碎。

实际的情况应如图 4.6.3 所示,甲的飞船在地球 O 处起飞,加速到 a 处,然后以匀速 v 飞向天体,在 b 处开始减速,到达天体 P 后调头,再反向加速到 c,接着以匀速 v 飞回地球 Q,在 d 处开始减速,最后停在地球上与孪生子乙相会。显然在此情况下,甲的世界线处处连续且可求导,再也不会出现加速度无穷大的不合理结果。不过现在飞船不再是处于一个惯性系中,不再属于狭义相对论讨论的范畴,应从广义相对论的角度讨论。

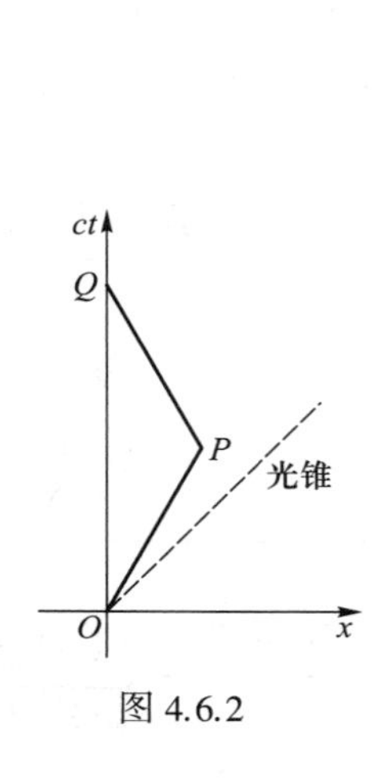

图 4.6.2

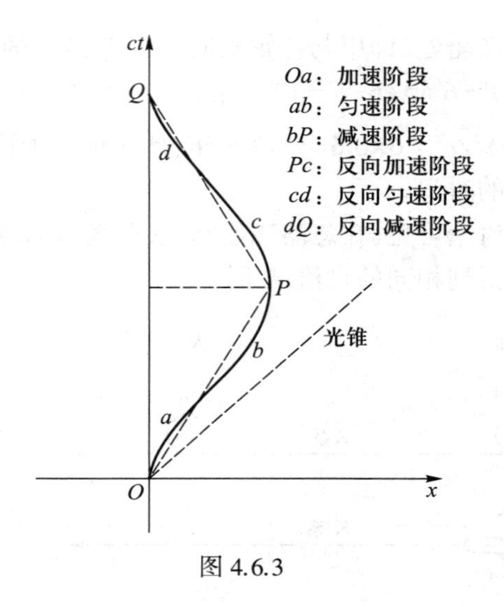

图 4.6.3

三、广义相对论的基本原理

1.广义相对性原理(或称广义协变原理)

该原理指出,**所有坐标系(参考系)都是平等的,他们都能同样好地描述物理定律**。合适的数学工具是黎曼几何和张量分析[3]。所有物理量都是不同阶的张量,物理定律都可以写成张量方程。坐标变换时,物理量和物理定律通过度规张量进行变换。度规张量 $g_{\mu\nu}$ 与时空间隔不变量的关系为①

$$ds^2 = \sum_{\mu,\nu} g_{\mu\nu} dx^\mu dx^\nu = g_{\mu\nu} dx^\mu dx^\nu \tag{1}$$

时空一般为 4 维,坐标指标取值为 0,1,2,3。在坐标变换时,度规的变换关系为

$$ds^2 = g_{ab} dx^a dx^b = g_{ab} \frac{\partial x^a}{\partial x^i} \frac{\partial x^b}{\partial x^k} dx^i dx^k = g_{ik} dx^i dx^k$$

即

$$g_{ik} = g_{ab} \frac{\partial x^a}{\partial x^i} \frac{\partial x^b}{\partial x^k} \tag{2}$$

2.等效原理

实验证明:**惯性质量等于引力质量**。爱因斯坦把这事实推广为**等效原理:引力场中任一点所受的引力,与该点作反向引力加速度参考系的惯性力等效**。或进一步推广为**强等效原理:在任意引力场里的每一个时空点,有可能选择一个"局域惯性系",使得在所讨论那一点附近的充分小的邻域内,自然规律的形式,与没有引力场时狭义相对论定律具有相同的形式**[4]。

爱因斯坦由上述原理及有关概念,利用黎曼几何和张量分析等数学工具,导出普遍适用的引力场方程。典型的广义相对论问题是从引力场方程解出在一定坐标条件下的度规,然后利用有关度规求出各物理量在不同坐标系中的量值,各物理定理定律在不同坐标系中的表现形式。

四、一个利用广义相对论解决孪生子佯谬的例子

前面所讨论的孪生子佯谬例子,用广义相对论解决原则上没有什么问题,只是繁琐一点。

① 为了书写方便简化,下面我们采用求和约定:凡指标相同的量表示对所有指标求和,即略去求和符号。

下面为便于说明，我们把它略为改变一下[5]。

仍然是孪生子甲乙两兄弟，甲乘飞船以恒定速率 $v=0.8c$ 在一个平面上绕 O 点作圆周运动，圆周周长为 $C=16$ l.y.（光年）；问甲绕 O 运动一周后，二人重逢时，各自经历了几年？

1.从乙所在的 K(ct,x,y)——惯性系观测

首先作时空黎曼几何图，本例是平面问题，可以不考虑空间的第三轴。图 4.6.4 中虚线 AB 为乙在他所处的惯性坐标系 K(ct,x,y) 中的世界线，AB 螺旋线为甲的世界线。显然，在 K 系中，与坐标 $x^0=ct, x^1=x=x_0, x^2=y=0$ 相应的度规为

$$g_{ab}=\begin{bmatrix}-1 & 0 & 0\\ 0 & 1 & 0\\ 0 & 0 & 1\end{bmatrix} \tag{3}$$

时空间隔和固有时分别为

$$\mathrm{d}s^2=-d(ct)^2+\mathrm{d}x^2+\mathrm{d}y^2=-\mathrm{d}(ct)^2,\quad \mathrm{d}\tau=-\mathrm{d}s/c=\mathrm{d}t$$

换句话说，固有时与坐标时相等。乙从 A 到 B 所经历的时间（固有时）为

$$\tau=t=16\text{ l.y.}/0.8c=20\text{ 年}$$

而由于甲每时每刻都以速率 v 运动，因此他的时间延缓为

$$\mathrm{d}T=\mathrm{d}t\sqrt{1-v^2/c^2}$$

相遇时他所经历的时间为

$$T=t\sqrt{1-v^2/c^2}=20\times\sqrt{1-0.8^2}\text{ 年}=12\text{ 年}$$

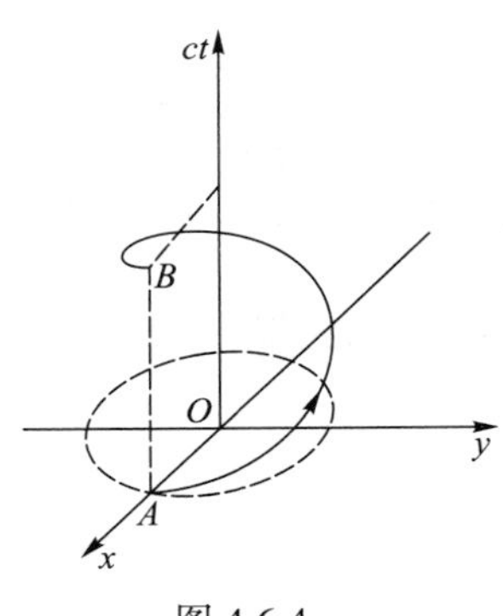

图 4.6.4

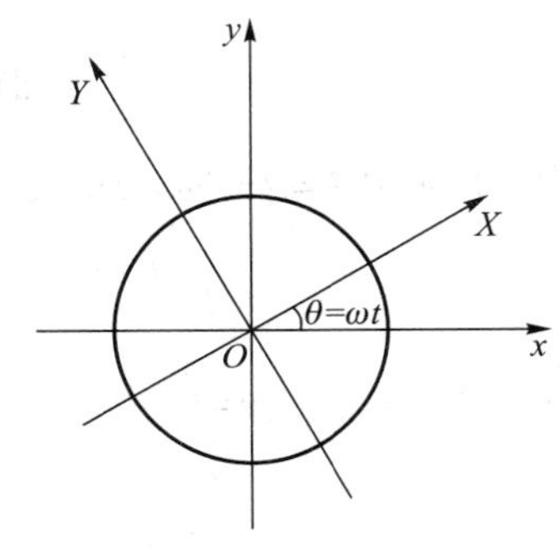

图 4.6.5

2.转到相对甲静止的坐标系 K′(cT,X,Y)——非惯性系观测

假定初始时甲在 X 轴上与乙重合，K′系绕 $ct(cT)$ 轴以角速度 $\omega=v/r$ 转动（图 4.6.5），则坐标变换关系式为

$$\begin{cases}x^0=ct=cT\\ x^1=x=X\cos\omega t-Y\sin\omega t\\ x^2=y=X\sin\omega t+Y\cos\omega t\end{cases} \tag{4}$$

$$\begin{cases}X^0=cT=ct\\ X^1=X=x\cos\omega t+y\sin\omega t\\ X^2=Y=-x\sin\omega t+y\cos\omega t\end{cases} \tag{4′}$$

利用(2)式,可导出 K′系中的度规张量①

$$G_{ik}=\begin{bmatrix}-\left(1-\dfrac{r^2\omega^2}{c^2}\right) & -\dfrac{\omega}{c}Y & +\dfrac{\omega}{c}X\\ -\dfrac{\omega}{c}Y & 1 & 0\\ +\dfrac{\omega}{c}X & 0 & 1\end{bmatrix} \tag{5}$$

其中 $r^2=X^2+Y^2=x^2+y^2=x_0^2$。相邻两事件的时空间隔由(1)式给出,为②

$$\begin{aligned}\mathrm{d}s^2=G_{ik}\mathrm{d}x^i\mathrm{d}x^k=&-\left(1-\frac{r^2\omega^2}{c^2}\right)(c\mathrm{d}T)^2\\&+[(\mathrm{d}X)^2+(\mathrm{d}Y)^2]-2\mathrm{d}T(\omega Y\mathrm{d}X-\omega X\mathrm{d}Y)\end{aligned} \tag{6}$$

固有时间间隔为

$$\begin{aligned}\mathrm{d}\tau^2=-\frac{\mathrm{d}s^2}{c^2}=&\left(1-\frac{r^2\omega^2}{c^2}\right)(\mathrm{d}T)^2\\&-\frac{1}{c^2}[(\mathrm{d}X)^2+(\mathrm{d}Y)^2]+\frac{2}{c^2}\mathrm{d}T(\omega Y\mathrm{d}X-\omega X\mathrm{d}Y)\end{aligned} \tag{7}$$

(1)对于在 K′系静止的甲,其 $X=X_0=r,Y=0,\mathrm{d}X=\mathrm{d}Y=0$。由(7)式可知,甲经历的固有时为

$$\mathrm{d}\tau_{甲}^2=\frac{-\mathrm{d}s^2}{c^2}=\left(1-\frac{r^2\omega^2}{c^2}\right)(\mathrm{d}T)^2=\left(1-\frac{v^2}{c^2}\right)(\mathrm{d}T)^2$$

得

$$\mathrm{d}\tau_{甲}=\mathrm{d}T\sqrt{1-\frac{v^2}{c^2}} \tag{8}$$

以甲绕行一周的坐标时 $T=2\pi/\omega=2\pi r/v=C/v=16\ \mathrm{l.y.}/0.8c=20$ 年,及 $v=0.8c$ 代入(8)式,得

$$\tau_{甲}=T\sqrt{1-\frac{v^2}{c^2}}=20\ 年\times\sqrt{1-0.8^2}=12\ 年 \tag{9}$$

(2)对于乙,因 $x=x_0=r,y=0$;由(4′)式得

$$\begin{cases}cT=ct\\X=r\cos\omega t,\quad \mathrm{d}X=-r\omega\sin\omega t\,\mathrm{d}t\\Y=-r\sin\omega t,\quad \mathrm{d}Y=-r\omega\cos\omega t\,\mathrm{d}t\end{cases} \tag{10}$$

将(10)式代入(7)式,得乙的固有时为

$$\begin{aligned}\mathrm{d}\tau_{乙}^2=&\left(1-\frac{r^2\omega^2}{c^2}\right)(\mathrm{d}T)^2-\frac{1}{c^2}[(-r\omega\sin\omega t)^2+(-r\omega\cos\omega t)^2](\mathrm{d}T)^2\\&+\frac{2}{c^2}\mathrm{d}T[\omega(-r\sin\omega t)(-r\omega\sin\omega t)-\omega(r\cos\omega t)(-r\omega\cos\omega t)]\\=&\left(1-\frac{r^2\omega^2}{c^2}\right)(\mathrm{d}T)^2-\frac{r^2\omega^2}{c^2}(\mathrm{d}T)^2+\frac{2}{c^2}r^2\omega^2(\mathrm{d}T^2)=(\mathrm{d}T)^2\end{aligned}$$

① 由于运算比较繁琐,在正文中暂时略去,留待附录中给出。

② 使用求和约定。

即
$$d\tau_{乙} = dT \tag{11}$$
$$\tau_{乙} = T = 2\pi/\omega = C/v = 20\text{ 年}$$

五、结论

（1）在狭义相对论的框架内，忽略飞船起飞、转弯、掉头和降落等前提下，可以得到自洽的正确结果，但它存在根本的理论缺陷。

（2）通过坐标变换，应用广义协变原理，无论在乙所处的惯性系 K，还是在甲所处的非惯性系 K′观测，我们均得到，当孪生兄弟再度重逢时，彼此发现对方的年龄都是乙长了 20 岁，而甲只长了 12 岁。这说明对广义相对论来说，并不存在什么"孪生子佯谬"。

（3）飞船在作圆周运动时，甲感受到一个惯性离心加速度 $a=\omega^2 r$，他可以把这种情况理解成受到一个强度为 $g=a=\omega^2 r$ 的引力场作用，这个引力场的引力势为 $\Phi=\frac{1}{2}\omega^2 r^2$，根据（8）式，在有引力场中时间延缓的式子可以写成

$$d\tau_{甲} = dT\sqrt{1-\frac{v^2}{c^2}} = dT\sqrt{1-\frac{\omega^2 r^2}{c^2}} = dT\sqrt{1-\frac{2\Phi}{c^2}} = dT\sqrt{-G_{00}}$$

这与广义相对论的度规理论中，关于引力场中静止时钟（$dx^0=cdt, dx^1=dx^2=dx^3=0$）的时间延缓式子一致：

$$d\tau = \sqrt{\frac{-(ds)^2}{c^2}} = \sqrt{\frac{-g_{\mu\nu}dx^\mu dx^\nu}{c^2}} = \sqrt{\frac{-g_{00}(dx^0)^2}{c^2}} = dt\sqrt{-g_{00}}$$

（4）由上述讨论可见，只要旅行的孪生子运动情况已知，原则上就不存在佯谬。其中的匀速段可以用狭义相对论的时间延缓解决，加速段可以用广义相对论的时间延缓或广义协变原理解决。

六、附录

1.K′系中度规张量（5）式的导出

由（2）式及（4）式，可导出 G_{ik} 的 9 个分量：

$$G_{00} = g_{00}\frac{\partial x^0}{\partial X^0}\frac{\partial x^0}{\partial X^0} + g_{11}\frac{\partial x^1}{\partial X^0}\frac{\partial x^1}{\partial X^0} + g_{22}\frac{\partial x^2}{\partial X^0}\frac{\partial x^2}{\partial X^0}$$
$$+ 2g_{01}\frac{\partial x^0}{\partial X^0}\frac{\partial x^1}{\partial X^0} + 2g_{02}\frac{\partial x^0}{\partial X^0}\frac{\partial x^2}{\partial X^0} + 2g_{12}\frac{\partial x^1}{\partial X^0}\frac{\partial x^2}{\partial X^0}$$
$$= (-1)\cdot 1\cdot 1 + 1\cdot\frac{\omega^2}{c^2}(-X\sin\omega t - Y\cos\omega t)^2 + 1\cdot\frac{\omega^2}{c^2}(X\cos\omega t - Y\sin\omega t)^2 + 0 + 0 + 0$$
$$= -1 + \frac{\omega^2}{c^2}(X^2+Y^2) = -\left(1-\frac{\omega^2 r^2}{c^2}\right)$$

$$G_{01} = G_{10} = g_{00}\frac{\partial x^0}{\partial X^0}\frac{\partial x^0}{\partial X^1} + g_{11}\frac{\partial x^1}{\partial X^0}\frac{\partial x^1}{\partial X^1} + g_{22}\frac{\partial x^2}{\partial X^0}\frac{\partial x^2}{\partial X^1}$$
$$= (-1)\cdot 1\cdot 0 + 1\cdot\frac{\omega}{c}(-X\sin\omega t - Y\cos\omega t)\cdot\cos\omega t + 1\cdot\frac{\omega}{c}(X\cos\omega t - Y\sin\omega t)\cdot\sin\omega t$$

$$= \frac{\omega}{c}(-Y\cos^2\omega t - Y\sin^2\omega t) = -\frac{\omega}{c}Y$$

$$G_{02} = G_{02} = g_{00}\frac{\partial x^0}{\partial X^0}\frac{\partial x^0}{\partial X^2} + g_{11}\frac{\partial x^1}{\partial X^0}\frac{\partial x^1}{\partial X^2} + g_{22}\frac{\partial x^2}{\partial X^0}\frac{\partial x^2}{\partial X^2}$$

$$= (-1)\cdot 1\cdot 0 + 1\cdot\frac{\omega}{c}(-X\sin\omega t - Y\cos\omega t)\cdot(-\sin\omega t) + 1\cdot\frac{\omega}{c}(X\cos\omega t - Y\sin\omega t)\cdot\cos\omega t$$

$$= \frac{\omega}{c}(X\cos^2\omega t + X\sin^2\omega t) = \frac{\omega}{c}X$$

$$G_{12} = G_{21} = g_{00}\frac{\partial x^0}{\partial X^1}\frac{\partial x^0}{\partial X^2} + g_{11}\frac{\partial x^1}{\partial X^1}\frac{\partial x^1}{\partial X^2} + g_{22}\frac{\partial x^2}{\partial X^1}\frac{\partial x^2}{\partial X^2}$$

$$= (-1)\cdot 0\cdot 0 + 1\cdot\frac{\omega}{c}\cdot\cos\omega t\cdot(-\sin\omega t) + 1\cdot\frac{\omega}{c}\cdot\sin\omega t\cdot\cos\omega t = 0$$

$$G_{11} = g_{00}\frac{\partial x^0}{\partial X^1}\frac{\partial x^0}{\partial X^1} + g_{11}\frac{\partial x^1}{\partial X^1}\frac{\partial x^1}{\partial X^1} + g_{22}\frac{\partial x^2}{\partial X^1}\frac{\partial x^2}{\partial X^1}$$

$$= (-1)\cdot 0\cdot 0 + 1\cdot\cos\omega t\cdot\cos\omega t + 1\cdot\sin\omega t\cdot\sin\omega t = 1$$

$$G_{22} = g_{00}\frac{\partial x^0}{\partial X^2}\frac{\partial x^0}{\partial X^2} + g_{11}\frac{\partial x^1}{\partial X^2}\frac{\partial x^1}{\partial X^2} + g_{22}\frac{\partial x^2}{\partial X^2}\frac{\partial x^2}{\partial X^2}$$

$$= (-1)\cdot 0\cdot 0 + 1\cdot(-\sin\omega t)\cdot(-\sin\omega t) + 1\cdot\cos\omega t\cdot\cos\omega t = 1$$

2.相邻两事件的时空间隔(6)式的导出

$$ds^2 = G_{ik}dx^i dx^k = G_{00}dX^0dX^0 + G_{11}dX^1dX^1 + G_{22}dX^2dX^2$$

$$+ 2G_{01}dX^0dX^1 + 2G_{02}dX^0dX^2 + 2G_{12}dX^1dX^2$$

$$= -\left(1 - \frac{r^2\omega^2}{c^2}\right)(cdT)^2 + 1\cdot(dx)^2 + 1\cdot(dY)^2 + 2\left(-\frac{\omega Y}{c}\right)(cdT)dX + 2\left(\frac{\omega X}{c}\right)(cdT)dY$$

$$= -\left(1 - \frac{r^2\omega^2}{c^2}\right)(cdT)^2 + [(dX)^2 + (dY)^2] - 2dT(\omega YdX - \omega XdY)$$

参考文献

[1]HAFELE J C,KEATING R E.Science,1972(177):166,168.

[2]郑庆璋,崔世治.相对论与时空.2版.太原:山西科技出版社,2005:91.罗蔚茵,郑庆璋.孪生子效应析疑.大学物理,1999(6):1.

[3]郑庆璋,崔世治.广义相对论基本教程.广州:中山大学出版社,1991:第一章.俞允强.广义相对论引论.2版.北京:北京大学出版社,1997:第一、第二章.

[4]温伯格.引力论和宇宙论.邹振隆,等,译.北京:科学出版社,1980:75.

[5]HARRIS C G.Introduction to Modern the Oretical Physics,Vol.1,Classical Physics and Relativity.New York:J.Y.& Sons,1975:288-291.哈里斯.现代理论物理导论:第一卷:经典物理与相对论.钱尚武,等,译.上海:上海科技出版社,1984:296-298.

4.7 高速运动物体的测量形象和视觉形象①

本文根据狭义相对论关于时间和长度测量的基本概念,讨论高速运动物体的测量形象和视觉形象,指出这里存在两种不同的效应。从测量的角度来说,高速运动物体的测量形象确实是变扁了的;但从观察(或拍摄照片)的角度来说,高速运动物体的视觉形象在一定条件下不是变扁,而是转过一个与速度有关的角度,从而澄清对狭义相对论中有关洛伦兹收缩的误解。

一、引言

自从爱因斯坦于 1905 年发表狭义相对论奠基性论文之后,半个多世纪,人们(包括科学家和科普工作者)把洛伦兹收缩认为是一种观察效应,以为是可以看到或用照相机拍摄到的。洛伦兹本人在 1922 年就说过[1],收缩是可以用照相方法拍摄下来的。爱因斯坦在 1905 年也说过[2],一个在静止状态量起来是球形的刚体,在运动状态——从静系看来——则有旋转椭球的形状了……一切运动着的物体——从静系看来——都缩成扁平的了。著名的美国天体物理学家和科普工作大师盖莫夫在他的科普著作《物理世界奇遇记》[3]中,就描述了汤普金斯先生在高速运动时看到的人和物变扁,自行车的轮变椭圆等"现象",如图 4.7.1 所示。

图 4.7.1　汤普金斯先生认为高速运动时看到的街景示意图

1959 年特雷尔(J.Terrell)指出[4],洛伦兹收缩不是一种观察的效应,高速运动物体的视觉形象在一定条件下,其实是物体转过一个与速度有关的角度的形象。接着,物理学家魏斯科普夫(V.F.Weisskopf)又对此效应作了较精彩的评述[5]。随后,欧美出版的一些教学参考书[6]也逐渐介绍了这个问题。我国由于某些历史原因,对这个问题的反应较慢,直至近年才注意介绍并发表有关文章[7,8,9]。然而,这是否意味着洛伦兹收缩"受到清算",或者像某些人认为那样,特雷尔的发现"是狭义相对论本身 50 年以来最大的发展"呢?鉴于目前国内有些较有影响的教学参考书中对这个问题还有一些模糊的地方,下面我们从狭义相对论的基本概念及有关测量的意义出发,对高速运动物体的测量形象和视觉形象作一些简要的讨论。

① 本文取自:郑庆璋,罗蔚茵.大学物理,1984(5):13-16.这里作了一点补充修改。

二、狭义相对论关于测量的意义

狭义相对论中关于长度和时间的测量概念是极其重要的基本问题。它对正确理解相对论的结果和意义是必不可少的。通常我们说运动的尺子缩短或运动的钟变慢,是用什么方法测量到的?是用经纬仪通过三角测量的方法来量度运动尺的长度吗?显然不行,因为尺的两个端点是不断高速运动的。是拿着标准尺追上并跟着运动尺来测量它的长度吗?那也不行,因为这样测到的只不过是相对静止的尺长罢了。至于测量运动钟的走时率,也不能固定在一个地方用望远镜或通过别的手段来不断与自己的钟比较快慢,因为光和别的信号传播是需要时间的。况且高速运动的钟的位置又在迅速地改变,这样我们所看到的或测到的并不等于运动钟此刻的时间。那么,到底用怎样的测量方法才合理而不与狭义相对论的基本概念相矛盾呢?

正确的测量方法是这样的:假定基本参考系(静系)为S (O,X,Y)系(为简单起见,暂时只考虑平面的情形),作与坐接轴平行且等距离的直线,便构成了一个正方形的网络,如图4.7.2所示,设想S系的观测者在所有的网格点上都分别安置一个携带着相同标准尺和已对准的标准钟的助手(或自动测量装置),作了这样的安排后,我们便可以对运动钟的走时率和运动尺的长短进行测量了。

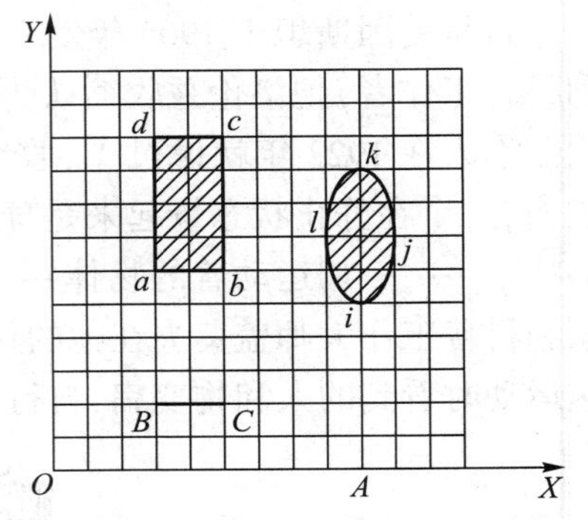

图4.7.2　直角坐标系及其上的网络

设某钟沿 X 轴正向以 $v=\frac{\sqrt{3}}{2}c$ 运动,在某一个瞬间它与S系 O 点的观测者相遇,这时运动钟和 O 钟都同样指在8点整。假定过了一段时间后,运动钟到达 A 点,对时的结果是运动钟指8:30,而 A 钟却指9点整。从S系的观点看来,所有的钟都是对准了的,即 O 钟指8点整时,A 钟也指8点整;同样,A 钟指9点整,O 钟也指9点整,于是在这个过程中,S系(静系)的钟走过了一个小时,而运动的钟却只走过了半个小时。因此S系的观测者认为运动的钟走慢了,其关系是大家熟知的:

$$t=\frac{t'}{\sqrt{1-\frac{v^2}{c^2}}}=2t'$$

其中 t 为S系中走过的时间,t'为运动钟所走过的时间。

至于运动尺的长度测量有点不同,设尺子的静止长度为 l,与 X 轴平行,并沿 X 正向运动。在S系钟的某一相同时刻,网格点上最靠近尺子两端的观测者记下这时两端点的位置。例如图4.7.2中的 B、C 两点,则 $|BC|$ 的长度便是运动尺的长度。按洛伦兹变换公式知这个长度为 $l\sqrt{1-\frac{v^2}{c^2}}$。如果尺子与 X 轴(即运动方向)垂直,则尺子的长度不发生变化,于是,一个两条边与坐标轴平行且静止边长为 l 的正方形,当其沿 X 轴正向以速度 $v=\frac{\sqrt{3}}{2}c$ 运动时,在S系中测量它的大小,原则上像测量长度那样,在相同的时刻记下各边(端点)的位置(图4.7.2中的 a、b、c、d),则这个边长为 l 和 $l\sqrt{1-\frac{v^2}{c^2}}=\frac{1}{2}l$ 的长方形,就是正方形高速运动时的测量形象。显然,如果

运动物体是一个立方体，由于垂直运动方向的长度不变，它的侧面形象是一个沿运动方向压扁了的正方体，它在 XY 平面上的投影仍如图 4.7.2 中的 $abcd$ 所示。同样，一个沿 X 方向运动的球，在 S 系的测量形象为一个沿运动方向压扁了的旋转椭球(它在 XY 平面上的投影仍如图4.7.2中 $ijkl$ 围成的椭圆)。由此可见，高速运动物体的测量形象确实是沿运动方向被“压扁”了，这是由狭义相对论关于时间和长度的测量约定所导致的结果。而这种测量约定则是静系(或低速)中有关测量概念的更为严格的推广，在低速极限时与通常的测量是完全一致的。

总之，高速运动物体的测量形象，是物体在基本参考系中同一时刻记录下来的形象，国外有人把这种形象称为 world-map[10]。显然，引言中提到的爱因斯坦说的球形的刚体便有旋转椭球的测量形象。

三、高速运动物体的视觉形象

如果观测者用眼睛看或用照相机拍摄高速运动物体的形象，则所得的是物体的视觉形象。视觉形象是物体上各点所发出的光线在同一时刻到达视网膜(或照相感光片)上所成的形象，国外有人把这种形象称为 world-picture[10]。

现在我们来讨论视觉形象的意义。如图 4.7.3(a)所示，为简明起见，假定所观察的物体是一个各棱与坐标轴平行的立方体，它的边长为 l，并沿 x 轴以速度 $v=\sqrt{3}c/2$ 运动。假定观测者(或照相机)在垂直于运动方向上，并远离物体，即物体所张的视角很小，它上面各点发出并射至观测者的光线可以认为是互相平行的。当立方体运动时，由立方体中的 e 和 f 发出的光线要比 a 和 d 早 l/c 的时间，那时 e 和 f 的位置在 e' 和 f'，比 e 和 f 落后一段距离 $(v/c)l$，因此，$adef$ 面看起来将是一个高为 l、宽为 $(u/c)l$ 的矩形。与此同时，$abcd$ 面由于 ab 和 cd 的洛伦兹收缩，看起来也是一个高为 l、但宽为 $l\sqrt{1-v^2/c^2}$ 的矩形，如图 4.7.3(b)所示。

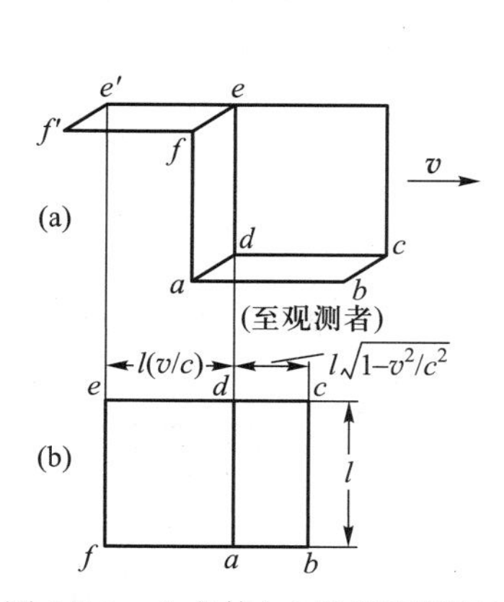

图 4.7.3　立方体(a)的投影图(b)

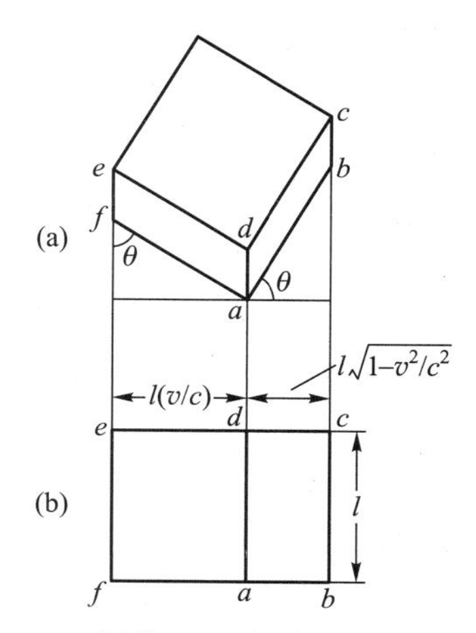

图 4.7.4　视觉上(b)相当于(a)转过 θ 角

另一方面，如果上述立方体相对于 S 系静止，但沿逆时针方向转一个角度 $\theta=\arcsin(v/c)$ [图 4.7.4(a)]，则同一观测者(或照相机)也将看到(或拍摄到)$abcd$ 面的投影是高为 l、宽为 $l\cos\theta=l\sqrt{1-v^2/c^2}$ 的矩形[图 4.7.4(b)]。由此可见，高速运动物体的视觉形象(图 4.7.4)是一致的。换句话说，我们看到(或拍摄到)的物体高速运动形象，不是沿运动方向被“压扁”了，而是相当于物体转过一个与运动速度有关的角度的形象。

当然，上面只是一个简单的物体在特殊情况下分析讨论的结果，一般的情形自然要复杂得多。但通过上述分析足以说明，高速运动物体的视觉形象不能简单地描述为按洛伦兹收缩所规定的被“压扁”的。至于比较复杂和普遍的情况，读者可以阅读本文的参考文献。

四、几点结论和建议

(1)高速运动物体的测量形象和视觉形象，是两个不同的概念，不能混为一谈。洛伦兹收缩是相对论的测量效应，它和物体的测量形象是密切对应的。

(2)物体的视觉形象并不和洛伦兹收缩直接对应，它还与观看或拍摄的具体情况(如观看的角度、张开的视角、双目效应等)有关，它不像测量形象那样直接由相对论效应确定。因此，物体的测量形象才是反映物体高速运动相对论效应的更为本质的形象。对特雷尔的发现应作恰如其分的评价，它并不意味着洛伦兹收缩“受到清算”。

(3)目前国内很多具有狭义相对论内容的教学参考书，大都没有明确介绍狭义相对论中的测量约定，往往含糊其辞，引起误解。例如图 4.7.5 就是从一本发行量很大的教学参考书复制的。显然，按图示的方法测量高速运动物体的长度是不正确的。实际上，长期以来之所以把洛伦兹收缩与观测者的视觉效应等同起来，根本原因就在于误解了狭义相对论有关的测量概念。因此我们建议，在狭义相对论的教学中，应特别强调，要阐明有关狭义相对论中的测量约定。

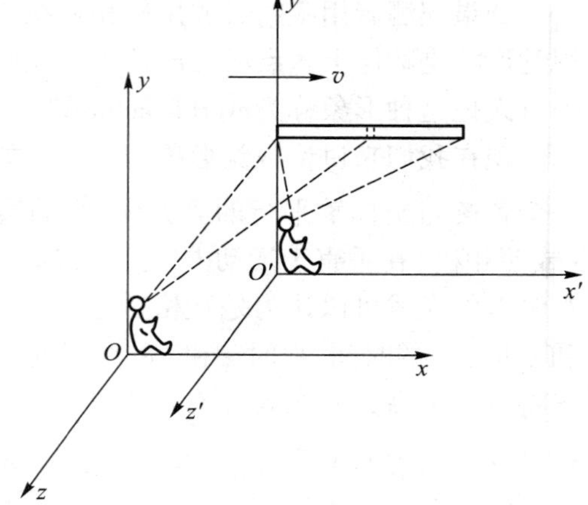

图 4.7.5　长度的量度

(4)在一般的教学参考书中常常使用“观察者”“看到”等术语。正如本文第二部分关于测量问题中所指出的，这样容易引起误解，可以改用“观测者们”“观测到”等更确切的术语。

参考文献

[1] LORENTZ H A. Lectures on Theoretical Physics: Vol. 3. London: Macmillan and Company Ltd., 1931:203.

[2] 爱因斯坦.爱因斯坦文集:第二卷.范岱年，等，编译.北京:商务印书馆，1977:95.

[3] 盖莫夫.物理世界奇遇记.北京:科学出版社，1978.

[4] TERRELL J.Phys.Rev.1959(116):1041.

[5] WEISSKOPF V F.Phys.Tod.1960，13(9):24.二十世纪物理奇学.北京:科学出版社，1979:180.

[6] 弗伦奇.狭义相对论.北京:人民教育出版社，1979.

[7] 褚耀泉.物理，1980(9):2，封三.

[8] 叶壬癸.物理，1981(10):321.

[9] 马裕民.大学物理，1983(3):14.

[10] RINDLER W.Essential Relativity.2nd ed.New York:Springer Verlag，1977. § 2-10.

4.8　全球定位系统(GPS)的相对论修正[①]

本文讨论对全球定位系统(GPS)中卫星钟与地面钟的相对论修正,指出一天下来,卫星钟比地球钟的走时率要快约 38 μs,在这段时间内,光走过约 11 km 的距离,若不作修正,则结果是没有实用意义的。此外,进一步分析指出,运动效应使卫星钟比地面钟一天走慢约7 μs;引力效应使卫星钟比地面钟一天走快约 45 μs。

一、引言

传统的观念认为,狭义相对论的运动学效应只有在微观世界中才明显显现,才有实际应用;而广义相对论则由于引力微弱,只有在宇观世界方显作用。然而,自从全球卫星定位系统(GPS)开发以来,情况大为改观。

全球定位系统(GPS,global positioning system)至少由 24 颗绕地球卫星组成,分成 6 个轨道,运行于约 20 200 km 的高空,绕地球一周约 12 小时。由此可保证地面上任何地方、任何时刻的接收机,都能无障碍地接收到 4 个卫星发射载有卫星轨道数据及时间的无线电信号,实时地计算出接收机所在位置的坐标、移动速度及时间。

由于信息传递速度为光速,是不变量,因此精确定位的关键是卫星发射信号的时刻和接收机收到信号的时刻差。准确度在 30 m 之内的 GPS 接收机就意味着它已经利用了相对论效应的修正。华盛顿大学(圣路易斯)物理学家 C.M.Will 指出[②]:如果不考虑相对论效应,卫星上的时钟就和地面上的时钟不同步。相对论认为,快速运动的钟走时率要比静止的慢,而在较强引力场中的钟也比在较弱引力场中的要慢。Will 进一步指出,由于运动原因,GPS 卫星钟每天要比地面钟大约慢7 μs,而引力对两个钟施加了更大的相对论效应,使卫星钟大约每天要比地面钟快 45 μs。两种效应共产生 38 μs 的偏差,**在这段时间内,光走过约 11 km 的距离,可谓“差之毫厘,谬以千里”**。

本文在相对论的物理基础上,介绍对 GPS 时钟不同步修正的基本思想,并粗略作一些数值估算,目的是引起大家对相对论在日常生活应用中的意义的重视。

二、估算相对论效应的物理基础

为突出主要矛盾,我们只考虑地球引力场所起的作用,这是我们估算相对论效应对 GPS 时钟不同步修正的物理基础。

选地心系(坐标原点在地心,坐标轴指向远处恒星)为基本参考系。表面上看,地心绕日公转的加速度约为 $a_{地心}=5.9\times10^{-3}\ \mathrm{m\cdot s^{-2}}$不算很小,但注意到太阳的引力刚好与这点的惯性离心力抵消(等效原理),因此可以说,相对于太阳引力场(甚至银河系或更远的星系团),地心系是一个局域惯性系。至于这个局域惯性系的适用范围有多大,就要视研究问题的性质而定了。

---

① 本文的主要内容曾发表于:郑庆璋,罗蔚茵.物理通报,2011(8):6-8.

② 可参阅华盛顿大学(圣路易斯)的相关网页。

对于我们现在所讨论的问题，地心到日心的距离 $R_{日}=1.49\times10^{11}$ m，GPS 卫星到日心的距离与 $R_{日}$ 的最大差距为 $\Delta R_{日}=R_{地}+h_{卫}=(6.4\times10^6+2.02\times10^7)$ m$=2.66\times10^7$ m，这里 $R_{地}=6.4\times10^6$ m 为地球的半径，$h_{卫}=2.02\times10^7$ m 为卫星离地面的高度。在这个范围内，太阳的引力场强最大误差值为

$$\left|\frac{\mathrm{d}g_{日}}{\mathrm{d}r}\cdot\Delta R_{日}\right|_{r=R_{日}}=\left|\frac{\mathrm{d}}{\mathrm{d}r}\left(\frac{Gm_{日}}{r^2}\right)\cdot\Delta R_{日}\right|_{r=R_{日}}=\frac{Gm_{日}}{R_{日}^2}\cdot\frac{2\Delta R_{日}}{R_{日}}=g_{日}\cdot\frac{2\Delta R_{日}}{R_{日}}$$

$$=g_{日}\cdot\frac{2\times2.66\times10^7}{1.49\times10^{11}}=3.57\times10^{-4}g_{日}=3.57\times10^{-4}a_{地心}$$

在我们估算的精度（两位有效数字）范围内，只考虑地球引力场所起的作用是可以接受的。

三、施瓦西（Schwarzschild）度规

在地心系中，可以不考虑地球的自转而只考虑引力效应，这是因为地球的自转与其引力相比可以忽略①，因此把地球附近的引力场近似地视为球对称的施瓦西引力场，其时空间隔为[1]

$$\mathrm{d}s^2=-\left(1-\frac{r_S}{r}\right)c^2\mathrm{d}t^2+\left(1-\frac{r_S}{r}\right)^{-1}c^2\mathrm{d}r^2+r^2(\mathrm{d}\theta^2+\sin^2\theta\mathrm{d}\varphi^2)\tag{1}$$

其中 $r_S=2Gm/c^2$ 称为施瓦西半径。注意到 $\mathrm{d}s^2=-c^2\mathrm{d}\tau^2$，以及

$$\mathrm{d}L^2=\left(1-\frac{r_S}{r}\right)^{-1}c^2\mathrm{d}r^2+r^2(\mathrm{d}\theta^2+\sin^2\theta\mathrm{d}\varphi^2)$$

其中 $\mathrm{d}L$ 为时空中相邻两点的固有距离[2]，（1）式又可写成

$$-\frac{\mathrm{d}s^2}{c^2\mathrm{d}t^2}=\left(1-\frac{r_S}{r}\right)-\frac{\mathrm{d}L^2}{c^2\mathrm{d}t^2}$$

$$\frac{\mathrm{d}\tau^2}{\mathrm{d}t^2}=\left(1-\frac{r_S}{r}\right)-\frac{v^2}{c^2}\tag{2}$$

其中为 v 为时空点（这里是钟）的运动速度②。

四、卫星钟和地面钟的相对论修正

若 $\mathrm{d}\tau_{卫星}$ 和 $\mathrm{d}\tau_{地面}$ 分别为卫星钟和地面钟的固有时间间隔，则有

$$\left(\frac{\mathrm{d}\tau_{卫星}}{\mathrm{d}\tau_{地面}}\right)^2=\frac{\left(1-\frac{r_{S地}}{r_{卫星}}\right)-\frac{v_{卫星}^2}{c^2}}{\left(1-\frac{r_{S地}}{r_{地面}}\right)-\frac{v_{地面}^2}{c^2}}\tag{3}$$

其中 c 为真空中的光速，而

$$r_{S地}=2Gm_{地}/c^2=2\times6.7\times10^{-11}\times6.0\times10^{24}/(3.0\times10^8)^2\ \mathrm{m}=8.9\times10^{-3}\ \mathrm{m}$$

---

① 若考虑地球的自转，其引力场应是克尔（Kerr）解而不是施瓦西解，但从地球的有关数据估算，发现两者的差异小于 10^{-4}。

② 施瓦西坐标的物理意义，见参考文献[2]。这里由于卫星的运动速度比光速小很多，因而固有长度和运动长度的区别很小，对于后面的计算可以不用考虑。

为地球的施瓦西半径,$r_{卫星}$和$r_{地面}$为卫星和地面至地心的距离,$v_{卫星}$和$v_{地面}$为卫星钟和地面钟的运动速度,如图 4.8.1 所示。

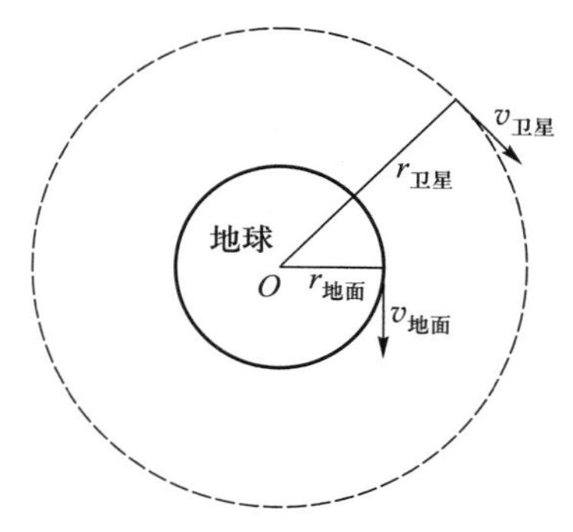

图 4.8.1　卫星绕地球运动示意图

考虑到卫星速度比光速小很多,可用经典力学计算。由向心力公式

$$\frac{Gmm_{地}}{r_{卫星}^2}=m\frac{v_{卫星}^2}{r_{卫星}}$$

得

$$v_{卫星}^2=\frac{Gm_{地}}{r_{卫星}}=\frac{2c^2Gm_{地}}{2c^2r_{卫星}}=\frac{c^2r_{S地}}{2r_{卫星}}$$

即

$$\frac{v_{卫星}^2}{c^2}=\frac{2Gm_{地}}{2c^2r_{卫星}}=\frac{r_{S地}}{2r_{卫星}} \tag{4}$$

于是(3)式又可写成

$$\left(\frac{\mathrm{d}\tau_{卫星}}{\mathrm{d}\tau_{地面}}\right)^2=\frac{\left(1-\dfrac{r_{S地}}{r_{卫星}}\right)-\dfrac{r_{S地}}{2r_{卫星}}}{\left(1-\dfrac{r_{S地}}{r_{地面}}\right)-\dfrac{v_{地面}^2}{c^2}}=\frac{1-\dfrac{3r_{S地}}{2r_{卫星}}}{\left(1-\dfrac{r_{S地}}{r_{地面}}\right)-\dfrac{v_{地面}^2}{c^2}} \tag{5}$$

代入有关数据,可以算出卫星钟相对于地面钟每秒走快约 0.44 ns;其中运动效应走慢约 0.08 ns,引力效应走快约 0.52 ns。

由于这个误差是累积的,每天两钟读数误差达 38 μs;其中运动效应走慢约 7 μs,引力效应走快约 45 μs。两钟读数误差 38 μs 相当于光传播约 11 km 的距离,因此,要准确定位,就不能不考虑相对论修正。

五、结语

(1)相对论的应用,不再只是微观世界高速运动的粒子,或宇观世界大尺度时空的“专利”,而是已深入到了日常生活中如 GPS 或其他需要精密计算的领域。

(2)卫星钟到地心的距离约为地面钟到地心距离的 4 倍,而引力场强约为 16 倍,引力效应使它比地面钟走快很多,每天走快约 45 μs;而地面钟与地面连在一起,它的运动速度远小于卫星速度,这就使得卫星钟比地面钟每天走慢约 7 μs。总的效应是使卫星钟比地面钟每天走快约 37 μs。为什么通常十分微弱的引力在 GPS 的修正中起主要的作用? 这是因为运动效应在此情况下更微弱，从(4)式、(5)式就容易看到，即使运动速度快如卫星，它的运动学效应也只有引力效应的一半！

(3)由于传播信号的速度是光速，在 38 μs 这段时差内，信号传播过约 11 km 的距离，因此如不作修正，对精确定位是没有意义的。当然，本文所作的分析和讨论(包括附录中的数值估算)，也只是给出相对论修正的主要结果。如要更进一步提高定位的精度，还要考虑卫星沿着一个偏心轨道，有时离地球较近，有时又离得较远；要考虑地面钟的运动以及太阳引力梯度等的影响，才能作更深入地分析和细致的精密计算。

六、附录

1.有关数值估算

首先估算卫星钟的运动速度。由(4)式知

$$v_{卫星}=\sqrt{\frac{r_{S地}}{2r_{卫星}}}\cdot c=\sqrt{\frac{8.9\times10^{-3}}{2\times2.66\times10^{7}}}\times3\times10^{8}\ \mathrm{m\cdot s^{-1}}=3.88\times10^{3}\ \mathrm{m\cdot s^{-1}}$$

其次考虑地面钟，地面钟与所处的地理位置及相对于地面的运动有关，若它停在赤道上，则

$$v_{地面}=\frac{2\pi r_{地面}}{T}=\frac{2\pi\times6.4\times10^{6}}{24\times60\times60}\ \mathrm{m\cdot s^{-1}}=4.65\times10^{2}\ \mathrm{m\cdot s^{-1}}$$

与卫星钟相差一个数量级；而相对论运动学效应则是由 v^2/c^2 确定的，即其效应实际相差两个数量级，因此暂时忽略地面钟的运动也不会对我们的粗略估算产生太大的影响。

考虑到 $r_{S地}/r_{地面}$是非常小的微量，其高次项可以忽略，(5)式可以化简为

$$\left(\frac{d\tau_{卫星}}{d\tau_{地面}}\right)^2=\frac{\left(1-\frac{r_{S地}}{r_{卫星}}\right)-\frac{v_{卫星}^2}{c^2}}{1-\frac{r_{S地}}{r_{地面}}}=\frac{1-\frac{3r_{S地}}{2r_{卫星}}}{1-\frac{r_{S地}}{r_{地面}}}\approx\left(1-\frac{3r_{S地}}{2r_{卫星}}\right)\left(1+\frac{r_{S地}}{r_{地面}}\right)\approx1-\frac{3r_{S地}}{2r_{卫星}}+\frac{r_{S地}}{r_{地面}} \tag{6}$$

$$\frac{d\tau_{卫星}}{d\tau_{地面}}\approx1+\frac{1}{2}\cdot\left(-\frac{3r_{S地}}{2r_{卫星}}+\frac{r_{S地}}{r_{地面}}\right)=1-\frac{3r_{S地}}{4r_{卫星}}+\frac{r_{S地}}{2r_{地面}}$$

将 $r_{S地}=2Gm_{地}/c^2=8.9\times10^{-3}\ \mathrm{m}$，$r_{地面}=6.4\times10^{6}\ \mathrm{m}$，以及 $r_{卫星}=(6.4\times10^{6}+2.02\times10^{7})\ \mathrm{m}=2.66\times10^{7}\ \mathrm{m}$ 代入(6)式，得

$$\begin{aligned}\frac{d\tau_{卫星}}{d\tau_{地面}}&\approx1-\frac{3r_{S地}}{4r_{卫星}}+\frac{r_{S地}}{2r_{地面}}\\&=1-\frac{3\times8.9\times10^{-3}}{4\times2.66\times10^{7}}+\frac{8.9\times10^{-3}}{2\times6.4\times10^{8}}\\&=1-2.51\times10^{-10}+6.95\times10^{-10}=1+4.44\times10^{-10}\end{aligned}$$

由此可得

$$\frac{\Delta\tau}{\tau}=\frac{d\tau_{卫星}-d\tau_{地面}}{d\tau_{地面}}=1+4.44\times10^{-10}-1=4.44\times10^{-10}$$

可见卫星钟在 1 s 内,比地面钟走快约 0.444 ns,而在一天(86 400 s)内走快约 38.4 μs。

2.分别考虑引力效应和运动效应。

(1)首先考虑引力效应:

$$\left(\frac{\Delta\tau}{\tau}\right)_{G}=\left(\frac{d\tau_{卫星}-d\tau_{地面}}{d\tau_{地面}}\right)_{G}=\left(\frac{d\tau_{卫星}}{d\tau_{地面}}\right)_{G}-1$$

$$=\frac{\left(1-\frac{r_{S地}}{r_{卫星}}\right)^{1/2}}{\left(1-\frac{r_{S地}}{r_{地面}}\right)^{1/2}}-1\approx\left(1-\frac{r_{S地}}{2r_{卫星}}\right)\cdot\left(1+\frac{r_{S地}}{2r_{地面}}\right)-1\approx\frac{r_{S地}(r_{卫星}-r_{地面})}{2r_{卫星}\cdot r_{地面}}$$

$$=\frac{8.9\times10^{-3}\times2.02\times10^{7}}{2\times2.66\times10^{7}\times6.4\times10^{6}}=5.28\times10^{-10}$$

即卫星钟在 1 s 内,引力效应使它比地面钟走快约 0.528 ns,而在一天(86 400 s)内走快约 45.4 μs。

(2)其次考虑运动效应:

$$\left(\frac{\Delta\tau}{\tau}\right)_{m}=\left(\frac{d\tau_{卫星}-d\tau_{地面}}{d\tau_{地面}}\right)_{m}=\left(\frac{d\tau_{卫星}}{d\tau_{地面}}\right)_{m}-1$$

$$=\frac{\left(1-\frac{v_{卫星}^{2}}{c^{2}}\right)^{1/2}}{\left(1-\frac{v_{地面}^{2}}{c^{2}}\right)^{1/2}}-1\approx\left(1-\frac{v_{卫星}^{2}}{2c^{2}}\right)\cdot\left(1+\frac{v_{地面}^{2}}{2c^{2}}\right)-1\approx-\frac{v_{卫星}^{2}}{2c^{2}}$$

$$=-\frac{r_{S地}}{4r_{卫星}}=-\frac{8.9\times10^{-3}}{4\times2.66\times10^{7}}=-8.36\times10^{-11}$$

即卫星钟在 1 s 内,运动效应使它比地面钟走慢约 0.084 ns,而在一天(86 400 s)内走慢约 7.3 μs。

总而言之,卫星钟在 1 s 内,由于引力效应和运动效应,使它比地面钟走快约 0.444 ns,而在一天(86 400 s)内走快约 38.4 μs。

参考文献

[1]郑庆璋,崔世治.广义相对论基本教程.广州:中山大学出版社,1991:266.俞允强.广义相对论引论.2 版.北京:北京大学出版社,1997:79.或任何一本标准的广义相对论专著或教程有关内容。

[2] 俞允强.广义相对论引论.2 版.北京:北京大学出版社,1997:81.

4.9 对《用排列对比方法讲解相对论》一文的一些意见①

本刊(物理通报)2010年第5期第14页《用排列对比方法讲解相对论》一文,希望达到用时少、效果好的目标,这个愿望很好,只是其中有些提法值得商榷。

(1)第14页左栏倒8行"真空中光速不变"的提法不够确切。例如:

①从地面附近的惯性系观测,太阳附近(引力场较强)处的真空中光速变慢,这是由"雷达回波实验"证明了的;

②若有宇宙飞船S相对惯性系K以匀速 $c/2$ 运动,它向前方发射一束光,光束中的光子相对于飞船S和K的速度当然都是 c(真空中的光);但从K系观测,光子相对于飞船S的速度只是 $c/2$。

显然,笼统地说"真空中光速不变"不准确,似乎改为"相对于引力场可以忽略的惯性系,真空中光速不变"比较恰当。

(2)"引力场等效加速度"(第14页左栏倒6行)的结论不恰当。事实上,引力场并非简单地等效加速度。且不说引力和加速度的量纲不同,引力场本身就指的是时空整体的性质,而加速度则只是反映某一个体的时空性质。说"引力等效于惯性力"还勉强可以,完整的说法应该是"引力场中任一点及其邻域,等效于同处存在一个局部自由降落的参考系——局域惯性系,在其中狭义相对论定律完全适用。"

(3)在对比三种变换式中的第(3)点,不说则已,如说似应改为"广义相对论的广义协变式;广义协变的变换度规矩阵由爱因斯坦场方程确定。"施瓦西度规矩阵只不过是其中一个简单特例,应该说明。

(4)第14页右栏倒8行中(3)的广义相对论下的时空描述,对初学者说时空是弯曲的有些牵强,不好理解。如果预先建立了"等效局域惯性系"的概念,则对应不同的引力场点的极小邻域有不同的局域惯性系,不同的局域惯性系中有不同的空间收缩和时间延缓,这样对整个时空不再是平坦的也就比较好理解了。这好比一块原先平直的新棉布,在布上各处不均匀洒水,结果布上各处所吸收的水量和收缩的情况不同,形成一块布满皱纹、不平坦的缩水布块。这个简单的比喻在一定程度上可以形象地说明时空弯曲的原因。

(5)说"强调在低速和宏观条件下可以不计相对论效应"是不充分的,还应补充"弱引力场和精度要求不高"这两个条件。

(6)文中最后说"广义相对论适用于大尺度的时空,其成果主要在宇观世界里才能显示出来"也是过时的。现行普遍应用的GPS,安放在卫星上的钟就不断要用相对论(特别是广义相对论)修正。否则,每秒定位误差达十多厘米,一天积累下来,误差达十千米以上,这样的定位显然是没有用的。

总之,在普物的水平下讲相对论不易。我们可以用浅显的比喻、用比较不严密的逻辑分析和推理,定性地给学生介绍一些初步的相对论知识;但讲授时一定要有分寸,把握要害,给出正确的结论,以免误导学生,使他们"先入为主",产生误解。

以上意见仅供参考,不当之处,欢迎指正。

---

① 本文曾发表于:郑庆璋,罗蔚茵.物理通报,2011(3):72.

第5篇　热运动和光学问题拾零

5.1　在分子物理教学中如何引导学生建立统计概念①

统计概念不仅在热现象的研究中有重要意义，而且在整个微观物理领域内也是一个基本问题。但是对于那些刚进入大学阶段又是第一次接触微观图像的学生，要建立正确的统计概念是比较困难的，需要在物理思维方法上有个飞跃。从这个意义上来说，分子物理学是普通物理课程中比较难教的一部分。当然，建立正确的统计概念和掌握统计方法的教学任务，并不能完全由普通物理的分子物理学课程来担负，还有待于在统计力学、量子统计、固体物理等课程中进一步深入理解和应用。因此，本文的主题只限于谈谈在普通物理课程的范围内如何启发学生建立初步的统计概念。

在分子物理教学中统计概念的建立主要有三个环节，第一个环节是理想气体压强公式的推导，第二个环节是麦克斯韦速率分布律，第三个环节是气体内输运过程的微观解释。当然，一般来说，在本课程的绪论中需要对学生简略介绍一下什么是统计概念和统计规律，提醒学生注意在今后学习中通过这三个环节去逐步领会。

一、推导理想气体压强公式中如何引入统计概念？

理想气体压强公式是气体分子动理论的基本公式，它是启发学生建立统计概念的第一个环节，也是分子物理学处理问题方法上的一个典型。从目前流行的教材来看，这个问题通常有三种讲述方法：

第一种讲法是假设理想气体关闭在一个方形容器中，把分子分成垂直于器壁来回碰撞的三群[1]，或者考虑分子以任意速率与方向在两相对器壁间来回碰撞[2]，借助于容器的具体形状得出压强公式。第二种讲法是考虑在一个任意形状的容器中，理想气体分子从各方向碰撞容器壁上任一面积元所产生的压强，其中假定容器壁为光滑平面的一部分，某个分子与容器壁作弹性碰撞后，反射角与投射角相等，其动量变化等于碰撞前分子的动量在垂直壁面方向上的分量的两倍，然后对各种速率的投射分子求冲量的统计平均值，从而得出压强公式[3,4]。第三种讲法是更实际地考虑到容器壁是由分子组成的，理想气体分子与容器壁分子碰撞后产生散射，不需假定容器壁为光滑平面，把投射到器壁上任一面积元上的分子群或散射的分子群一起求和，求出其总动量变化，从而得出压强公式[5]。

当然，还有其他的讲述方法，无论采用哪种讲述方法，其关键在于如何通过理想气体压强公

① 本文根据罗蔚茵于1986年在广西大学召开的全国热学教学讨论会上的专题报告整理而成。

式的推导过程,启发学生初步建立起统计概念,懂得热现象的宏观规律实际上是分子微观过程的统计结果,热运动的规律本质上是不能归结为机械运动的。在讲授这个问题时,学生也许在数学推导步骤方面可以毫无困难,但是,由于他们已习惯于牛顿力学的传统观念,因而往往不免把气体分子运动的规律又归结为单纯的牛顿力学规律。因而就不能从统计概念去把握理想气体压强公式的物理实质。考虑到兼顾教学内容的科学性和学生的可接受性,我建议采用上述的第二种讲法。在按部就班推出了理想气体压强公式之后,再回过头来集中力量引导学生思考在推导过程中哪些地方必须引入统计概念。

一般学生都能够按照教材的提示指出下面两式

$$p = nm\,\overline{v_x^2}\left(\overline{v_x^2} = \frac{\sum n_i v_{ix}^2}{n}\right)$$

$$\overline{v_x^2} = \frac{\overline{v^2}}{3}$$

中引入了统计概念。但学生往往有个错觉,以为在推导压强公式的前半段步骤中与统计概念丝毫无关,某个气体分子的行为似乎与机械运动中的孤立质点毫无区别,似乎只在推导的最后两步才需引入统计概念。其实不然,气体运动的统计性质应体现在压强公式推导的全部过程中,对此,我提出下列问题给同学思考讨论。

在**推导压强公式的第一步**中,考虑速度为$\boldsymbol{v}_i$的某个气体分子在一次碰撞中对器壁垂直的冲量为$-2mv_{ix}$。实际上,器壁分子和气体分子的大小可以相比拟时,器壁是不能看作光滑平面的,故气体分子与壁面相碰的反射角就不一定与投射角相等,这是否会影响推导的结果呢？显然,从统计概念来看,在平衡态下,分子以各种角度投向器壁和以各种角度反射的概率是均等的,因此对大量分子的统计效果来说,投射角为 θ 的分子即使反射角不等于 θ,必然有其他投射角的分子其反射角会等于 θ,因此并不影响推导结果。又如果考虑某个气体分子与器壁碰撞时有局部能量交换,但分子本身内部状态不变,则只要器壁的温度和气体相同,那么从大量分子的统计效果来看,仍可认为气体分子在碰撞前后的平均平动动能并没有改变,与原来考虑的结果一致。由此可见,在这一步的推导过程中,似乎只考虑某个粒子的动力学规律,但这个粒子不同于纯机械运动的孤立质点,它是蕴含了大量分子统计性质的一个分子。

推导的第二步是求速度为$\boldsymbol{v}_i$的一组分子在时间 $\mathrm{d}t$ 内施于器壁面 $\mathrm{d}A$ 的冲量。其表示式为:$2n_i mv_{ix}^2\mathrm{d}A\mathrm{d}t$(式中 n_i是速度$\boldsymbol{v}_i$的分子数密度)。

实际上,速度为$\boldsymbol{v}_i$的这组分子在趋向器壁的过程中由于分子间的碰撞,速度的大小和方向都可能变化,这是否会影响推导的结果呢？显然,在平衡态下,当速度为$\boldsymbol{v}_i$的分子因碰撞而速度发生改变时,必相应地有其他速度的分子因碰撞而具有$\boldsymbol{v}_i$的速度,当分子本身的大小可以忽略时,就大量分子的统计效果而言,对上述结果是没有影响的(实质上在宏观条件一定的平衡态下,分子数按速度的分布总是有确定的统计规律,而不论个别分子运动的偶然性)。

推导的第三步,求所有各种速率的分子施于 $\mathrm{d}A$ 的总冲撞 $\mathrm{d}I$:

$$\mathrm{d}I = \sum_{v_{ix}\geqslant 0} 2n_i mv_{ix}^2\mathrm{d}A\mathrm{d}t \quad (v_{ix} \geqslant 0)$$

只要气体分子相对系统的质心坐标没有整体运动,根据平衡态下气体分子向各方向运动的概率均等这个统计假设,可以认为 $v_{ix}\geqslant 0$ 和 $v_{ix}\leqslant 0$ 的分子数相等。因而有

$$\mathrm{d}I=\sum_{v_{ix}\leqslant 0}^{v_{ix}\geqslant 0} n_i m v_{ix}^2 \mathrm{d}A\mathrm{d}t$$

推导的第四步，找出压强与上述总冲量的关系式：

$$p\mathrm{d}A\mathrm{d}t=\sum_{v_{ix}\leqslant 0}^{v_{ix}\geqslant 0} n_i m v_{ix}^2 \mathrm{d}A\mathrm{d}t$$

这是整个推导的中心环节。必须再次向学生强调，气体施于器壁的压强这个宏观物理量，在微观意义上是大量气体分子在单位时间内碰撞于单位器壁上的冲量的统计平均效应，由于气体分子对器壁的碰撞是断续的，涨落不定的，因此，只有从微观角度来看，$\mathrm{d}A$ 和 $\mathrm{d}t$ 是足够大时，即碰撞器壁面元的分子数足够多时，压强 p 才有统计平均的意义，所以 $\mathrm{d}A$ 和 $\mathrm{d}t$ 是宏观小、微观大的物理量，不要仅限于从数学上的无穷小量去理解。

推导的第五步，引入统计平均值的概念：

$$\overline{v_x^2}=\frac{\sum n_i v_{ix}^2}{\sum n_i}$$

$$p=nm\overline{v_x^2}$$

其中 $n=\sum n_i$ 是分子数密度。

推导的第六步，根据平衡态下气体分子向各方向运动的概率均等的统计假设，有

$$\overline{v_x^2}=\overline{v_y^2}=\overline{v_z^2}=\frac{1}{3}\overline{v^2}$$

最后得到宏观量 p 和微观量 $m\overline{v^2}/2=\varepsilon$（即平均动能）的统计平均值之间的关系式——压强公式为

$$p=\frac{1}{3}nm\overline{v^2}=\frac{2}{3}n\varepsilon$$

由上述讨论可知，统计概念贯串在整个推导过程的每一个步骤中，所得出的气体压强公式是统计规律的反映。在分子动理论中包含有力学规律，但却不能归结为力学规律。个别分子的运动是由力学规律所制约，但由大量分子组成的热力学系统则由统计规律所制约，这里体现了从量变到质变的辩证关系。

为了使学生更好地领会统计规律与力学规律的联系和区别，更好地掌握如何从微观量的统计平均值求相应的宏观量，更好地理解气体压强的微观意义，作为课外作业，可要求学生以立方容器和球形容器两种情况重新推导理想气体的压强公式。进一步从有器壁到无器壁，讨论气体内部压强的意义，在气体内部取一假想截面，考虑在平衡态下截面两边分子在垂直截面方向上的动量交换，从而推导出压强公式，并要求学生讨论在上述各种推导中哪些地方引入了统计概念。最后强调气体压强这个宏观量的本质意义是平衡态下大量分子相互碰撞（因再引起微观量动量的交换）的统计平均效应。无论采用哪种具体方法（考虑不同形状的容器，或不存在器壁），都必须引入统计概念和统计方法，才能得出服从统计规律的压强公式。

二、麦克斯韦速率分布律

这是一个教学的难点。学生的症结所在是死背硬套速率分布函数公式，并往往纠缠在数学

演算的细节上,而对所得结果的物理意义模糊不清甚至不知所谓。所以在讲授这个问题时不能停留在对分布函数中每个物理量的含义作详尽讲述,更重要的是启发学生领会速率分布函数的统计意义。

首先,速率分布函数具有统计规律的两个特点:一个特点是体现了个别分子运动速率的无规则性(偶然性)和大量分子体系的速率分布具有确定的统计规律性(必然性)之间的辩证统一关系,因而在一定的客观条件下(例如温度一定的平衡态下),大量分子的速率分布具有稳定性,相应地速率分布函数具有确定的形式。尽管由于学生尚未具备概率论方面的数学知识,因而未能严格推导麦克斯韦速率分布函数的具体表式,但必须明确,这个速率分布函数正是由统计规律所制约的各有关物理量之间必然的、本质的、稳定的关系表示式;另一个特点是速率分布永远伴随着涨落现象,分布函数给出的 $\mathrm{d}N$ 是某速率区间内分子数的统计平均值,在任一瞬时实际分布在某一速率区间的分子数一般说来与统计平均值是有偏离的、存在涨落的。这两个特点体现了速率分布函数的统计性质。同样,速度分布函数、速度分量的分布函数、动能分布函数、玻耳兹曼分布函数、自由程分布函数等都具有这些特点,都是统计分布函数。然而,在日常生活中,人们使用的某种“统计分布”这个术语往往是比较含混的,在有些情况下,所指的确是服从统计规律的统计分布。诚然,在社会生活中同样存在许多服从统计规律的现象,不胜枚举。但有些情况下,人们所谓“统计某种分布”只是指对某个确定情况的集合体进行分类而已,而不是指在一定条件下可以大量重复出现的、具有统计规律性的事件,并没有反映在大量同性质的偶然事件中本质的、必然的联系,因此并不属于我们所指的服从统计规律的统计分布。

其次,必须注意,理解统计分布函数的意义一定要和相应的统计间隔联系起来。速率分布函数是对应单位速率间隔而言,而动能分布函数是对应单位动能间隔而言,为帮助学生掌握这一点,可以讨论下述问题。[7]

若由分子数按动能分布函数

$$f(\varepsilon)=\frac{2}{\sqrt{\pi}}(kT)^{-\frac{3}{2}}\varepsilon^{\frac{1}{2}}\mathrm{e}^{-\frac{\varepsilon}{kT}}$$

求得最概然动能为

$$\varepsilon_{\mathrm{p}}=\frac{1}{2}kT$$

而对应最概然速率 $v_{\mathrm{p}}=\sqrt{\frac{2kT}{m}}$ 的动能为

$$\frac{1}{2}mv_{\mathrm{p}}^{2}=kT$$

这里出现了一个似是而非的问题:究竟是动能值在 kT 附近,还是在 $kT/2$ 附近的相对分子数最多呢?从动能分布曲线的极大值来看,似乎应在 $\varepsilon=kT/2$ 附近相对分子数最多。但从速率分布函数极大值来看,又似乎应在对应 v_{p} 的动能值 $\varepsilon=kT$ 附近的分子数最多,谁是谁非?

这个问题在我的课堂上学生讨论得非常热烈,问题的关键在于两个分布函数曲线的极大值也是对于不同的“间隔”而言的。若取相同的动能间隔来比较,则在 $\varepsilon=kT/2$ 附近的间隔内相对分子数最多,若取相同的速率间隔来比较,则在 $\varepsilon=kT$ 附近的间隔内相对分子数最多。而相同的速率间隔在动能分布曲线中却对应不同的动能间隔。不难得出动能间隔 dε 正比于 $\varepsilon^{-1/2}$,因为由$\varepsilon=\frac{1}{2}mv^2$,有

$$\mathrm{d}\varepsilon = (2m)^{\frac{1}{2}}\varepsilon^{\frac{1}{2}}\mathrm{d}v$$

即在动能分布曲线中若仍然取相同的速率间隔 dv 来考虑,以动能为横坐标,则其对应所取的动能间隔 dε 也越大。因此在动能分布曲线中,$\varepsilon=kT$ 处虽不是极大值,但其动能间隔 dε 变大了,对相同的速率间隔 dv 来比较,仍是在 kT 附近这个间隔内的相对分子数最多(图 5.1.1)。

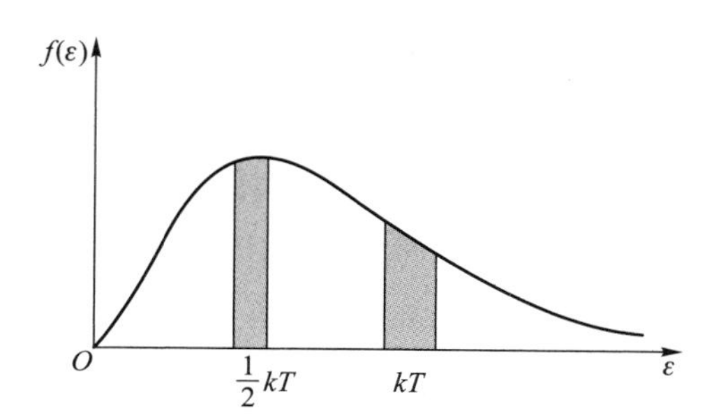

图 5.1.1　对应相等速率间隔来取动能间隔 dε

三、气体内输运过程的微观解释

本节基本观点是,宏观上某物理量的单向输运,其微观实质是相应的微观物理量通过某一基准面作不等价交换的结果。黏性现象是分子间定向运动动量不等价交换的结果;热传导现象是分子间热运动动能不等价交换的错果;扩散现象是同类分子的分子数不等价交换的结果。这种不等价的交换取决于两个因素:一个是参加内输运的分子数目,即通过基准面 dA 的分子数,另一个是每个分子所携带的微观量的平均值,这与分子在通过基准面之前最后一次受碰处有关,因而与自由程有关。

关于这部分内容,学生往往存在两个疑难问题,以致争论不休。

(1)在 dt 时间内通过基准面 dA 的分子数目究竟是$\frac{1}{4}n\bar{v}\mathrm{d}A\mathrm{d}t$,还是$\frac{1}{6}n\bar{v}\mathrm{d}A\mathrm{d}t$ 呢?

由麦克斯韦速度分布律可推算出每秒碰到单位面积器壁的气体分子数为$\frac{1}{4}n\bar{v}$,[3] 由此看来,在时间 dt 内通过 dA 面的分子数应是$\frac{1}{4}n\bar{v}\mathrm{d}A\mathrm{d}t$;另一方面,根据分子热运动的无规则性,应有分子向各方向运动的概率均等的统计假设,故可认为包含在以 dA 为底,以 $v\cdot\mathrm{d}t$ 为高的柱体中的分子,垂直通过 dA 面的分子数占总数的 1/6,在 dt 内通过 dA 的分子数应是$\frac{1}{6}n\bar{v}\mathrm{d}A\mathrm{d}t$。[3] 这两种说法是否有矛盾呢? 或者能否说前者是精确的,而后者是一个很坏的近似结果呢? 其实不然! 从统计概念来看,在对气体内输运的微观量求统计平均值时,这两种说法是自洽而并行不悖的,而且两者是同样地精确的(或者说在近似程度上是等价的)。

前面已提及,物理量的输运取决于两个因素:参加内输运的分子数和每个分子输运的微观

量。如图 5.1.2 所示，由麦克斯韦速度分布律易见，在 $\mathrm{d}t$ 时间内，以 $\theta\sim(\theta+\mathrm{d}\theta)$ 角穿过 $\mathrm{d}A$ 面的包括各种速率的分子数为

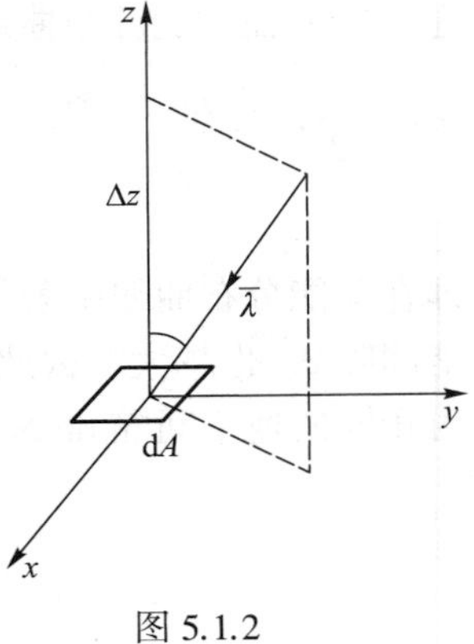

图 5.1.2

$$\mathrm{d}N=\frac{1}{4\pi}n\bar{v}\cos\theta\sin\theta\mathrm{d}\varphi\mathrm{d}\theta\mathrm{d}A\mathrm{d}t$$

因而所有方向穿过 $\mathrm{d}A$ 面的分子数应为

$$N=\frac{1}{4\pi}n\bar{v}\int_0^{\frac{\pi}{2}}\cos\theta\sin\theta\mathrm{d}\theta\int_0^{2\pi}\mathrm{d}\varphi\cdot\mathrm{d}A\mathrm{d}t=\frac{1}{4}n\bar{v}\cdot\mathrm{d}A\mathrm{d}t$$

但是，分子对输运过程的贡献取决于它在通过 $\mathrm{d}A$ 面之前最后一次碰撞处所获得的物理量值（假设分子受一次磁撞就被“同化”），显然各分子最后碰撞处到 $\mathrm{d}A$ 面的距离是各不相同的，但就统计平均来说，可以认为是在距离 $\mathrm{d}A$ 面为平均自由程 $\bar{\lambda}$ 处发生最后一次碰撞。然而，我们已假定 $\mathrm{d}A$ 面是垂直于所输运物理量的梯度方向，因此 $\mathrm{d}N$ 个以 $\theta\sim(\theta+\mathrm{d}\theta)$ 方向穿过 $\mathrm{d}A$ 面的分子所输运的物理量（例如定向动量）应为

$$m\frac{\mathrm{d}u}{\mathrm{d}z}\Delta z\cdot\mathrm{d}N=m\frac{\mathrm{d}u}{\mathrm{d}z}\bar{\lambda}\cos\theta\cdot\mathrm{d}N$$

而假若分子是沿垂直方向穿过 $\mathrm{d}A$ 面，则 $\mathrm{d}N'$ 个分子所输运的动量为

$$m\frac{\mathrm{d}u}{\mathrm{d}z}\Delta z'\cdot\mathrm{d}N'=m\frac{\mathrm{d}u}{\mathrm{d}z}\bar{\lambda}\cdot\mathrm{d}N'$$

若要两者输运的动量相等，则有

$$m\frac{\mathrm{d}u}{\mathrm{d}z}\bar{\lambda}\cos\theta\cdot\mathrm{d}N=m\frac{\mathrm{d}u}{\mathrm{d}z}\bar{\lambda}\cdot\mathrm{d}N'$$

即有

$$\mathrm{d}N'=\mathrm{d}N\cos\theta$$

可见，就沿着垂直 $\mathrm{d}A$ 面方向输运物理量的贡献来说，以 θ 角穿过 $\mathrm{d}A$ 面的分子数 $\mathrm{d}N$ 可折合为垂直于 $\mathrm{d}A$ 面方向穿过的分子数 $\mathrm{d}N'$。若在这个意义上把沿所有可能方向穿过 $\mathrm{d}A$ 面的分子都折合为沿垂直于 $\mathrm{d}A$ 面方向穿过的分子数，则有

$$N'=\frac{1}{4\pi}n\bar{v}\int_0^{\frac{\pi}{2}}\cos^2\theta\sin\theta\mathrm{d}\theta\int_0^{2\pi}\mathrm{d}\varphi\cdot\mathrm{d}A\mathrm{d}t=\frac{1}{6}n\bar{v}\cdot\mathrm{d}A\mathrm{d}t$$

由此可见，$\frac{1}{4}n\bar{v}\mathrm{d}A\mathrm{d}t$ 个分子沿各方向穿过 $\mathrm{d}A$ 面所输运的物理量等于 $\frac{1}{6}n\bar{v}\cdot\mathrm{d}A\mathrm{d}t$ 个分子沿垂直方向穿过 $\mathrm{d}A$ 面所输运的物理量，故就例如具有梯度的内输运过程来说，两种说法是自洽的、同等精确的。

必须指出，实际上分子是沿着一切可能方向穿过 $\mathrm{d}A$ 面的，时间 $\mathrm{d}t$ 内穿过 $\mathrm{d}A$ 的实际分子数应为 $\mathrm{d}A\mathrm{d}t$。因此在考虑如蒸发、凝结的问题时，在 $\mathrm{d}t$ 时间内穿过液面 $\mathrm{d}A$ 面的蒸气分子数为 $nu\mathrm{d}A\mathrm{d}t$（或近似取 $\frac{1}{2\sqrt{3}}n\sqrt{\overline{v^2}}$）[3]。

至于扩散问题必须考虑粒子数密度沿垂直于 $\mathrm{d}A$ 面方向（z 方向）有梯度，则在时间 $\mathrm{d}t$ 内沿各个方向由 $\mathrm{d}A$ 面上方往下穿过的分子数为[6]

$$N_1=\left(\frac{1}{4}n_0\bar{v}+\frac{1}{6}\bar{v}\bar{\lambda}\frac{\mathrm{d}u}{\mathrm{d}z}\right)\mathrm{d}A\mathrm{d}t$$

自 dA 面下方往上穿过的分子数为

$$N_2=\left(\frac{1}{4}n_0\bar{v}-\frac{1}{6}\bar{v}\bar{\lambda}\frac{\mathrm{d}u}{\mathrm{d}z}\right)\mathrm{d}A\mathrm{d}t$$

上面两式中的第二项是由于存在分子数密度的梯度引起的修正项，n_0是 dA 面处的粒子数密度。

沿 z 轴正方向穿过 dA 面输运的净分子数为

$$\mathrm{d}N=N_1-N_2=-\frac{1}{3}\bar{v}\bar{\lambda}\frac{\mathrm{d}u}{\mathrm{d}z}\cdot\mathrm{d}A\mathrm{d}t$$

质量的输运为

$$\mathrm{d}M=m\cdot\mathrm{d}N=-\frac{1}{3}m\bar{v}\bar{\lambda}\frac{\mathrm{d}n}{\mathrm{d}z}\cdot\mathrm{d}A\mathrm{d}t$$

同样可得出扩散系数为$\frac{1}{3}\bar{v}\bar{\lambda}$，与一般教材中所得的结果是一致的。

(2) 在考虑分子穿过 dA 面所输运的物理量时，我们假定是对统计平均而言，dA 面两侧的分子在通过 dA 面前最后一次受碰处都与 dA 相距 $\bar{\lambda}$，这实质上是认为通过 dA 面的分子无碰撞地通过了 $2\bar{\lambda}$ 的路程。前后两句话是否相互矛盾？通过 dA 面的分子其平均自由程是 $\bar{\lambda}$ 还是 $2\bar{\lambda}$？

从统计概念来说，两句话是不矛盾的，若对系统内全部分子来统计，其平均自由程是 $\bar{\lambda}$，但若只对那些从距离 dA 面为 $\bar{\lambda}$ 处出发，不再受碰地通过 dA 面的分子(即自由程大于 $\bar{\lambda}$ 的分子)来统计其平均自由程，则得到 $2\bar{\lambda}$。

问题在于对垂直地穿过某个平面的分子求平均自由程与通常讨论的平均自由程是不同的。假设所有的分子都以平均速率 $\bar{v}$ 运动，自由程长的分子比自由程短的分子具有较大的概率穿过 dA 面，故在穿过 dA 面的分子中，自由程大的分子是多数，求出的平均自由程必然大于通常所指对全部分子所求的平均自由程 $\bar{\lambda}$。

自由程介于 $x\sim(x+\mathrm{d}x)$ 间的分子数为

$$\mathrm{d}N=\frac{1}{\bar{\lambda}}N_0\mathrm{e}^{-\frac{x}{\bar{\lambda}}}\mathrm{d}x$$

若对自由程大于 $\bar{\lambda}$ 的分子来求平均自由程，则

$$\frac{\frac{N_0}{\bar{\lambda}}\int_{\bar{\lambda}}^{\infty}x\mathrm{e}^{-\frac{x}{\bar{\lambda}}}\mathrm{d}x}{\frac{N_0}{\bar{\lambda}}\int_{\bar{\lambda}}^{\infty}\mathrm{e}^{-\frac{x}{\bar{\lambda}}}\mathrm{d}x}=2\bar{\lambda}$$

或从自由程为 $x\sim(x+\mathrm{d}x)$ 之间的分子无碰撞地穿过 dA 面的概率正比于 x 这个角度来考虑，这些分子中能穿过 dA 面的数目为

$$C\cdot x\cdot\mathrm{d}N=C\frac{N_0}{\bar{\lambda}}\mathrm{e}^{-\frac{x}{\bar{\lambda}}}x\mathrm{d}x$$

其中 C 是与自由程无关的常量。则各种自由程的分子穿过 dA 的数目为

$$C\frac{N_0}{\overline{\lambda}}\int_0^\infty x\mathrm{e}^{-\frac{x}{\overline{\lambda}}}\mathrm{d}x$$

对这些穿越 dA 面的分子求平均自由程,得

$$\frac{C\frac{N_0}{\overline{\lambda}}\int_0^\infty x^2\mathrm{e}^{-\frac{x}{\overline{\lambda}}}\mathrm{d}x}{C\frac{N_0}{\overline{\lambda}}\int_0^\infty x\mathrm{e}^{-\frac{x}{\overline{\lambda}}}\mathrm{d}x}=2\overline{\lambda}$$

以上两种简单的推导都可以说明,对于垂直通过 dA 面的分子来说,其平均自由程确是 $2\overline{\lambda}$。

参考文献

[1]福里斯,季莫列娃.普通物理学:第一卷.北京:高等教育出版社,1954:第七章.

[2]程守洙,江之永.普通物理学:第一册.北京:人民教育出版社,1978:第六章.

[3]李椿,章立源,钱尚武.热学:北京:人民教育出版社,1978:第二至四章.

[4]王竹溪.统计物理学导论.北京:高等教育出版社,1956:第一章.

[5]苟清泉,气体动力论的基本概念.物理通报,1956(12):719.

[6]罗蔚茵.气体压强公式推导中的统计概念.物理通报,1984(5):24.

[7]罗蔚茵.最概然速率对应的动能是最可几动能吗?大学物理,1983(8):10.

5.2 分子动理论中的一个佯谬①

——也谈穿过某截面的分子的平均自由程

当气体分子的平均自由程是 $\overline{\lambda}$ 时,穿过任一假想截面的分子平均自由程究竟是 $\overline{\lambda}$ 还是 $2\overline{\lambda}$?这是分子动理论教学中经常引起争论的疑点。例如,有的老师认为答案 $2\overline{\lambda}$ 是不对的,理由是既然假想截面是任意的,就可以选取许多各种不同取向的截面。而通过这些截面的分子,若平均自由程是 $2\overline{\lambda}$,岂不是全体分子的平均自由程变成了 $2\overline{\lambda}$,而不是按原定义的 $\overline{\lambda}$ 了吗?

上述观点实际上是没有正确理解这种平均值的意义。通常所说的分子平均自由程 $\overline{\lambda}$,是一个分子连续的、每两次碰撞间所走过的距离(即自由程)平均值,或在某一瞬间大量分子其两次撞间所走距离的平均值,至于穿过某截面的分子的平均自由程,那是另外一种平均的概念,它不是某个分子所有自由程的平均值,也不是某瞬间大量分子自由程的平均值,而仅仅是分子在穿过该截面的那段自由程的平均值[图 5.2.1(a)],或某一瞬间穿过该截面的那些分子的自由程平均值[图 5.2.1(b)]。

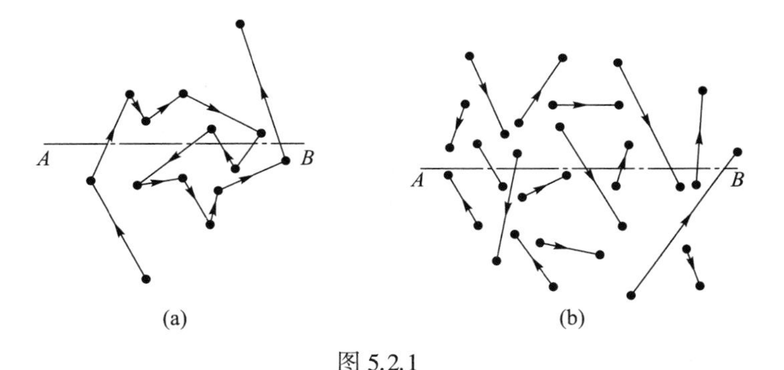

图 5.2.1

由图可见,对于离开截面距离为 r 的某体元来说,只有其中自由程 $\lambda>r$ 的那些分子才能无碰撞地穿过截面,故对整个上半空间来说,那些自由程较大的分子无碰撞地穿过截面的可能性就大些,换句话说,在求穿过某截面的分子的平均自由程时,自由程较长的情况占优势,因此,所求得的平均自由程就应该比通常所说的全部分子的平均自由程要大些。

当然,以上只是从本质方面定性地指出通过某截面的分子平均自由程的意义,为了更深入地理解这个问题,还需从基本理论出发导出 $2\overline{\lambda}$ 的结果。下面从分子按自由程分布的规律出发,在比较普遍的情况下导出 $2\overline{\lambda}$ 的结果,并在最后对有关问题作一些简要的评述。

① 本文选自:罗蔚茵.分子运动论中的一个佯谬//广东省高等院校物理教学研究讨论会文集,1985.此处略作补充修改。

一、通过某截面的分子平均自由程的计算

我们从一般的统计规律出发,可得分子按自由程布的规律为[1]

$$n = n_0 e^{-\frac{r}{\lambda}} \tag{1}$$

这个式子可以理解为,在 n_0 个分子中,通过距离为 r 而没有受到第二次碰撞的分子有 n 个,它也可以理解为,一个分子运动过距离为 r 而没有受到碰撞的概率为

$$P = \frac{n}{n_0} = e^{-\frac{r}{\lambda}}$$

如图 5.2.2 所示,现在我们讨论,若在某一体元内有 Δn_0 个分子,则在 $\boldsymbol{e}_{\mathrm{n}}$ 方向附近的立体角元 $\mathrm{d}\Omega$ 范围内,经过距离 r 后,还有多少个分子没有受到碰撞呢?显然,根据分子热运动各向同性的假定,分子在这个方向范围内运动的概率为 $\mathrm{d}\Omega/4\pi$。因此,由(1)式可知,经过 r 而没有受到碰撞的分子数为

$$\mathrm{d}n = \frac{\Delta n_0}{4\pi} e^{-\frac{r}{\lambda}} \mathrm{d}\Omega \tag{2}$$

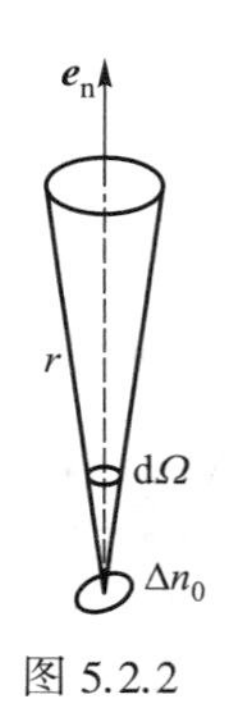

图 5.2.2

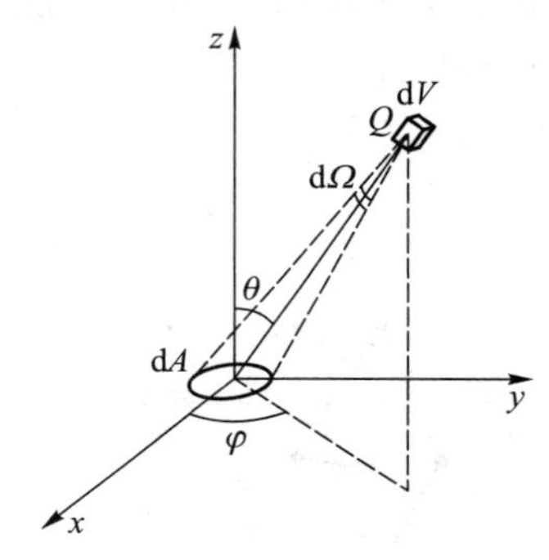

图 5.2.3

下面以(1)式、(2)式为基础来计算通过某截面的分子平均自由程。

假定所研究的截面为 $\mathrm{d}A$,以它为 xy 平面作坐标系,并把原点取在 $\mathrm{d}A$ 之中,研究上半空间中极坐标为(r,θ,φ)的 Q 点附近一个小体元 $\mathrm{d}V$ 内的分子无碰撞地穿过 $\mathrm{d}A$ 的情况。若单位体积内的分子数为 n_0,则 $\mathrm{d}V$ 内的分子为 $n_0\mathrm{d}V$,按(2)式,无碰撞地通过 $\mathrm{d}A$ 的分子数为

$$\mathrm{d}n = \frac{n_0 \mathrm{d}V}{4\pi} e^{-\frac{r}{\lambda}} \mathrm{d}\Omega \tag{3}$$

为便于计算,我们用极坐标表示体元,于是有

$$\mathrm{d}V = r^2 \sin\theta \cdot \mathrm{d}r \cdot \mathrm{d}\theta \cdot \mathrm{d}\varphi$$

又由图 5.2.3 易见

$$\mathrm{d}\Omega = \frac{\mathrm{d}A \cdot \cos\theta}{r^2}$$

故(3)式又可写成

$$\mathrm{d}n = \frac{n_0 \mathrm{d}A}{4\pi} e^{-\frac{r}{\lambda}} \sin\theta \cos\theta \mathrm{d}r\theta \mathrm{d}\varphi \tag{4}$$

这就是体元 dV 的分子中无碰撞地穿过 dA 截面的数目,积分(4)式可得到上半空间无碰撞地穿过 dA 截面的分子数目为

$$\Delta n = \frac{n_0 \mathrm{d}A}{4\pi}\int_0^{\infty} \mathrm{e}^{-\frac{r}{\lambda}}\mathrm{d}r\int_0^{\pi/2} \sin\theta\cos\theta\mathrm{d}\theta\int_0^{2\pi}\mathrm{d}\varphi = \frac{1}{4}n_0\bar{\lambda}\mathrm{d}A \tag{5}$$

上式说明,尽管上半空间的总分子数目可能有无限多个,但可以无碰撞地穿过 dA 面,即在穿过此截面前不发生碰撞的分子数却是确定的。显然,这些无碰撞地穿过 dA 面的分子所走过的平均距离为①

$$l_{\mathrm{Up}} = \frac{\int_{\mathrm{Up}} r\mathrm{d}n}{\int_{\mathrm{Up}}\mathrm{d}n} = \frac{\frac{n_0\mathrm{d}A}{4\pi}\int_0^{\infty} r\mathrm{e}^{-\frac{r}{\lambda}}\mathrm{d}r\int_0^{\pi/2}\sin\theta\cos\theta\mathrm{d}\theta\int_0^{2\pi}\mathrm{d}\varphi}{\frac{1}{4}n_0\bar{\lambda}\mathrm{d}A} = \bar{\lambda} \tag{6}$$

由此可知,这些分子在穿过 dA 面之前平均走过了 $l_{\mathrm{Up}}=\bar{\lambda}$ 的距离,它们还没有遭到第二次碰撞。现在剩下的问题是,平均来说,这些分子在穿过 dA 面后还能走多远才碰上其他分子呢?显然,类似于上面的讨论,容易证明,在碰上第二个分子之前,这些分子平均来说还能走过 $l_{\mathrm{Down}}=\bar{\lambda}$ 的距离。

综上所述,对于无碰撞地穿过 dA 面的分子来讲,其平均自由程应该是

$$\bar{l} = l_{\mathrm{Up}} + l_{\mathrm{Down}} = 2\bar{\lambda}$$

二、对一些问题的讨论

关于这个问题,国内外陆续有些文章进行过讨论,例如 1977 年美国的 H.M.Finuca 和 J. Higbic 在题为《分子动理论佯谬》的文章[2]中,通过概率计算讨论了若分子两次碰撞之间的平均时间为 t,但当分子被"随机"观察时,发现两次碰撞之间的平均时间为 $2t$。随后,1978 年美国的 D.Glocker 在题为《等候时间"佯谬"的图示计算法》的文章[3]中,用图示方法论述了晶体中电子两次碰撞之间的时间间隔的两种不同平均值,得出与其他有关文献[4,5]相一致的结果。文章[4]还把这个问题与微分形式的欧姆定律中对电子飘移速度的讨论联系起来。1980 年 7 月,在承德召开的全国热学教学讨论会中,对"$2\bar{\lambda}$ 问题"也曾展开热烈的讨论。随后,西北大学的门甫老师及南开大学的常树人老师也就此问题发表了文章[6,7]。这些文章对于澄清分子动理论中的这个佯谬都是很有参考价值的。

本文在上面的第一部分中试图从教学角度出发,通过一个物理图像比较清晰而数学处理又比较简明的方法来讨论此问题,先从物理图像上阐明通常的分子平均自由程与通过任一假想截面的分子平均自由程含义的区别。在推导中,考虑到学生尚缺乏完备的概率理论,暂且不过多纠缠在繁冗的概率运算,避免被数学问题掩盖了物理图像。但也注意到所作推导需具有一定的普遍性,即不需假设分子皆沿垂直于截面方向和皆以平均速度 $\bar{v}$ 运动,也不必限于讨论 1 s 内通过截面的分子数。

---

① 在上面的式子中,脚标 Up 代表上半空间,Down 代表下半空间。

三、一点商榷意见

文章[7]中的(7)式

$$\frac{1}{6}n\bar{v}\frac{1}{\bar{\lambda}}\mathrm{d}S\ \mathrm{d}z\ \mathrm{e}^{-\frac{z}{\bar{\lambda}}} \tag{7}$$

是表示“1 s 内在 z 处 $\mathrm{d}S\mathrm{d}z$ 体积元中经受碰撞而后再无碰撞地穿过 $\mathrm{d}S\mid_{z=0}$ 的分子”，而文中的(8)式是表示“1 s 内通过 $\mathrm{d}S\mid_{z=0}$ 的分子总数”。

这里可能会引起一个疑问，既然文中已假设所有分子皆以平均速度 $\bar{v}$ 运动，而且(8)式的 z 值取 0 至∞，那么，在 $z>\bar{v}\cdot(1\ \mathrm{s})$ 处经受碰撞的分子如何能在 1 s 内到达 $\mathrm{d}S$ 面呢？若考虑速率是分布在 0 至∞ 的范围，则须注意到，在 $z>\bar{v}\cdot(1\ \mathrm{s})$ 的空间，相应地只有速率 $v\geqslant\left.\frac{z}{t}\right|_{t=1}$ 的那部分分子才可能按 $\mathrm{e}^{-\frac{z}{\bar{\lambda}}}$ 的概率在 1 s 内无撞地到达 $\mathrm{d}S$ 面，这样，除了考虑碰撞概率的因素外，还要考虑速率分布的因素，如果不是限于讨论 1 s 内由 z 处到达 $\mathrm{d}S$ 面的分子，物理图像会更清晰一些。

此外，还有一种物理图像和数学处理都比较简化的方法，即可以把无碰撞地通过某截面的分子相当于那些自由程大于 $\bar{\lambda}$ 的分子来求平均自由程。正如一般教材皆已指出的，这些无碰撞地通过截面的分子平均来说是从距离截面为 $\bar{\lambda}$ 处出发而不再受碰地通过截面的分子，通过截面后仍按一定的概率在不同距离处受碰。因此，这些分子从统计平均效果来说，相当于自由程分布在 $\bar{\lambda}$ 至∞ 的那部分分子。

由分子按自由程分布的规律易见，在 n_0 个分子中自由程介于 $x\sim(x+\mathrm{d}x)$ 区间的分子数为

$$\mathrm{d}n=\frac{-l}{\bar{\lambda}}n_0\mathrm{e}^{-\frac{x}{\bar{\lambda}}}\mathrm{d}x \tag{8}$$

若对其中自由程大于 $\bar{\lambda}$ 的分子求平均自由程，有

$$\bar{l}=\frac{\dfrac{-n_0}{\bar{\lambda}}\displaystyle\int_{\bar{\lambda}}^{\infty}x\mathrm{e}^{-\frac{x}{\bar{\lambda}}}\mathrm{d}x}{\dfrac{-n_0}{\bar{\lambda}}\displaystyle\int_{\bar{\lambda}}^{\infty}\mathrm{e}^{-\frac{x}{\bar{\lambda}}}\mathrm{d}x}=2\bar{\lambda} \tag{9}$$

这也就是无碰撞地通过截面的那部分分子的平均自由程。

有的文章[7]对此方法提出质疑：为什么无视这 n_0 个分子中必有一部分分布在自由程为 $0\sim\bar{\lambda}$ 区间内的这一事实呢？同时上式左端分母显然不等于穿过指定面的分子总数，又该如何解释呢？这里可能存在误解。我认为首先要弄清式中 x 的意义，它表示原点在垂直截面前方 $\bar{\lambda}$ 处分子的坐标，$\mathrm{d}n=\frac{-l}{\bar{\lambda}}n_0\mathrm{e}^{-\frac{x}{\bar{\lambda}}}\mathrm{d}x$ 为在 $x\sim(x+\mathrm{d}x)$ 区间内的分子数。(9)式的分子项为在截面后方受碰撞的分子距离的统计值；(9)式的分母项为在截面后方自由运动的数目。因此(9)式表示的是分子从离截面前方 $\bar{\lambda}$ 处无碰撞地通过截面的平均路程。事实上这些分子在通过截面前都已经自由运动了 $\bar{\lambda}$ 的路程，它们通过截面后可以继续自由运动的距离（统计平均来说即这些分子的

自由程)也是$\overline{\lambda}$。总而言之,在n_0个分子中可以无碰撞地通过某截面的分子数目等于通过截面前的自由程为$\overline{\lambda}$再加上通过后的自由程为$\overline{\lambda}$的分子数目,即$\bar{l}=2\overline{\lambda}$。[8,9]

参考文献

[1]王竹溪.统计物理学导论.北京:高等教育出版社,1956:§33.

[2]FINUCA H M.HIGBIC J.Am.J.Phys.1977,45(2):193-194.

[3]GLOCKER D.Am.J.Phys.1978,46(2):185.

[4]ZANE L I.Am.J.Phys.1975(43):153.

[5]ASHCROFT N,MERMIN N D.Solid State Physics.New York:Holt,Rinehart and Winston,1976:25-28.

[6]门甫.西北大学学报,1982(1).

[7]常树人.大学物理,1982(4).

[8]李椿,章立源,钱尚武.热学.北京:人民教育出版社,1978:116.

[9]DRAKE A.Fundamentals of Applied Probability Theory.New York,1997:149-151.

5.3 讲授气体内迁移现象的一些体会[①]

气体的内迁移现象,在基础物理教学中,是一个比较困难的课题。不少学生在学过这部分内容后,掌握不到要领,感到很难理解。有时,即使在数学方面可能毫无困难地导出各个内迁移系数,但是对内迁移现象的物理本质和一些简化假设的物理内容却没有弄懂。究其原因,一方面固然是这部分内容比较抽象难懂;另一方面也是主要的方面,是由于教材在处理问题方面存在一些缺点,往往多注意形式上的东西,而对现象的物理本质揭示得不够,同时不善于运用一些生动直观的比喻来启发学生进行深入思考。下面就我个人在教学实践中的体会,对有关教材处理方面的问题,提出一些不成熟的意见。

一、几个值得商榷的问题

1.关于分子间碰撞的含义

在总结上一阶段讨论气体处于平衡状态时的一些现象和规律的基础上,首先指出气体处于非平衡状态时气体内迁移现象的物理本质,分析决定内迁移现象的两个微观过程:分子的热运动和分子间的碰撞。对于第一个因素——热运动,要讲清楚热运动使分子由一处转移到另一处,起了“搅拌”的作用。至于第二个因素——碰撞过程,如果只注意到碰撞使分子迂回曲折运动,因而影响迁移的快慢,这样来理解碰撞的意义是很不够的。碰撞更为本质的意义在于促使系统建立统计平衡,只有通过分子间的碰撞,才能出现宏观上物理量的迁移。当外来的“奇异分子”,由于热运动进入在宏观上很小、而在微观上却含有大量分子的局部区域时,经过碰撞后,失去了原来的“奇异性”而获得“当地”平均性质,这也就是通常所谓的外来分子受到“同化”作用。当然,外来分子也并不只是受到一次碰撞就被同化,这里必须从统计平均的意义来理解。

在讲清楚碰撞的这种更为本质的意义以后,学生可以了解:在考虑某些微观量迁移时,应以分子在通过选定截面前最后一次碰撞所在处所具有的量值来计算。

2.关于截面 ΔS 和 $2\overline{\lambda}$ 的问题

在定量研究内迁移现象的规律时,常选定气体中的某一截面 ΔS,计算在一定时间内由截面的一方穿过截面向另一方迁移的某种物理量。可见截面 ΔS 是定量研究内迁移现象规律的基准。事实上,宏观来说,在 ΔS 的一方不管分子从何处来,也不管穿过 ΔS 后到另一方的何处去,只要能够穿过 ΔS 面(即使仅仅是刚好穿过 ΔS 面)就算完成了由一方到另一方的迁移任务。至于分子所携带某种物理量的量值,对内迁移所作的贡献,那又是另一个问题。这种观点正是我们从微观上推导各个内迁移系数的立足点之一。

在强调了截面 ΔS 的意义,并且加上其他一些简化假设,例如“同化”假设等后,就可明确内迁移现象是双方各距截面 ΔS 为一个平均自由程 $\overline{\lambda}$ 的分子交换某种物理量的结果。有些书把内迁移理解为相距 $2\overline{\lambda}$ 的分子直接碰撞的结果,而且还试图论证这些分子的自由程确是 $2\overline{\lambda}$ 而不是

---

① 本文曾发表于:郑庆璋.讲授气体内迁移现象的一些体会.物理通报,1965(3):118.

$\bar{\lambda}$。我们认为这是没有必要的,因为提出这样的命题并不能使学生对现象的本质有进一步的了解,相反的,还会把问题弄得复杂化。的确,可以证明[1],在垂直于截面 ΔS 的方向上,通过 ΔS 的分子平均自由程是 $2\bar{\lambda}$。这一证明的关键在于我们选定了截面 ΔS,并且假定分子的运动方向与 ΔS 正交。如果通过 ΔS 的分子的方向是任意的,那么容易证明,在垂直于 ΔS 的方向(即计算物理量梯度的方向)上,分子的平均自由程仍然是 $\bar{\lambda}$。可见,问题的实质不在于分子的自由程究竟是 $\bar{\lambda}$ 还是 $2\bar{\lambda}$,当然也就不能把内迁移现象理解为相距 $2\bar{\lambda}$ 的分子直接碰撞的结果。实际上,以上所描述的内迁移的图像是与下述的两个易于为学生所接受的假设相呼应的:①分子中的 1/6,以平均速率 $\bar{v}$ 沿垂直于 ΔS 方向运动;②通过 ΔS 前最后一次的碰撞发生在距离截面 ΔS 为 $\bar{\lambda}$ 处,且分子受到一次碰撞后,就被“同化”(参看第二部分的讨论)。

3.关于描述系统的安排问题

关于如何安排从微观观点推导各种内迁移系数的讲述次序问题,我认为也是值得研究的。有些教科书是这样安排的:先推导扩散系数,然后推导黏度和导热系数。过去,我也是采用这样的讲述次序,当时的想法是:因为扩散系数 $D=\frac{1}{3}\bar{v}\bar{\lambda}$,黏度 $\eta=\frac{1}{3}\rho\bar{v}\bar{\lambda}$ 和导热系数 $\kappa=\frac{1}{3}\rho\bar{v}\bar{\lambda}C_V$ 三个表达式中,在形式上最简单的是扩散系数,其次是黏度,最复杂的是导热系数。所以,这样的讲述次序似乎是由简到繁,由浅入深。实际上这种观点是十分形式主义的,只从表面看问题,没有从本质方面来考虑,也没有真正贯彻教学法中的可接受性原则。理由是这样的:宏观上某些物理量的单向迁移,实际上是分子穿过 ΔS 所携带的相应微观量不等价交换的结果。这种不等价交换决定于:参加内迁移的分子数,和每个分子所携带的相应的微观量的平均量值。显然,在一定的分子数密度下,通过截面 ΔS 的分子数直接取决于分子作不规则运动的激烈程度,而参加内迁移的分子数由热运动决定。至于每个分子所携带的相应的微观量的平均量值,从第一点中所讨论的碰撞的意义可知,是与分子在通过 ΔS 之前最后的一次碰撞有关的。在黏性和热传导中,迁移的物理量是动力学量,前者是分子的动量,后者是分子不规则运动的能量。在这两种情况下,特别在黏性现象中,可以把热运动和碰撞这两个因素所起的作用分开来讨论,使初接触内迁移现象的学生较易理解过程的微观机理。至于在扩散现象中,所迁移的是作不规则运动的分子本身,情况要复杂得多。这里同类分子间的碰撞并不重要,因为这种碰撞对该类分子的迁移没有影响,只有不同类分子之间的碰撞才是重要的。在互扩散中应用自由程的方法,一般说来是一个很坏的近似[2]。关于这些问题,我们很难对学生解说清楚。所以,我认为应该首先讨论黏性现象,而不是扩散现象。通过黏度的推导,详尽分析过程的微观机理,使学生能够对研究内迁移现象所作的简化处理的物理背景有比较深入的理解,然后只需用较少的时间,举一反三、较简略地去讨论导热系数和扩散系数,这或许是一种简而明的做法。

二、对教材处理问题方面的体会

北京大学物理系普通物理教研室编写的《普通物理学》(分子物理学和热力学部分),在处理内迁移现象内容方面基本上是好的,不过还缺少用比较直观的比喻来说明问题。普通物理作为大学初级物理课程,在讲述问题时应该尽可能从实验事实或从直观现象出发,通过一些生动的比喻来讲述概念、定理和定律,这样做不仅使学生容易理解和记忆,还可以逐步培养学生思维的抽象能力。作者在讲授内迁移现象时，曾参照巴巴列克西主编的教材的讲法[3]，并作了一些补充和引申。先阐明内迁移现象的宏观规律，指出内迁移现象是处在非平衡态的体系力图向平衡态过渡的一种普遍性质。反映三种内迁移现象的共同特征是：体系的某些物理性质有一定的不均匀性，可以用相应的物理量的梯度定量描述；而消除这些不均匀性倾向的是某些物理量的迁移。

在讲宏观规律时，以先讲黏性定律为宜，因为学生一般对梯度的概念不易理解，先讲黏性定律可以利用过去流体力学中的基础，在这里只要再一次说明速度梯度 du/dz 是流速在 z 轴方向变化剧烈程度的量度，然后类似地指出温度梯度和密度梯度的意义。这样，学生一般还是能够接受的。此外，还可以附带指出 du/dz 中的 dz 不能过分小，只是相对地小，宏观上只要求在 dz 中的流速变化是均匀的就可以了。显然，当分子的平均自由程与容器的线度同数量级时，谈论各种物理量的梯度是没有意义的，这样就为以后讨论低压下的迁移现象埋下了伏笔。

接着，分析和讨论决定内迁移现象的两个因素——分子的热运动和分子间的碰撞。然后讨论内迁移现象的微观解释——内迁移系数的推导，其中着重讨论内黏性现象的微观解释。

先从一个力学的例子出发，如图 5.3.1 所示，设有两列以不同速度作惯性运动的车厢，车上的乘客有的从较慢的 B 列车跳到较快的 A 列车，有的从 A 列车跳到 B 列车。结果使 A 列车车厢失去较大的动量而得到较小的动量，总的来说 A 列车的动量减少了，因而速度减小。B 列车的情况反之，速度增大。这就相当于有一个和运动方向相反的力作用在 A 列车上，使之速度减小；而有一个与运动方向相同的力作用在 B 列车上，使之速度增大。为了计算 B 中的乘客穿过 S 面传给 A 的平行于列车运动方向的动量，必须确定两个因素：①由 B 穿过 S 到 A 的乘客人数；②每个乘客所携带的平行于列车运动方向的动量。

在存在内摩擦现象的气体中，宏观上，气体可划分不同的流层，每层气体具有不同的定向速度，这些具有不同速度的流层好比一列列“车厢”，而气体分子就像是车厢中的“乘客”。热运动使这些“乘客”在不同的“车厢”间跳跃，从而出现规则动量的迁移，宏观上就出现黏性力。在此情况下，为计算在 Δt 时间内由 B 通过 ΔS 迁移到 A 的动量（图 5.3.2），必须确定：①迁移的分子数目；②每个分子所携带的规则动量。

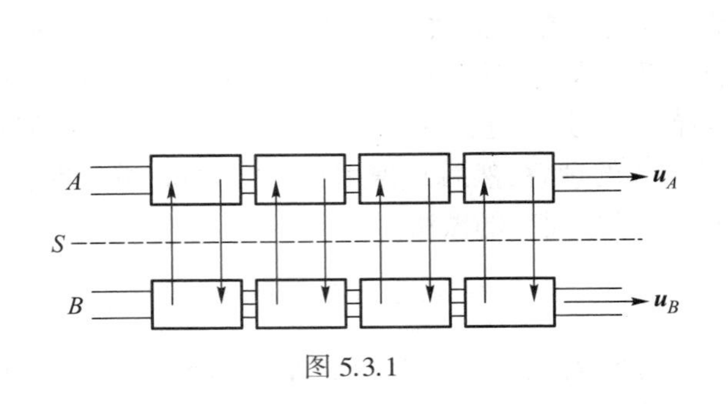

图 5.3.1

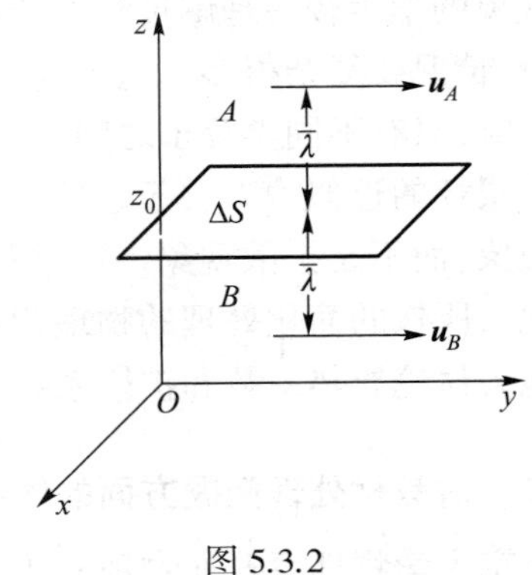

图 5.3.2

关于迁移的分子数目，我们作两个简化假设：

(1) 假定所有的分子可以分成三组，分别沿 x,y,z 轴运动，实质上也就是气体分子沿各个方向运动机会均等的统计假设的简化。如果认为有必要,还可以引用推导压强公式时曾使用过的关系:$\overline{v_x^2}=\overline{v_y^2}=\overline{v_z^2}=\frac{1}{3}\overline{v^2}$加以解释,然后进一步指出,平均来说,沿 z 轴正、负向运动的分子数又各是所有的平行于 z 轴运动的分子数的一半。这就是说,第一个简化假设是:所有的分子中有 1/6 沿着 z 轴的正向运动。

(2)所有的分子都以平均速度 $\bar{v}$ 运动,这里应强调指出,$\bar{v}$ 和 u 是根本不同的。$\bar{v}$ 是**分子热运动的平均速率**,是一个微观量;而 u 是**气流的定向速度**,是一个宏观量。在数量级上,$\bar{v}\gg u$,这好比 $\bar{v}$ 是乘客跳跃的速度,而 u 是车厢的速度。

关于每个分子所携带的规则动量,最好再通过一个比喻来说明。设想有很多列车厢,以不同速度互相平行作惯性运动(图 5.3.3)。这些列车以 S 面为界分成 A 方和 B 方,双方的乘客互相往来跳跃。假设有些乘客跳跃能力特别强,可以跨越一列、两列或更多列车厢,跳到第三、第四或更远的列车去。在这种情况下,B 方列车乘客带到 A 方列车(不管是 A 方的哪一列)的动量是多少呢?以乘客 a 为例,设他从 B_4 出发,经过 B_2 落足后才通过 S 面到达 A 方。由于 a 在通过 S 面之前曾落足于 B_2,因受非弹性碰撞失去原来 B_4 的速度而获得 B_2 的速度,所以他带到 A 方的动量不是他的质量乘以 B_4 的速度,而是他的质量乘以 B_2 的速度。由此可见,重要的不是 B 方乘客起初自哪一列车出发,而是他在通过 ΔS 面之前最后的落足点是哪列车厢。

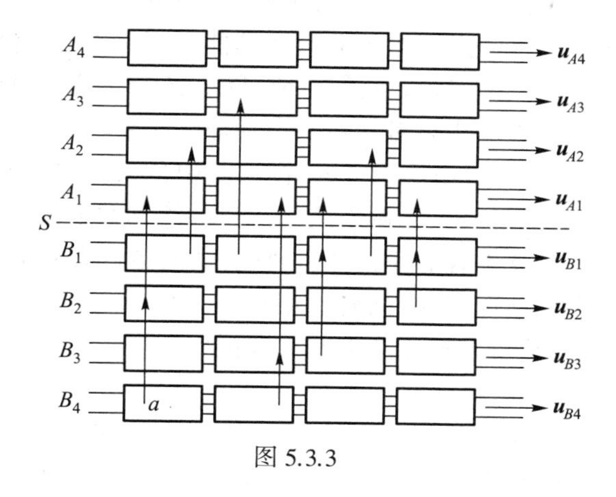

图 5.3.3

在气体黏性现象中,分子的运动类似于上述的比喻。气体可分成不同速度的流层,就好比不同速度的列车,无论分子从哪种速度的流层出发,它通过 ΔS 面到 A 方的规则动量取决于它在通过 ΔS 面前最后一次所受到的碰撞。为了简单起见,我们假定分子受一次碰撞就被"同化",即舍弃它原来的规则动量,而获得碰撞处该流层的分子平均规则动量。也就是说,分子带着在通过 ΔS 面之前的最后一次碰撞处的平均规则动量通过 ΔS 面。显然分子在通过 ΔS 面之前的最后一次碰撞的距离是不同的,但是,由于我们已经假定对迁移有贡献的那部分分子垂直通过 ΔS 面,所以平均来讲,可以认为距离 ΔS 面的分子的平均自由程为 $\bar{\lambda}$。

总的来说,为了确定分子所携带的规则动量,需要作两个简化假设:①分子经过一次碰撞后就被"同化";②分子在通过 ΔS 面之前的最后一次碰撞,发生在距离 ΔS 面 $\bar{\lambda}$ 处,亦即在平均意义上，B 方的分子带有距离 ΔS 面为 $\overline{\lambda}$ 处的规则动量，通过 ΔS 面迁移到 A 方。同理，A 方迁移到 B 方的动量也有类似的情况。

综上所述，可以算出气体分子在 Δt 时间内，由 B 方通过 ΔS 面迁移到 A 方的规则动量的净值为

$$\Delta k = -\frac{1}{3}\rho\overline{v}\,\overline{\lambda}\left(\frac{\mathrm{d}u}{\mathrm{d}z}\right)_{z_0}\cdot\Delta S\cdot\Delta t$$

与宏观规律比较，立即得出

$$\eta = \frac{1}{3}\rho\overline{v}\,\overline{\lambda}$$

最后讨论所得结果的意义，再一次强调指出：黏性现象是分子热运动和碰撞两个因素同时起作用的结果，并指出 η 和压强无关，分析其物理原因。此外，还应该指出，由于我们在计算中用了一些近似的简化假设，因此，所得的结果只能在一定程度上近似地反映客观实际。

在阐述黏度的推导后，利用类比的方法，略为介绍推导导热系数和扩散系数的基本线索和主要步骤，不必用很多时间详细推导。如果学生通过黏性现象这个具体问题的分析，确实已弄清楚内迁移现象的微观过程和所作简化处理的物理背景，那么解决后面两个问题是没有多大困难的。

最后，学生也许会提出扩散过程中分子是否也存在“同化”的问题。无疑地，扩散过程也存在上面所说的“同化”，密度的“同化”相比于动量和动能的“同化”，是较难想象些，因为这里实质上涉及属于某一类型分子的概率问题。我们一般可以从分子通过碰撞而达到统计平衡（在某一阶段可以是局部平衡），去启发学生思考。对于个别理解起来较困难的学生，可以考虑用以下的比喻来说明：设想有很多公路穿过甲乙两省的省界，其中公共汽车来回奔驰，有些从乙省载着乘客往甲省，另一些则相反。显然，甲、乙两省之间人口的流动数取决于穿过省界的汽车数以及每车乘载的乘客数。不管汽车从甲省的何处开出，它所载的穿过省界的乘客数显然与通过省界前一汽车站乘客上车和下车的情况有关，通常如果该站的候车人越多，则汽车需载的乘客就越拥挤，这也就相当于汽车载人数目受到该站乘客情况的“同化”。类似地，可以想象扩散过程中分子密度的“同化”过程。

当然，有必要说明，上面所引用的例子未必很恰当，特别是最后的例子似乎勉强些，但是比喻终究是比喻，它并不等同于真实过程。比喻，只不过是为了说明问题，帮助思考和理解而已，这点应该向学生说明，以免发生误解。

参考文献

[1] 柯大诩.物理通报，1963(2)：81.

[2] 普莱申脱.气动力论.中译本.1963：第四章.

[3] 巴巴列克西.物理学教程：第一卷：下册.中译本.北京：高等教育出版社，1954：75.

5.4 “饮水鸭”的运动违反热力学定律吗?

18、19 世纪人们使用热机做功生产,经大量实践后总结出热力学第一、第二定律。

热力学第一定律指出:第一类永动机是不可能制成的(第一类永动机是不用从外界吸取能量而能永远做功的机器)。即不可能无中生有,不用消耗能量而做功。

热力学第二定律指出:第二类永动机是不可能制成的(第二类永动机是只从外界单一能源吸取能量不断做功而不产生其他影响的机器)。即不可能只从单一的热源(能源)吸取热量(能量)不断做功而不产生其他影响。例如,不能只从周围的大气或海水吸热做功而不产生其他影响。否则,由于周围环境的热量取之不尽,那就变成一个永动机了。

苏联科普物理学家别莱利(Я.И.Перельман)在 20 世纪 30 年代初他的著作《趣味物理学续编》中提到中国儿童玩具“饮水小鸭”。如图 5.4.1 所示,这种小鸭在他的平衡位置附近摆动,一会儿低头饮水,然后又恢复摆动,循环不断,好像一部永动机那样。

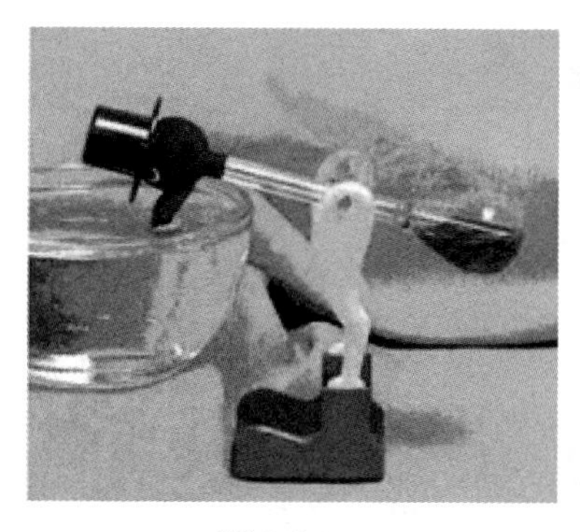

图 5.4.1

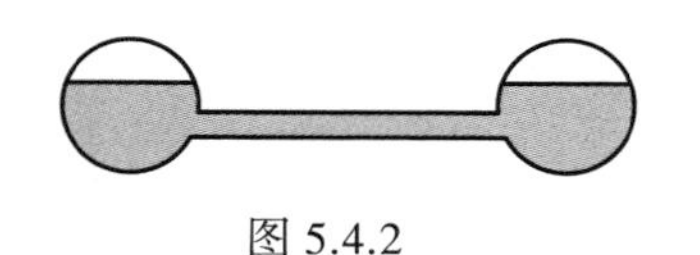

图 5.4.2

到底这种“饮水鸭”是否真是违反热力学定律的永动机呢?我们先看一个有趣实验。如图 5.4.2 所示的是用连通管连接起来的空心玻璃小球。玻璃小球内装有一些沸点较低、饱和蒸气压对温度十分敏感的液体(如乙醚或二氯甲烷),然后抽走其中的空气并密封。这时若某人用双手各握一个小球,则手心温度较高的那个小球内的饱和蒸气压较高,使球内的液体压往手心温度较低的那个小球,由此便可判定哪个手的手心温度较高。若握小球的手不是同一个人的,则由球中液体的流向可以判断谁的手心温度较高。

饮水鸭不断摆动的热力学机制和上述连通双球的原理一样,饮水鸭的鸭头和鸭身都是用玻璃制成的,鸭腹装有一些沸点较低、饱和蒸气压对温度变化较大的着色液体(多为乙醚),鸭头带有一根插入鸭腹液体的连通管,抽走其余的空气后与鸭身密封,使整个鸭子体内除液体外就是它的饱和蒸气压。鸭子的摆轴安装在其重心略高处,使其容易倾倒“饮水”。下面通过图 5.4.3 示意说明饮水鸭饮水和不断摆动的过程。

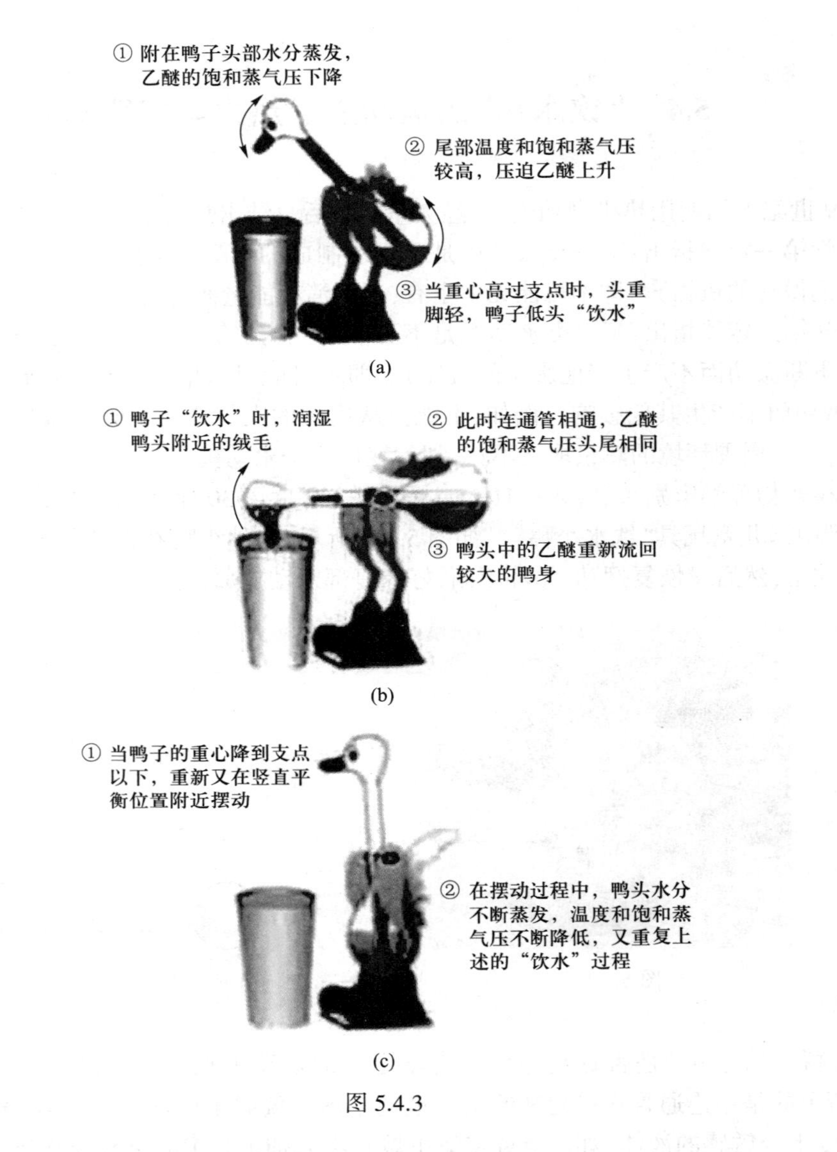

图 5.4.3

由图中的说明可见，**“饮水鸭”的运动并不违反热力学定律。**

饮水鸭在平衡位置附近摆动时，鸭腹液体吸取周围环境的热能蒸发，压迫其中的液体上升到头部，增加势能，突然倾倒把头浸入水中，势能变动能，加大摆幅，可见它的运动不是无中生有，它是吸取鸭腹周围环境的热能，然后转化为机械能，使它不断摆动，不违反热力学第一定律。

饮水鸭在摆动倾倒把头浸入水中时，同时也润湿鸭头上的绒毛，继续不断蒸发并吸取鸭头内的热量，这相当于一个散热的低温热源。换句话说，“饮水鸭”有一个在腹部的“高温”热源和一个在头部的“低温”热源，因此它的不断摆动并不违反热力学第二定律。

据说有人把饮水鸭的装置给爱因斯坦看，他开始觉得很奇怪。在想通道理后，大赞设计之巧妙。我们通过对这个巧妙的设计进行热力学分析，不为假象迷惑，再一次领会到热力学第一定律和第二定律的普遍意义，并更确信第一类和第二类永动机是不可能实现的。

5.5 “飙尿”陶娃娃的热力学特性

在许多旅游景点，常常看到一些摊位在水桶中浸着许多用黏土烧制的空心小陶娃娃，在陶娃娃的下身穿有一个与身内容腔连通的小洞。当有游客围观时，摊主便在水桶中拿出一个陶娃娃放在小板桌上[图 5.5.1(a)]，用热水瓶里的热水淋在陶娃的头上，这时陶娃娃便会从下身小洞喷出水柱，像“飙尿”[图 5.5.1(b)]那样，吸引游客好奇购买。

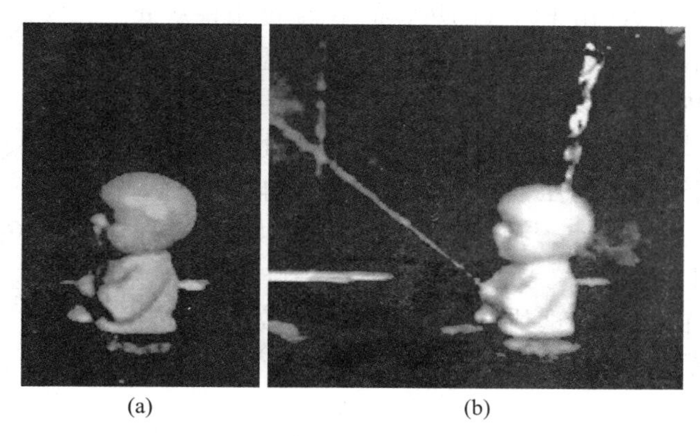

(a) (b)

图 5.5.1 会“飙尿”的陶娃娃

上述陶娃娃“飙尿”的表演，应该是一个有趣的热力学问题。下面我们试图根据热力学的基本概念和原理作一些讨论分析，以期达到“举一反三”的作用。

陶娃娃“飙尿”，这是一个热循环问题，如图 5.5.2 所示。最初是浸冷水前的预备阶段，先加热陶娃娃腹腔内的空气，然后，陶娃娃在水桶中吸水→热水淋头加热喷水→放入水桶中冷却吸水→热水淋头加热喷水……如此循环不断。

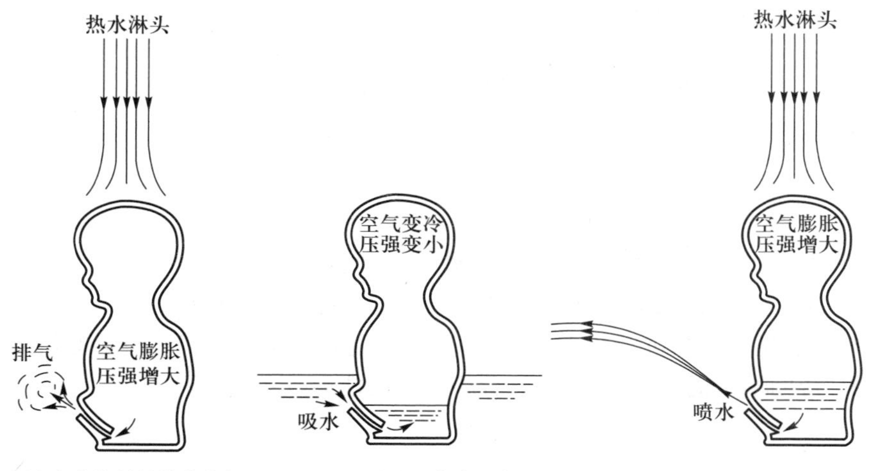

(a) 加热陶娃娃腹内空气 (b) 置陶娃娃于水中吸水 (c) 加热陶娃娃使腹内空气膨胀“飙尿”

图 5.5.2 陶娃娃“飙尿”示意图

我们不难判断,这个热循环过程不违反热力学第一定律,它从热水中吸取能量,然后喷水对外做功,并非“无中生有”。此外,它也不违反热力学第二定律,它从高温热源(热水)中吸取能量,然后又向低温热源(水桶中的冷水)排放热量,并非“单一热源做功”。

现在让我们稍微细致一点讨论这个循环过程。首先有必要指出,作为循环的工作物质——陶娃娃腹腔内的空气中各处的温度、压强和密度不可能在每一时刻都均匀一致,因此这个过程不是准静态的,本来是不能在 $p-V$ 图上画出循环曲线的。不过为便于理解此过程的特征,我们还是理想化地、近似地用 $p-V$ 图表示它的循环曲线。

如图 5.5.3 所示,开始时,工作介质处于 $p-V$ 图中的 A 点,热水淋头后,温度升高至 B 点(由于空气的热容很小,温度很快从低温 T_2 直线上升到高温 T_1)。随后以热水的温度 T_1 等温膨胀至 C 点,同时把陶娃娃腔内的水压出(“飙尿”)。接着陶娃娃落在低温 T_2 的水中,腔内的气压迅速下降至 D 点。D 点的气压比水面的气压(大气压,相当于 A 点的压强)要低,于是陶娃娃腔内的空气被等温(水温 T_2)压缩回 A 点,与此同时水被压入陶娃娃,这样就完成了一个 $ABCDA$ 的循环。

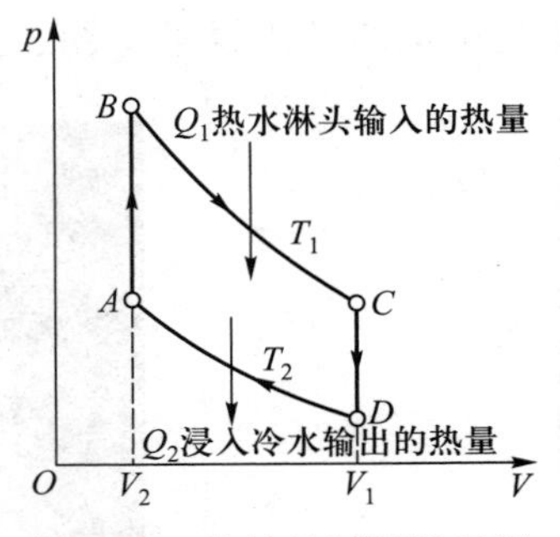

图 5.5.3 陶娃娃“飙尿”理想循环曲线示意图

现在,作为一个练习,我们试估算此理想循环的效率。先计算 BC 段吸热对外所做的功:

$$W_1 = \int_B^C p\mathrm{d}V = \int_{V_B}^{V_C} \frac{nRT_1}{V}\mathrm{d}V = nRT_1 \ln \frac{V_C}{V_B}$$

其中利用了理想气体物态方程

$$pV = nRT$$

式中 n 为气体的物质的量,R 为普适气体常量。下面再计算 DA 段放热对外所做的功,易见此功为

$$W_2 = nRT_2 \ln \frac{V_A}{V_D} = - nRT_2 \ln \frac{V_D}{V_A}$$

注意到 $V_D = V_C$,$V_A = V_B$,得对外所做的总功为

$$W = W_1 + W_2 = nR(T_1 - T_2) \ln \frac{V_C}{V_B}$$

最后得此循环的理想热机效率为

$$\eta = \frac{W}{Q_1} = \frac{nR(T_1 - T_2)}{Q_1} \ln \frac{V_C}{V_B}$$

由上式可见,我们可以粗略认为,用同一陶娃娃表演时,加大高温热源(热水)和低温热源(水桶中的冷水)的温度差,可以加大陶娃娃“飙尿”的高度,加强表演效果。

通过对这个有趣的玩具表演进行热力学过程分析,可以启迪学生注意把所学的热力学知识结合到日常生活中,帮助学生提高观察、思考和分析问题的能力。

5.6 关于光的相干性问题①

关于“光的相干性”问题,是物理光学中一个十分重要的基本问题,它是正确掌握光的干涉和衍射现象的钥匙。然而,在普通物理课程中阐述这个问题时,教材处理往往比较困难,在考虑教材内容的科学性和学生的可接受性方面,确有许多值得推敲之处。现把我们对这个问题的体会介绍一下,与大家共同商榷。

一、光的干涉条件

所谓光的干涉现象,是指两列或几列光波在空间相遇时相互叠加,在某些区域加强,在另一些区域则削弱,形成光强稳定的强弱分布,显示出一定的图案——干涉条纹的现象。也即对于空间某处来说,干涉叠加后的总光强不一定等于分光束光强的叠加,而可能大于、等于或小于分光束的光强。能满足下面三个条件的波——即振动方向相同、频率相同、初相位(或相位差)恒定,就能产生干涉现象,称为相干波。机械波(例如水波或声波)比较容易满足上述三个条件,因而也就容易实现波的干涉。

至于光波,实现干涉的主要困难在于不容易满足第三个条件——即初相位恒定的要求。这是因为光辐射一般是由原子的外层电子受激发后“自动”回到正常状态而产生的。由于辐射使原子的能量损失,加上周围原子的相互作用,个别原子的辐射过程杂乱无章且往往中断,持续时间甚短,即使是极度稀薄的气体发光情况,周围原子的相互作用已减至最弱,而单个原子辐射的持续时间也不超过 10^{-8} s。当某个原子中断了辐射以后,受到激发又会重新辐射,但却具有新的初相位。这就是说,原子辐射的光波并不是一列连续不断、振幅和频率都不随时间变化的简谐波,即不是理想的单色光,而是在一段短暂时间内(例如 $T=10^{-8}$ s)保持振幅和频率近似不变,在空间表现为一段有限长度的简谐波列(图 5.6.1)。此外,不同原子辐射的光波波列的初相位之间也是随机的。这些断断续续、或长或短、初相位不规则的波列总体就构成了宏观的光波。对于宏观光波的这种微观机制的粗略讨论,正是我们理解光的相干性的基础。

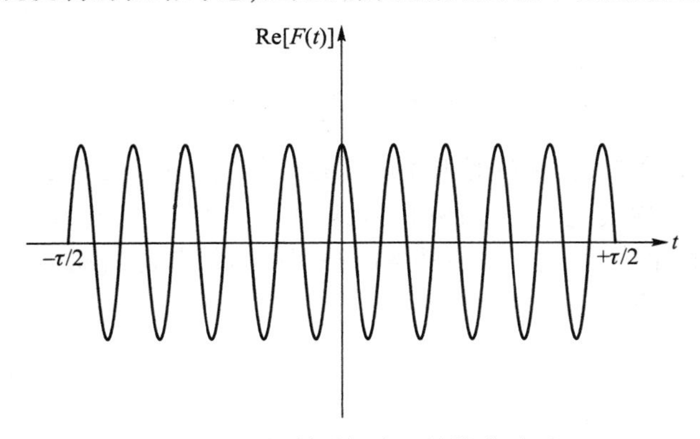

图 5.6.1　辐射时间为 τ 的简谐波列

① 本文的基本内容曾发表于:郑庆璋,罗蔚茵.关于光的相干性.物理教学,1981(1):12.此处略加修改。

总而言之,从一个原子的发光来说,光波是断断续续,初相位是无规则地变化着的;从不同原子的发光来说,初相位也是毫无规则地改变着的。因此,一般来说,不同原子所发的光,或同一原子在不同时刻所发的光,都是不相干的。这种光在空间某处相遇时,就每一瞬间来说,合强度不等于分强度之和,但合强度却因初相位差的不断迅速变化,时而加强、时而削弱地迅速变化着。而人眼或探测器都无法感受如此迅速的变化,以致平均来说,合强度还是等于分强度之和,即**不出现某处始终加强、某处始终削弱的干涉现象**,这也就是通常在两束光叠加时,尽管振动方向和频率都相同,也不呈现干涉现象的缘故。

对于普通的光源,保证相位差恒定就成为实现光的干涉的关键。

根据上面所述,要获得相干的光波,用不同的独立光源是不适宜的。为了解决发光机制中初相位的无规则迅速变化与干涉条件要求相位差恒定这个矛盾,可把同一原子所发出的光波分解成两列或几列,使各分光束经过不同的光程,然后相遇。这样,不管原始光源的初相位如何频繁变化,各分光束之间仍然可能有恒定的相位差,因此也就可能产生干涉现象。

必须指出,尽管不同原子所发的光或同一原子在不同时刻所发的光是不相干的,但实际的光干涉对光源的要求并不那么苛刻,其光源的线度远较原子的线度、甚至光波的波长都大得多。而且相干光也不是"同一时刻"发出的,这是因为实际的干涉现象是大量原子发光的宏观统计平均结果,从微观来说,光子只能自己和自己干涉,不同的光子是互不相干的;但是,宏观的干涉现象却是大量光子各自干涉结果的统计平均效应。这里涉及宏观光波的相干性问题。下面我们分别讨论光的时间相干性和空间相干性的问题。

二、光源非单色性的影响,时间相干性

两束振幅相等、真空中的波长为 λ_0(频率为 ν_0)的单色相干光,在空间某处相遇叠加时的光强为

$$I = 2I_0(1 + \cos\delta) = 4I_0\cos^2\frac{\delta}{2} \tag{1}$$

其中 δ 为两束光的相位差,I_0 为分光束的光强。若两束光的光程差为 Δ,则 $\delta=\frac{2\pi}{\lambda_0}\Delta$,于是(1)式又可写成

$$I = 2I_0\left(1 + \cos\frac{2\pi}{\lambda_0}\Delta\right) = 4I_0\cos^2\frac{\pi}{\lambda_0}\Delta \tag{2}$$

但是,正如前面所指出的,实际的光波不可能是理想的单色光,除了上述光波的波列性质使它具有一定的频率范围(谱线宽度)外,还由于辐射阻尼、原子的热运动(多普勒增宽)和碰撞等原因,使得光波远非理想的单色光。从最基本的被列性质来考虑,假定某一波列的持续时间为 τ(图 5.6.1),则波函数的复数形式可写成

$$\begin{cases} F(t) = A_0 e^{2\pi i\nu_0 t}, & |t| \leqslant \dfrac{\pi}{2}\text{时} \\ F(t) = 0, & |t| \geqslant \dfrac{\pi}{2}\text{时} \end{cases} \tag{3}$$

它的傅里叶展开式为

$$f(\nu)=A_0\int_{-\frac{\pi}{2}}^{\frac{\pi}{2}}\mathrm{e}^{-2\pi\mathrm{i}(\nu-\nu_0)t}\mathrm{d}t$$

$$=\frac{A_0}{2\pi\mathrm{i}(\nu-\nu_0)}\left[\mathrm{e}^{\pi\mathrm{i}(\nu-\nu_0)\tau}-\mathrm{e}^{-\pi\mathrm{i}(\nu-\nu_0)\tau}\right]$$

$$=A_0\tau\left[\frac{\sin\pi(\nu-\nu_0)\tau}{\pi(\nu-\nu_0)\tau}\right] \tag{4}$$

频谱的能量分布为

$$|f(\nu)|^2=A_0{}^2\left[\frac{\sin\pi(\nu-\nu_0)\tau}{\pi(\nu-\nu_0)\tau}\right]^2 \tag{5}$$

图 5.6.2 表示 $|f(\nu)|^2$ 随 ν 变化的曲线,图中清楚地表明谱线的宽度

$$\Delta\nu=\frac{1}{\tau} \tag{6}$$

由此可见,持续时间为 τ 的简谐波列,实质上是包含着在 ν_0附近一系列不同频率的光波,其频率范围约为 $\Delta\nu=\frac{1}{\tau}$,因此即使是由同一列简谐波分解出来的两束光,其干涉结果也并不如(2)式所表示的那样简单。

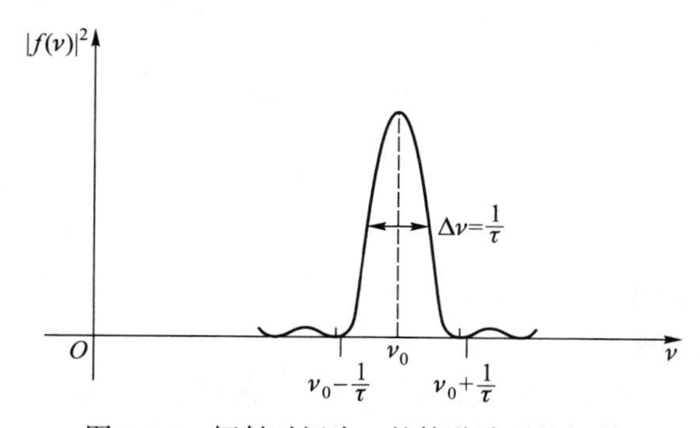

图 5.6.2　辐射时间为 τ 的简谐波列的频谱

在两束光中,若包含有不同频率成分的光波时,则由于不同频率的光是不相干的,总的干涉光强应等于由(2)式所决定的各单一频率干涉光强的叠加。图 5.6.3 就是按(2)式给出的、中心波长为 λ_0、波长范围为$\left(\lambda_0-\frac{\Delta\lambda}{2}\right)\sim\left(\lambda_0+\frac{\Delta\lambda}{2}\right)$的复色光,其干涉光强 I 随光程差 Δ 变化的关系。由图易见,随着干涉级次 k 的增大,干涉条纹变得越来越模糊。这就是说,光源的非单色性使得干涉级次较高的条纹变得模糊不清,以致不能分辨(如图 5.6.3 所示的是除去了相当于干涉级次 $k>5$ 的特殊情况)。对于包含波长范围较大的光波(如白光),除了在 $k=0$ 附近外,光强的分布基本上是均匀的。但由于不同波长有明显的颜色差异,故在零级附近仍能出现几条彩色的干涉条纹。

现在我们来确定干涉条纹不能分辨的干涉级次 k_c。由图 5.6.3 可见,当中心波长 λ_0的光强极大刚好与两端波长$\left(\lambda_0-\frac{\Delta\lambda}{2},\lambda_0+\frac{\Delta\lambda}{2}\right)$的光强极小重合时(相当于 $k_c=5$),干涉条纹变得模糊不

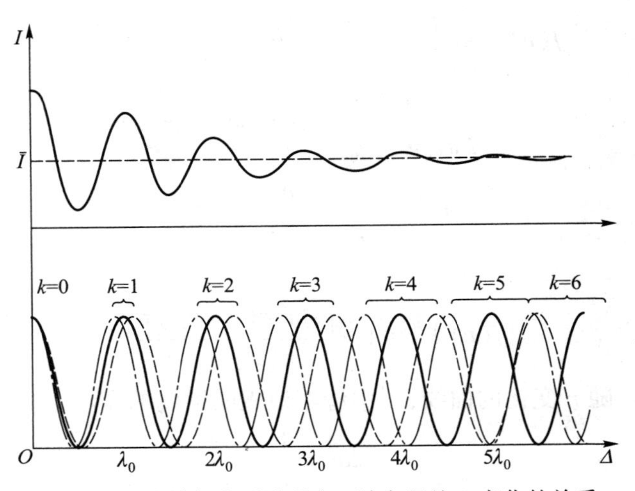

图 5.6.3　非单色光干涉强度 I 随光程差 Δ 变化的关系

上图表示合成光强的分布;下图中实线代表中心波长 λ_0,虚线代表短波($\lambda_0-\Delta\lambda/2$),点画线代表长波($\lambda_0+\Delta\lambda/2$)的干涉光强分布

清。在 $\Delta\lambda \ll \lambda_0$ 的情况下,相当于

$$\Delta_c = k_c\lambda_0 = \frac{(2k_c - 1)}{2}\left(\lambda_0 + \frac{\Delta\lambda}{2}\right)$$

$$= \frac{(2k_c + 1)}{2}\left(\lambda_0 - \frac{\Delta\lambda}{2}\right)$$

得

$$k_c \approx \frac{\lambda_0}{\Delta\lambda} \tag{7}$$

其中 k_c 是非单色光干涉的界限,称为相干干涉级。即当干涉级 $k<k_c$ 时,可以看到干涉现象;而当 $k>k_c$ 时,干涉现象就不复出现了。

对应于 k_c 的光程差称为相干光程差,或相干长度,由(7)式可知,相干光程差为

$$\Delta_c = k_c\lambda_0 \approx \frac{\lambda_0^2}{\Delta\lambda} \tag{8}$$

当两束光的光程差 $k<k_c$ 时,相遇处出现干涉现象,即这两束光是相干的;当 $k>k_c$ 时,相遇处不出现干涉现象,即这两束光不再是相干的了。

由于一般情况下两相干光束是由同一光源分解出来的,因此它们具有相同的初相位。当两束光有光程差 Δ_c 时,说明在相遇处的两光波是光源在光通过 Δ_c 所需的时间间隔 τ_c 前后发射的。显然,若光在真空中的传播速度为 c_0,则

$$\tau_c = \frac{\Delta_c}{c_0} \approx \frac{\lambda_0^2}{c_0\Delta\lambda} \tag{9}$$

τ_c 表征光源在不同时刻所发的光波列仍可产生干涉现象的界限,称为相干时间。换句话说,光源在时间间隔 τ_c 以内所发出的光是相干的,超过这一界限所发的两束光便是不相干的。光波的这种具有一定的相干时间 τ_c 的性质,便是它的时间相干性。

若以频率 ν 和频率范围 $\Delta\nu$(在光谱学中称为谱线宽度)来代替 λ_0 和 $\Delta\lambda$,则由 $c_0=\nu\lambda_0$ 可得

$$\Delta\lambda = -\frac{c_0}{\nu^2}\Delta\nu = -\frac{\lambda_0^2}{c_0}\Delta\nu$$

忽略不重要的负号,则(9)式又可写成

$$\tau_c \approx \frac{1}{\Delta\nu} \tag{10}$$

上式说明相干时间和光波的频率范围成反比,即光波的谱线越窄(单色性越好),则光的相干时间就越长,它的时间相干性就越好。

为了加深对光的时间相干性的理解,我们以迈克耳孙干涉仪为例加以说明。如图 5.6.4 所示,光源 S 发出的光束经半透镜 G 分解为两束,再经反射镜 M_1、M_2 反射后在屏幕 E 处产生干涉,若光源中原子发光的平均持续时间为 τ_c,则某原子在某瞬间发出的简谐波列的长度为 $L=c_0\tau_c$。设某波列 ab 经 G 分解为波列 a_1b_1 和 a_2b_2,再经 M_1 和 M_2 反射,最后成为 $a_1'b_1'$和$a_2'b_2'$而到达 E 上。由于 $a_1'b_1'$和 $a_2'b_2'$和 ab 只是振幅不同,波列的长度是一样的,因此如果 $a_1'b_1'$和$a_2'b_2'$之间的光程差 $\Delta \geqslant L=c_0\tau_c$,则它们之间首尾不相接,两波完全不相遇,当然不可能产生干涉现象(注意不同的波列由于初相位无规则变化,是不相干的)。若 $\Delta \leqslant L=c_0\tau_c$,则 $a_1'b_1'$和$a_2'b_2'$之间有一部分重叠,能产生干涉现象。显然,Δ 越是比 L 小,则重叠的部分越多,干涉条纹就越清晰。由此可见,光程差 $\Delta=L=c_0\tau_c$ 是产生干涉现象的界限,称为相干光程,它和(8)式所决定的一致。至于原子发光的持续时间 τ_c,在此处显然就是(9)式或(10)式所决定的相干时间。波列的持续时间(又称弛豫时间)τ_c 和谱线宽度 $\Delta\nu$ 的关系[(9)或(10)式]与通过傅里叶分析所得的结果[(6)式]完全一致。

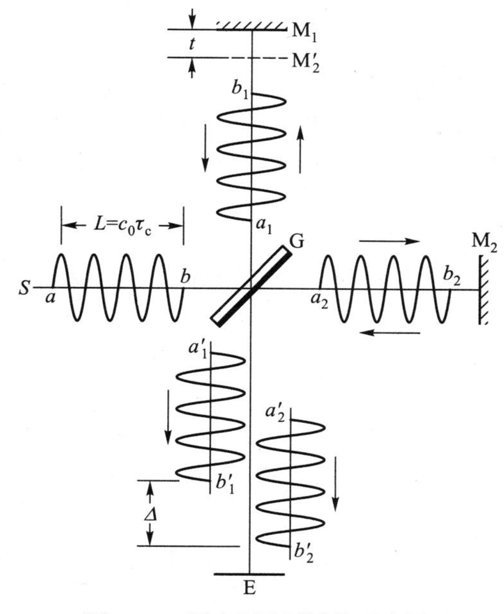

图 5.6.4　迈克耳孙干涉仪示意图

三、光源线度的影响,空间相干性

如上所述,只有利用同一原子发出的光分成两束后,经历不同的光程,相遇时才能产生干涉现象。但实际上实现光干涉时,光源线度还是相当大的,不同处不同原子发出的光仍然不相干,那么,为何我们又能观察到干涉现象呢?原来,尽管不同处不同原子的光不相干,但它们的分光束在一定条件下,在空间某处相遇时,光程差大致相同,即同时加强或同时削弱,这样叠加起来就能得到总的加强条纹或总的削弱条纹。反之,如果各原子的分光束的光程差相差很大,以致某些原子的分光束在空间某处得到加强,而另一些原子的分光束却在该处互相削弱,结果便出现均匀的照度,观察不到干涉现象,这就是光源线度要受到一定限制的缘故。

下面具体讨论光源线度的影响,并以杨氏实验为例加以说明。如图5.6.5所示,光沿 z 方向传播,光源在 x 方向的线度为 $|AB|=l_x$,两针孔间距离 $|S_1S_2|=L_x$。为简单起见,假定 S_1 和 S_2 都是很小的,因而在它们各自的范围内,不同点对光程引起的差别可以忽略。此外,还假定光源到双孔的距离 $|OO'|=R$ 比 l_x 和 L_x 都大得多(实际情况总是如此)。

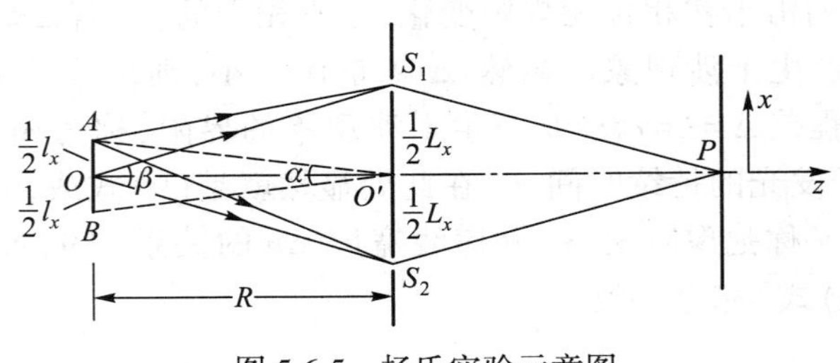

图5.6.5 杨氏实验示意图

首先,考虑从光源中点 O 发出的两束光,它们经双孔 S_1 和 S_2 衍射后,相遇于 P 点。显然,由 P 点位置的对称性可知,这两束光的程差 $\Delta_0=0$。其次,考虑从光源端点 A 发出的另外两束光,它们也经 S_1 和 S_2 衍射后相遇于 P。由图5.6.5易见,这两束光的程差 $\Delta_A=|AS_2|-|AS_1|$,而且

$$|AS_2|=\sqrt{|OO'|^2+(|S_2O'|+|OA|)^2}=\left[R^2+\left(\frac{L_x}{2}+\frac{l_x}{2}\right)^2\right]^{\frac{1}{2}}$$

$$|AS_1|=\sqrt{|OO'|^2+(|S_1O'|-|OA|)^2}=\left[R^2+\left(\frac{L_x}{2}-\frac{l_x}{2}\right)^2\right]^{\frac{1}{2}}$$

所以

$$\begin{aligned}\Delta_A&=\left[R^2+\left(\frac{L_x}{2}+\frac{l_x}{2}\right)^2\right]^{\frac{1}{2}}-\left[R^2+\left(\frac{L_x}{2}-\frac{l_x}{2}\right)^2\right]^{\frac{1}{2}}\\&\approx R\left[1+\frac{1}{2}\left(\frac{L_x+l_x}{2R}\right)^2\right]-R\left[1+\frac{1}{2}\left(\frac{L_x-l_x}{2R}\right)^2\right]\end{aligned}$$

即

$$\Delta_A=\frac{l_xL_x}{2R}\tag{11}$$

由此可见,从光源边缘 A 点发出的两束光的光程差,与从光源中心 O 点发出的两束光的光程差之差为

$$\Delta_A - \Delta_O \approx \frac{l_x L_x}{2R} \tag{12}$$

这个差别可以近似地看成光源上半部分(即 AO 部分)相干光束的平均光程差与下半部分(即 OB 部分)相干光束的平均光程差之差。若 $\Delta_A-\Delta_O=\frac{\lambda_0}{2}$,则当 $\Delta_O=k\lambda_0(k=0,\pm1,\pm2,\cdots)$,下半部的光束相干加强时,$\Delta_A=(2k+1)\frac{\lambda_0}{2}$,即上半部的光束相干削弱。这样也就看不到干涉现象了,如图 5.6.6 所示。若 $\Delta_A-\Delta_O\leqslant\frac{\lambda_0}{2}$,例如 $\Delta_A-\Delta_O=\frac{\lambda_0}{4}$,则光源不同部分干涉重叠的结果使光强分布不均匀,如图 5.6.7 所示,即有干涉现象。

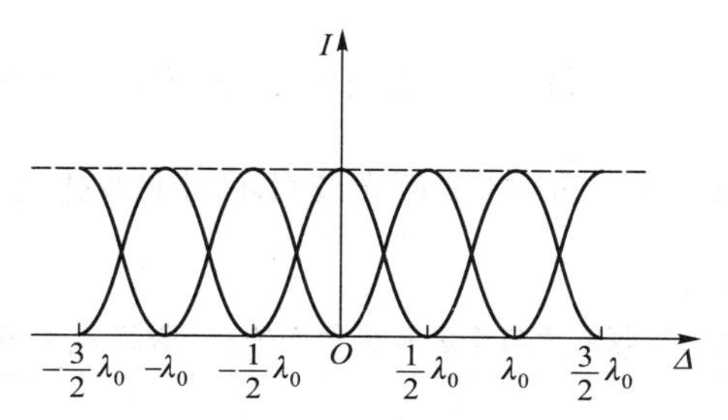

图 5.6.6　光源下半部的光束相干加强,上半部的光束相干削弱的结果

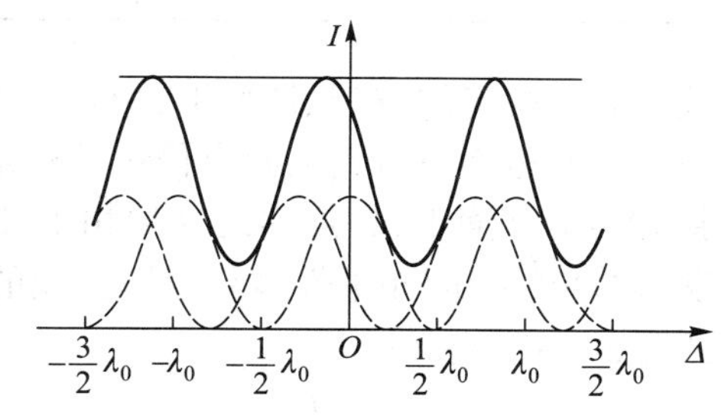

图 5.6.7　光源不同部分干涉重叠的结果使光强分布不均匀

由上述讨论可见

$$\Delta_A - \Delta_O \leqslant \frac{\lambda_0}{2} \tag{13}$$

是产生干涉现象的必要条件。利用关系式(12),可写成

$$\frac{l_x L_x}{R} \leqslant \lambda_0 \tag{14}$$

由此可见,为实现光的干涉,光源线度 l_x 可以比原子甚至有关波长大很多,但它必须满足(14)式的要求。引入干涉孔径角 β,定义 $\beta=\arctan\frac{L_x}{R}\approx\frac{L_x}{R}$(因 $R\gg L_x$),它是从光源上一点发出的、在相遇时能产生干涉的两束光之间的夹角(图 5.6.5),则(14)式又可写成

$$l_x \leqslant \frac{\lambda_0}{\beta} \tag{15}$$

这个式子表明，相干光源允许的最大线度与光波波长 λ_0 成正比，而与干涉孔径角 β 成反比。这也就说明了为何薄膜干涉能使用较大的扩展光源(图 5.6.8)。

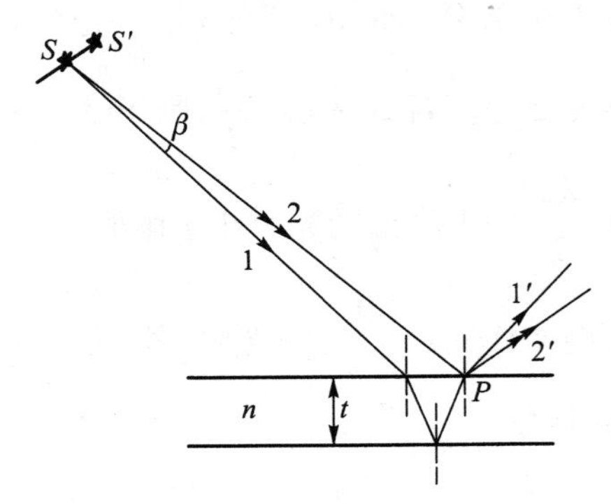

图 5.6.8　薄膜干涉能使用较大的扩展光源示意图

表 5.6.1 是假定波长为 $\lambda_0=500$ nm 的绿色光波对不同干涉孔径角仍能产生干涉现象的光源线度。

表 5.6.1　光源线度与干涉孔径角的关系(假定 $\lambda_0=500$ nm)

干涉孔径角 β	$1°$	$1'$	$1''$
光源线度 l_x/cm	3×10^{-3}	1.7×10^{-1}	10

对于一个已知光源，光源线度 l_x 是给定的，在此情况下，(14)式具有新的意义，它给出在垂直于光传播方向的平面上，在对称轴两边相距为 L_x 的两点仍然具有相干性的线度。在空间中一个被光源照明、并垂直于光传播方向的平面上，各点间的这种相干性质就是所谓光的空间相干性。L_x 越大，表明相应光源所发出的光的空间相干性越好；反之，光的空间相干性就越差。引入光源线度的张角(又称视角)α(图 5.6.5)，定义

$$\alpha=\arctan\frac{l_x}{R}\approx\frac{l_x}{R}(R\gg l_x)$$

则(14)式又可写成

$$L_x\leqslant\frac{\lambda_0}{\alpha}\tag{16}$$

可见反映光的空间相干性的量 L_x，与光波的波长 λ_0 成正比，而与光源线度的张角 α 成反比。

光的空间相干性概念与时间相干性概念一样，都是十分重要的。

四、光干涉图案的定域问题

相干光叠加的空间，会形成一定的干涉图案，但并非随处都可以观测到有规则的分布(例如强、弱条纹)，这与光源的线度和空间相干性有关。

1.点光源干涉

分光束只要满足空间相干性的要求(即相干空间)，则在叠加的空间处处都可以观测到有规则的图案。即在相干空间任何地方放入一块观察屏，都能看到稳定且有规则的干涉图案。如果

光源逐渐扩展，则干涉图案逐渐变模糊，直至最后消失。

2.等厚干涉

按照(15)式和图5.6.8所示，同一光源发出的两束相干光，1经薄膜下表面反射与在上表面反射的2相遇时，其间的光程差由图5.6.9可见，当t、i较小时，近似为

$$\begin{aligned}\Delta &\approx 2\frac{nt}{\cos r}-2t\tan r\cdot\cos i\\&=2\frac{nt}{\cos r}-2t\frac{\sin r}{\cos r}\cdot\cos i\\&=\frac{2nt}{\cos r}\cdot\left(1-\frac{\sin 2i}{2n^2}\right)\end{aligned}\tag{17}$$

其中利用了折射率关系$\sin i=n\sin r$。

由图5.6.9可见，薄膜的厚度t越小，则相应的干涉孔径角β越小，同时入射角i也越小时(即靠近垂直入射)，(17)式的引起的误差非常小。又由图5.6.8可见，当扩展光源远离薄膜时，S邻近另一亮点S'同样发出的两束在P点相遇的相干光，其入射角和折射角改变很小，由(17)式确定的光程差改变不大(基本上由薄膜的厚度t决定)。

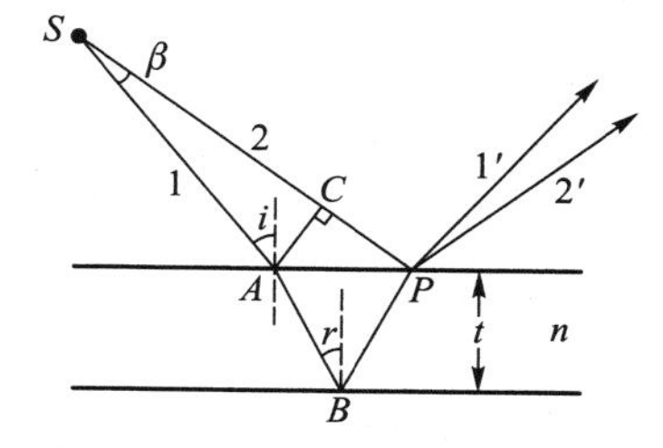

图5.6.9　两束在P点相遇时的光程差

特别是当扩展光源各发光点以接近于垂直薄膜方向入射，经上、下表面反射相交于上表面某一点(例如P点)时，各相干光间的光程差几乎不变。由(17)式易见，它们的光程差近似同为$\Delta\approx 2nt$，即其**光程差仅由薄膜的厚度决定**。这种干涉图案定域在薄膜的上表面的扩展光源干涉现象称为**等厚干涉**。

等厚干涉的典型事例首先由牛顿发现的，称为**牛顿环**。近代观测牛顿环的实验装置如图5.6.10所示。

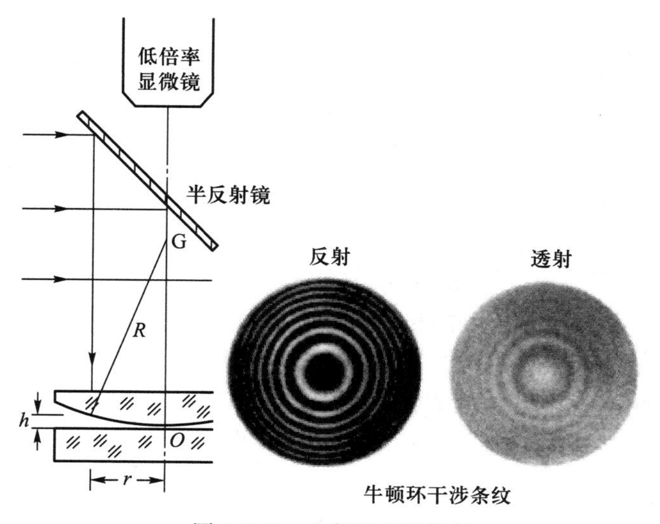

图5.6.10　牛顿环实验装置

等厚干涉有很多实际的应用，除了用来测量薄膜不同处的厚度外，更多的是用来检查光洁产品的质量。例如检查一个球面产品的曲率半径和光洁度是否合格，可先用优质的透明玻璃，精制研磨一个等于产品负曲率的模具，套在产品上，用单色光或白光照射，则可由其间的空气薄膜所产生的等厚干涉图案来判断产品的质量。

3.等倾干涉

若薄膜的上、下表面相互平行，则扩展光源中任意一条光线经上、下表面反射后的两条光线保持相互平行，在无穷远处或会聚透镜的焦平面处相遇相干（图 5.6.11 和图 5.6.12）。由图 5.6.11易见，两反射光 a'、b'的光程差类似于(17)式，为

$$\Delta = 2\frac{nt}{\cos r} - 2t\tan r\cdot\cos i = \frac{2nt}{\cos r}\cdot\left(1-\frac{\sin 2i}{2n^2}\right)$$

$$= \frac{2nt}{\sqrt{1-\sin^2 r}}\cdot\left(1-\frac{\sin 2i}{2n^2}\right) = \frac{2n^2 t}{\sqrt{n^2-\sin^2 i}}\cdot\left(1-\frac{\sin 2i}{2n^2}\right) \tag{18}$$

由图 5.6.12 易见，扩展光源中另一发光点 S'发出一束同方向的光在薄膜上、下表面反射的两束相干光同样保持平行，与 S 反射的两束相干光有相同的光程差。换句话说，在整个扩展光源中所有发光点的两束反射光，以这个倾角入射的光，它的两束反射光都有相同的光程差，即同时相干加强或削弱。又由(18)式可见，薄膜的厚度 t 是不变的，**相同的入射倾角 i 有相同的光程差**，形成同样的干涉条纹，这种干涉就叫做**等倾干涉**。

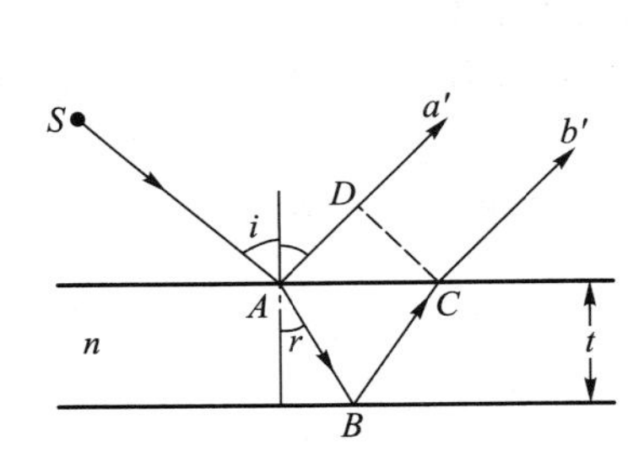

图 5.6.11　等厚薄膜上、下两面反射的一对平行相干光示意图

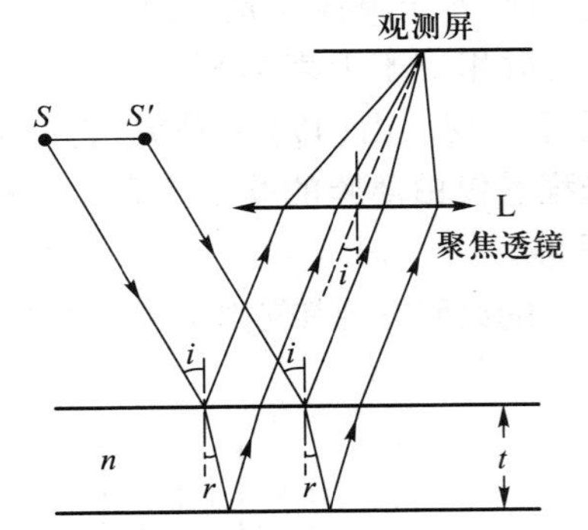

图 5.6.12　扩展光源上有相同入射角的平行反射光示意图

图 5.6.13 为一种观测等倾干涉的示意图，由图可见，不同入射倾角形成一组同心圆，测量这些同心圆的大小或变化，即可求得膜层的厚度 t。由于(18)式是精确成立的，因此只要光源的相干长度足够，可测量的 t 不限于薄膜，即它还可以测量距离较大的两个平行反射面之间的距离。例如利用等倾干涉可以精确测量尺子的长度（在尺子两端放置一对平行的反光透镜即可），通常是利用迈克耳孙干涉仪的改进型进行的。由图 5.6.4 可见，迈克耳孙干涉仪的 M_2 的镜像 M_2'与 M_1 间的距离，相当于膜层上、下两表面的厚度 t。

等倾干涉还可以非常精确地测量长度的极其微小的变化。2016 年 2 月 11 日美国 LIGO 团队声称探测到来自宇宙深处的引力波，轰动世界。他们的主要设备就是两台相距 3 000 km 的巨型迈克耳孙干涉仪（每台的相互垂直光臂各长 4 km），能测出 10^{-24}的长度相对变化，可见这种光干涉仪的威力之强大！

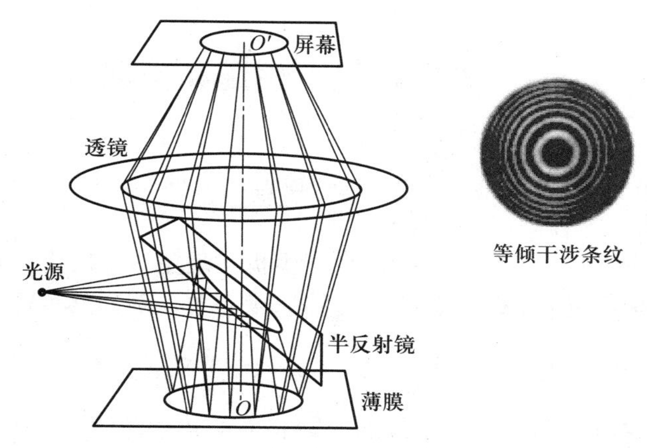

图 5.6.13　一种观测等倾干涉的示意图

以上我们简要概括地讨论了光干涉现象的基本概念以及主要问题，至于光干涉的各种应用和相关仪器则一笔带过，不作过多介绍。另外相干性和方向性非常好而且光强极强的激光，这里也完全没有涉及，因为那是发光机制不同的新光源，虽然也有互相干涉的问题，但它属于另外的光学问题。

5.7 光的色散 相速和群速

在波(包括光波)的传播问题中,“**群速**”的概念是一个难点,许多学生觉得不好理解,难于接受。下面我们通过简单的分析加以推导和说明。

大家知道,光通过不同透明介质的界面时会产生折射现象。一般折射角的大小与介质的折射率有关,而介质的折射率又和光在介质中的传播速度有关。例如某种透明介质相对真空的折射率可以写成 $n=\frac{c}{v_{\mathrm{p}}}$,其中 c 为真空中的光速,v_{p} 为介质中光的传播速度。

上面提到的波的传播速度 v_{p},指的是波面或同相面的传播速度。由简谐平面波(又称单色平面波)的波函数

$$x=A\cos\omega\left(t-\frac{y}{v_{\mathrm{p}}}\right)=A\cos\left(\omega t-\frac{2\pi}{\lambda}y\right)$$

易见,当相位

$$\varphi=\omega\left(t-\frac{y}{v_{\mathrm{p}}}\right)=\omega t-\frac{2\pi}{\lambda}y=C(\text{常量})$$

时,可得

$$\frac{\mathrm{d}\varphi}{\mathrm{d}t}=\omega\left(1-\frac{1}{v_{\mathrm{p}}}\frac{\mathrm{d}y}{\mathrm{d}t}\right)=\omega-\frac{2\pi}{\lambda}\frac{\mathrm{d}y}{\mathrm{d}t}=0$$

$$v_{\mathrm{p}}=\left(\frac{\mathrm{d}y}{\mathrm{d}t}\right)_{\varphi}=\frac{\omega}{k} \tag{1}$$

其中 $k=\frac{2\pi}{\lambda}$是角波数(即 2π 个单位长度内的波数),$\left(\frac{\mathrm{d}y}{\mathrm{d}t}\right)_{\varphi}$ 表示在 $\varphi=$常量的条件下,y 对 t 的导数。由此可见,v_{p} 所代表的是某一选定相位(同相面或波面)的传播速度,因此又叫做相位速度,简称**相速**。

一般来说,介质中不同波长(或频率)的波有不同的相速,亦即不同波长(或频率)的光波在透明的介质中有不同的折射率,这种现象称为**光的色散**。

如图 5.7.1 所示为白光(含多频率的多色光)通过玻璃棱镜后的色散现象。此外,阳光照射到雾中的小水珠上出现的霓虹也是光的色散现象。

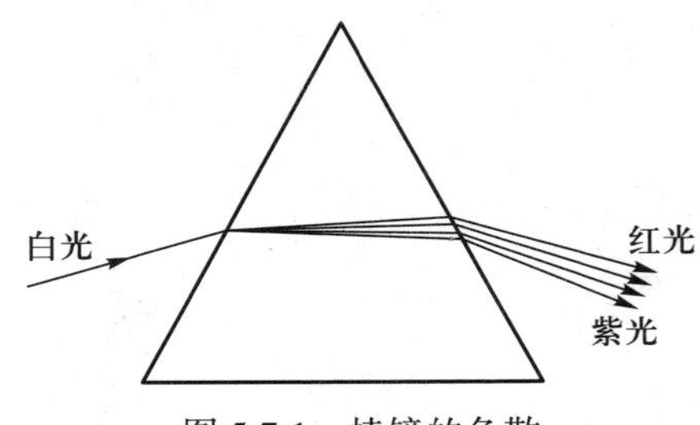

图 5.7.1 棱镜的色散

表 5.7.1 为几种典型光学玻璃的折射率随光波波长(或频率)变化的实验数据。

表 5.7.1 典型光学玻璃的色散

谱线*	λ/nm	折射率					
		冕牌玻璃(K9)	钡冕牌玻璃(BaK7)	重冕牌玻璃(ZK6)	轻火石玻璃(QF3)	钡火石玻璃(BaF1)	重火石玻璃(ZF1)
—(紫外)	365.0	1.535 82	1.594 17	1.638 62	1.611 97	1.573 71	1.700 22
h(蓝)	404.7	1.529 82	1.586 20	1.630 49	1.599 68	1.565 53	1.682 29
g(青)	435.8	1.526 26	1.581 54	1.625 73	1.592 80	1.560 80	1.672 45
F(青绿)	486.1	1.521 95	1.575 97	1.619 99	1.584 81	1.555 18	1.661 19
e(绿)	546.1	1.518 26	1.571 30	1.615 19	1.578 32	1.550 50	1.652 18
D(黄)	589.3	1.516 30	1.568 80	1.612 60	1.574 90	1.548 00	1.647 50
c(橙红)	656.3	1.513 89	1.565 82	1.609 49	1.570 89	1.545 02	1.642 07
A′(红)	766.5	1.511 04	1.562 38	1.605 92	1.566 38	1.541 60	1.636 09
—(红外)	863.0	1.509 18	1.560 23	1.602 68	1.563 66	1.539 46	1.632 54
—(红外)	950.8	1.507 78	1.558 66	1.602 06	1.561 72	1.537 91	1.630 07

* 谱线用的是太阳光谱中的夫琅禾费黑线代号。

如果光波是理想的单色波(只有一个频率),或是它的相速与波长无关(不存在色散现象),则相速也就是波的能量(以最大振幅表征)的传播速度。但是,实际上的波不可能是理想的单色波,色散现象也不可能完全避免(除非是真空),因此一般来说,波能量的传播速度不同于相速。下面我们通过一个简例来讨论这种差别。

设波群(复色波)仅由两列波长和相速都非常接近的单色波构成,它们的波长和相速分别为 λ、v_p 及 $\lambda+d\lambda$、v_p+dv_p。于是这个波群可以近似认为是一个振幅变化缓慢的正弦波,如图 5.7.2 所示。显然,能量的传播速度取决于整个波群的振幅包络的传播速度 v_g,这个速度也即波群最大波峰的传播速度,通常称为**群速**。

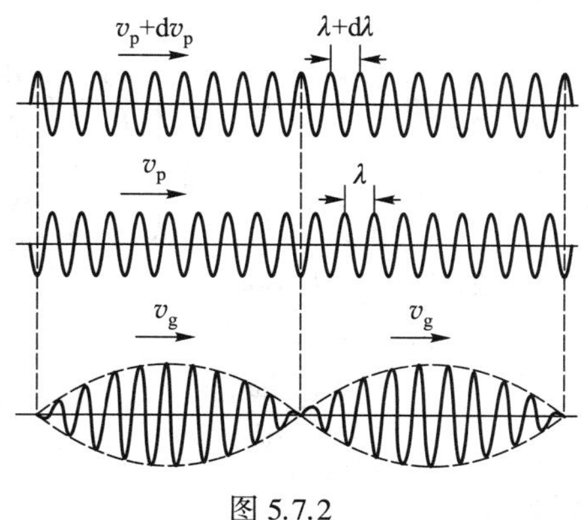

图 5.7.2

下面我们通过一个特例(图 5.7.3)来找出群速和相速的关系。

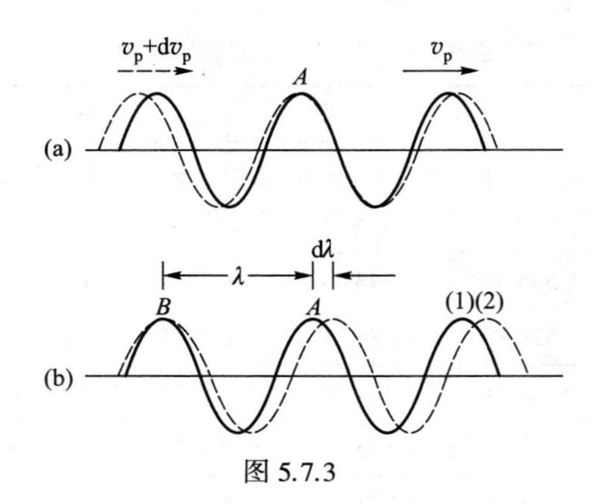

图 5.7.3

设在某一时刻两列波在 A 点重合[图 5.7.3(a)],由于第二列波(虚线表示)相对于第一列波(实线表示)有相对速度 $\mathrm{d}v_p$,因而经 $t=\frac{\mathrm{d}\lambda}{\mathrm{d}c}$时间后,波峰便在 B 点重合[图 5.7.3(b)],这就相当于波群最大波峰的传播在 t 时间内较第一列波落后了一段距离 λ。但在 t 时间内波群最大波峰传播过的距离为 $v_g t$,而第一列波传播过的距离为 $v_p t$,故有

$$v_p t - v_g t = \lambda \quad 或 \quad v_g = v_p - \frac{\lambda}{t}$$

亦即

$$v_g = v_p - \lambda \frac{\mathrm{d}v_p}{\mathrm{d}\lambda} \tag{2}$$

这就是群速 v_g 和相速 v_p 以及色散关系$\frac{\mathrm{d}v_p}{\mathrm{d}\lambda}$之间的关系式。由此可见,若不存在色散现象或色散现象可以忽略,则$\frac{\mathrm{d}v_p}{\mathrm{d}\lambda}\approx 0$,$v_g \approx v_p$,即群速和相速一致。

利用相速 v_p、频率 ν、波长 λ 三者的关系

$$v_p = \nu\lambda = \frac{\omega}{2\pi}\lambda = \frac{\omega}{k}$$

群速又可写成

$$v_g = v_p - \frac{2\pi}{k}\frac{\mathrm{d}\left(\frac{\omega}{k}\right)}{\mathrm{d}\left(\frac{2\pi}{k}\right)} = v_p - \frac{2\pi}{k}\left(\frac{\frac{\mathrm{d}\omega}{k} - \omega\frac{\mathrm{d}k}{k^2}}{-\frac{2\pi}{k^2}\mathrm{d}k}\right)$$

$$= v_p - \frac{2\pi}{k}\left(\frac{\omega}{2\pi} - \frac{k}{2\pi}\frac{\mathrm{d}\omega}{\mathrm{d}k}\right)$$

化简后得

$$v_g = \frac{\mathrm{d}\omega}{\mathrm{d}k} \tag{3}$$

利用光的折射率 $n=\frac{c}{v_p}=\frac{ck}{\omega}$的关系,有

$$
\begin{aligned}
v_{\mathrm{g}} &= \frac{\mathrm{d}\omega}{\mathrm{d}k} = \frac{\mathrm{d}}{\mathrm{d}k}\left(\frac{ck}{n}\right) \\
&= c\left(\frac{1}{n} - \frac{k}{n^2}\frac{\mathrm{d}n}{\mathrm{d}k}\right) = \frac{\omega}{k}\left(1 - \frac{k}{n}\frac{\mathrm{d}n}{\mathrm{d}k}\right) \\
&= v_{\mathrm{p}}\left(1 - \frac{k}{n}\frac{\mathrm{d}n}{\mathrm{d}k}\right)
\end{aligned}
\tag{4}
$$

上式表明,若$\frac{\mathrm{d}n}{\mathrm{d}k}>0$,即随着光波的频率增大(波长减少),折射率也增大,则 $v_{\mathrm{g}}<v_{\mathrm{p}}$(群速小于相速),这种情况称为正常色散,反之为反常色散。表 5.7.1 中所列玻璃的折射率随波长(频率)的变化情况,显然在该频段范围内属于正常色散。可以证明,在频带较窄的情况下,群速也是波动能量的传播速度①。

希望通过上述的介绍能帮助学生正确理解波动(包括机械波和电磁波)中色散、相速和群速等基本概念。

① 赵凯华.新概念物理教程:光学.北京:高等教育出版社,2004:385.

5.8　光的反射、折射、全反射和散射杂谈

光的反射、折射、全反射和散射是基础物理必讲的内容,本文拟结合日常生活的现象对这些内容作一些扩展性的杂谈,以增添其趣味性和启发性,供教学参考。[1—3]

一、光的反射、折射和全反射

光的反射和折射定律是大家熟知的,如图 5.8.1 所示。图中 i_1(入射角)= i_2(反射角),入射角和折射角满足关系 $n_1(\sin i_1)=n_2(\sin r)$。由图 5.8.1 及折射定律可知,当 $n_2>n_1$ 时,入射角>折射角;当 $n_2<n_1$ 时,入射角<折射角。当入射角达到一个临界角 i_c时,折射角 $r=\pi/2$,入射光完全被反射,称为全反射或内反射。折射角与入射角及反射率的关系如图 5.8.2 所示。

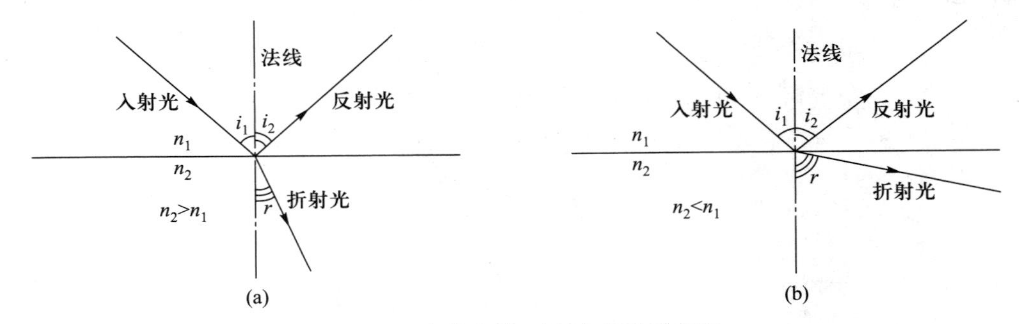

图 5.8.1　光的入射、反射和折射示意图

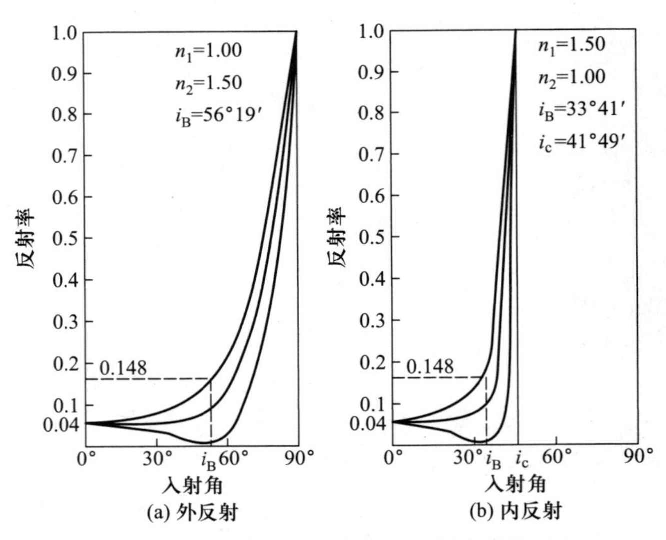

图 5.8.2　折射角与入射角及反射率的关系

二、从光的全反射到光纤通信

利用光线的内反射现象,可以使光线在弯曲的透明介质中传播。最早实现光线在弯曲的透明介质中传播的实验是 D.Colladon 于 1842 年完成的,他用流水做了一个的光导实验。1870 年的一天,英国物理学家丁铎尔到皇家学会的演讲厅讲光的全反射原理,他做了一个简单的实验:在装满水的木桶上钻个孔,然后用灯从桶上边把水照亮,结果使观众们大吃一惊。人们看到,放光的水从水桶的小孔里流了出来,水流弯曲,光线也跟着弯曲,光居然被弯弯曲曲的水俘获了(图 5.8.3)。其原理图如图 5.8.4 所示。

图 5.8.3　水柱光导实验

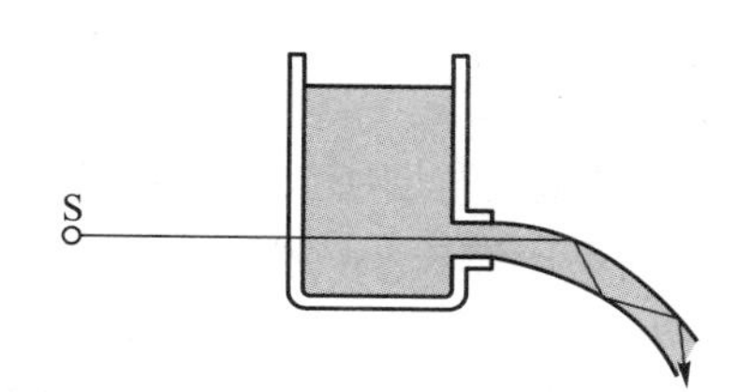

图 5.8.4　流体中的全反射现象

利用光线在弯曲的透明介质中传播的性质,现代已经研制成功了光导纤维(光纤)[4],如图 5.8.5 所示。光纤的原理如图 5.8.6 所示。

(a) 一束光纤

(b) 光纤传输的图像

(c) 光纤组成的光缆

图 5.8.5　现代光纤实物

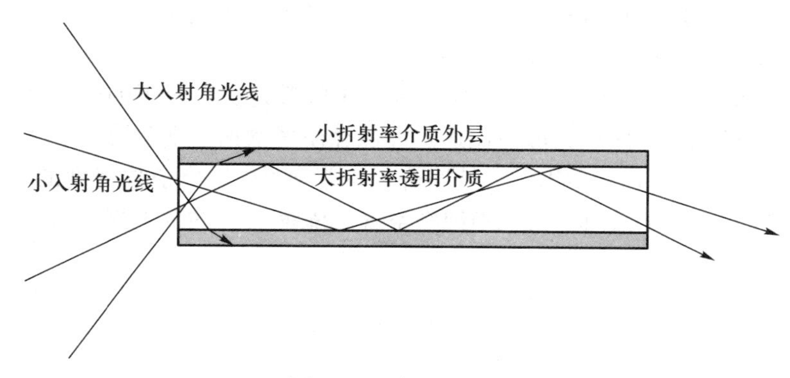

图 5.8.6　光纤原理图

利用光纤原理可以沿弯曲路径传递光信息。1966 年七月，英籍华裔学者高锟博士(K.C.Kao)在 PIEE 杂志上发表论文《光频率的介质纤维表面波导》，从理论上分析证明了用光纤作为传输介质以实现光通信的可能性，并预言了制造通信用的超低耗光纤的可能性。高锟因而获得了 2009 年度诺贝尔物理学奖。

利用光纤通信的最大优势是信息的载体光波具有很高的频率(约 10^{15} Hz)，比高频电磁波(约 10^{9} Hz)高很多，可以容纳多得多的频段(信息)，而且防干扰的性能更好，因而在通信领域得到突飞猛进、广泛的应用。

应当指出，有些媒体称高锟为"光纤之父"，似乎帽子戴错了。其实光纤早就研制成功，高锟只是把它应用到通信上去，当然这是很伟大的创新，贡献非常大，因此称他为"光纤通信之父"才比较确切。

三、从光的散射到蓝天白云和日出、日落的红霞满天

光通过含有混浊颗粒的透明介质时，会部分被吸收，转化为其他运动形态，部分以原频率①向四面八方散射开来。

颗粒足够小时，例如烧卷烟所放的烟，白光会被散射而呈蓝紫色，说明小颗粒散射光与波长有关。若颗粒增大到不比波长小(例如从口中喷出的烟雾)，散射的光就仍是白色，这是从较大的颗粒(雾中小水珠)漫反射的结果。

小颗粒散射光的规律，第一个精密的研究的是 1871 年由瑞利(L.Rayleigh)完成的，因此这种散射常称为瑞利散射。瑞利通过数学的研究，对于散射光光强，得到一个普遍定律：只要小颗粒的折射系数和邻近介质的折射系数不同，此定律就可应用；唯一的限制，就是颗粒的线度要比散射光的波长小很多。散射光光强除了和入射光光强成正比，和颗粒体积的平方也成正比外，最有意义的结果是散射和波长的关系。散射光强和波长 λ 的四次方成反比，即 $I\propto 1/\lambda^4$。因此长波的散射效应比短波的散射效应要小得多。事实上，波长为400 nm的紫光的散射效应，是波长为 720 nm 的红光的 1.8 倍。所以，若颗粒比这两种光波的波长都小得多的话，它对于紫光的散射是红光的 1.8^4($\approx$10)倍。

第一个用实验研究颗粒的线度和散射光强关系的是英国自然哲学家丁铎尔(J.Tyndall，1820—1893)；后来米氏(C.Mie，1908 年)和德拜(P.Debye，1909 年)得到均匀介质中半径为 a 的小球对光的散射问题的严格解。米氏-德拜散射理论证明：只有 $a<0.3\lambda/2\pi$(即 $a<\lambda/20$)时，瑞利的 λ^4 反比定律才是适合的；当 $a\gg\lambda$ 时，散射光与波长的关系就不明显了。也就是说，比起小颗粒散射来说，大颗粒的散射光的颜色要淡些。

不含任何杂质的介质叫做纯净介质。纯净介质中的散射是由分子的热运动出现涨落(统计起伏)产生的，光通过纯净介质中的散射比通过浑浊介质的散射要弱得多。在大多数情况下，单位体积内仅散射光束能量的 $10^{-7}\sim10^{-6}$。纯净介质的散射中，与分子数密度的涨落造成折射率不均匀相联系的散射叫分子散射。天空中纯净空气热涨落引起的散射属于分子散射，遵从瑞利的 λ^4 反比定律。

我们看到的蓝天白云，正是阳光散射的结果。蓝天是纯净空气分子瑞利散射的结果，而白

① 这里不考虑在特殊情况下频率改变的拉曼效应。

云则是较大的小水珠对所有波长漫反射所致。至于旭日初升的红大阳和落日时满天的红霞，也是太阳白光瑞利散射的结果，如图 5.8.7 所示。

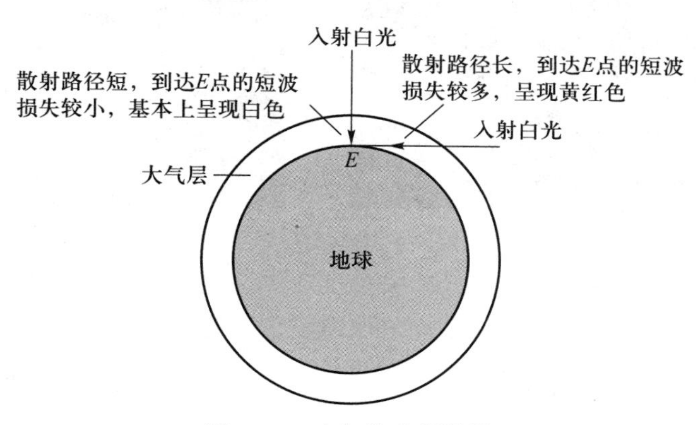

图 5.8.7　大气的瑞利散射

一个很有趣的演示蓝天和红色落日的实验如图 5.8.8 所示。一个很亮的光源 S（日光或弧光灯）所发出的光线经过透镜 L_1、清水槽 T、有圆孔的屏幕 I 及透镜 L_2，最后到达观察屏幕 E。透镜 L_1 用来产生平行光通过水槽，而 L_2 用来将圆孔 I 的像形成在屏幕 E 上。在水槽里每升水中溶入约 4 g 的定影剂粉（硫代硫酸钠 $Na_2S_2O_3$）。水槽的长度为 0.3~0.6 m。将 1~2 mL 的浓硫酸滴入水槽中，便有微小的硫黄颗粒徐徐析出。产生最好效果所需的盐和酸的正确分量需由实验来决定。加酸之后等待两三分钟可看到沉淀开始出现。

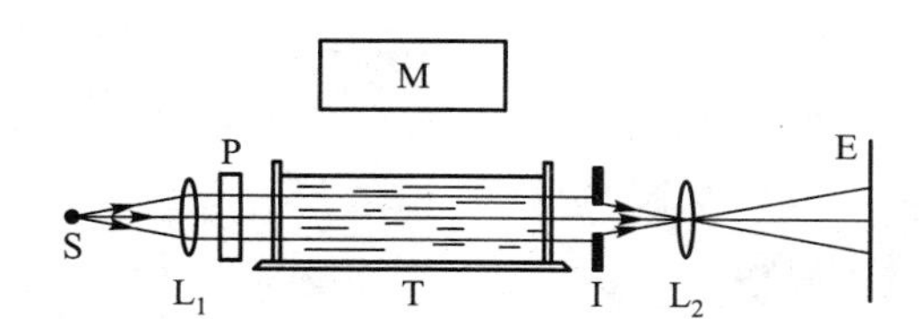

图 5.8.8　演示散射产生蓝色的天，黄红色的日出、落日和偏振的起因和实验装置

当硫黄颗粒形成时，散射的蓝色能标志出光线在槽中所经的途径。若用偏振片或其他检偏器在与光线垂直的方向去看，最初可看到平面偏振光，当较多的微粒形成后便成为部分偏振光，和所预期的情形一样。幕上的亮圆像代表太阳，可看到它慢慢地从白色变黄、变橙，最后变成红色。当实验做到后来，由于多次散射使得水槽的整个前端成为蓝色，水槽的另一端成黄色和橙色，因为蓝光和紫光已被散射了。也可以把偏振片（可以用来起偏或检偏）放在 P 处。当旋转此偏振片时，每隔 90°散射光便出现或消失一次。如再在水槽的正上方倾斜 45°放一个大反射镜 M，可以看见光线轮流在镜中和在槽中出现。

四、音乐喷泉和天幕电影原理简介

在都市广场的水池或江、河、湖上，每逢节假日或有喜庆事件的夜里，常常会看到漂亮的音乐喷泉。一条条或高或低，或上或下，或左或右，五光十色的水柱不断喷射，配合着优美的音乐，十分美观动听（图 5.8.9 和图 5.8.10）。

图 5.8.9　新加坡圣淘沙音乐喷泉

图 5.8.10　北京音乐喷泉

音乐喷泉很多年前在国外就产生了，而且取得了很好的旅游观光效果（图 5.8.9 和图 5.8.11 是我们到新加坡圣陶沙旅游时拍摄的）。我国近年来迎头赶上，许多城市建立了更为先进、优美的音乐喷泉，如图 5.8.10 和图 5.8.12 所示。

音乐喷泉的原理如图 5.8.4 所示，是由于光束在水和空气介质之间发生内反射，而且分界面不够光滑，有少量漏光被我们看到的缘故，只不过不同水柱的光源是不同颜色的激光罢了。至于水柱的高低和音乐节奏，则由预设的计算机软件控制。

此外，由于喷泉周围空间存在大量颗粒较大的水珠，各种颜色的可见光可以被"一视同仁"地散射，因而能作为一个立体的空中天幕，显示和播放视频或动画。图 5.8.11 和图 5.8.12 就是这种音乐喷泉空间屏幕视频截图。当然，由于空间屏幕范围较大，一般光源投影的成像光强不够，要用激光飞点扫描之类的高科技设备投影才有较好的效果。

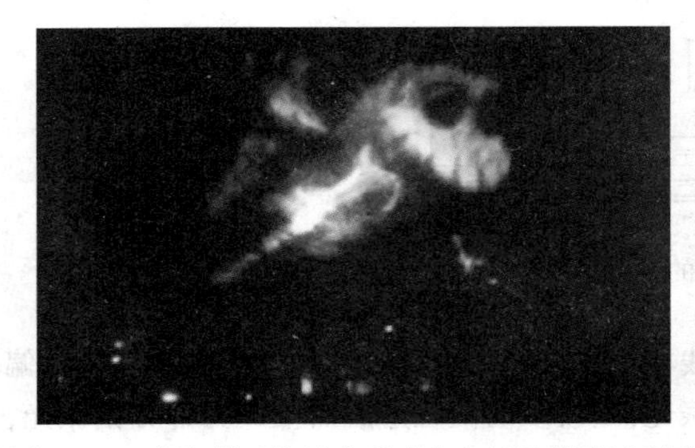

图 5.8.11　新加坡圣淘沙音乐喷泉空间屏幕视频截图

图 5.8.12　北京音乐喷泉空间屏幕视频截图

参考文献

[1] JENKINS P A, WHITE H E. 物理光学基础. 清华大学物理系，译. 北京：商务印书馆，1953：§12.9，§12.10，§14.15.

[2] 李良德. 基础光学. 广州：中山大学出版社，1987：§5.3.

[3] 赵凯华. 新概念物理教程：光学. 北京：高等教育出版社，2004：第七章 §4.

[4] 搜索"光纤"词条。

5.9 光子能否作参考系呢①

在《新概念物理教程　力学》[1]的第八章中,有两道思考题。其一是思考题8-6,问:“正负电子对湮没后,放出两个 γ 光子。因动量守恒,在质心系内两光子必沿相反的方向。光子是静质量为0的粒子,它们相对于质心系的速率都是 c,它们之间的相对速度是多少?”其二是思考题8-7,问:“存在与光子相对静止的参考系吗?为什么?”

对于前者,很多同学都答相对速度是 c。因为按相对论的速度合成公式,这个结论是一目了然的。在某一参考系内,假定物体均沿 x 轴方向运动,物体1的速度为 v_1,物体2的速度为 v_2,则由相对论速度合成公式,物体2对物体1的相对速度为

$$v_{21}=\frac{v_2-v_1}{1-v_1v_2/c^2}$$

令 $v_2=c, v_1=-c$,则 $v_{21}=c$。

但这里暗含着把其中一个光子作为参考系看待的问题,这也使一些学生产生了疑惑,因为它和后一问题有关,从根本上讲,就是能否以光子作为参考系的问题。

所谓参考系,指的是研究物体运动时所参照的物体,或彼此不作相对运动的物体群。又有一含意是,为了用数学语言描述物体运动的方便,建立一个固联于参考系上的坐标系。由此可见,坐标系实质上是物质参考系的数学抽象,往往可以不加区别地应用。

一个参考系可以相对于另一参考系运动,其相对速度可以接近光速,但不能等于光速,因为等于光速的物体质量无限大,这是不可能达到的。

由于光子的静止质量为零,宇宙中不存在相对静止的光子,即不存在与光子相对静止的参考系。另一方面,从量子力学的不确定(度)关系(旧称测不准原理),粒子位置在 x 方向上的不确定度 Δx 与同方向动量的不确定度 Δp_x 满足 $\Delta x\cdot\Delta p_x\geqslant h$,其中 h 为普朗克常量。光子的动量 $p=h\nu/c$,对于确定的光子,$\Delta p=(h/c)\cdot\Delta\nu$,这就是说,光子的位置不确定度 $\Delta x\geqslant h/\Delta p=h/0=\infty$,亦即一个动量(或频率)确定的光子,其位置根本不可能确定,又如何能作为一个参考系呢?

至于我们通常所说的星系相对于微波背景辐射的速度实质上是相对于许许多多能量不同、运动方向也不同的微波光子的“平均位置”而言的,亦即是相对于微波光子群体的“质心坐标系”(或“动量中心坐标系”)而言的,而并非是相对于某一确定光子的。

总的结论是,个别光子或有规则运动(如同方向运动)的光子群不能作为参考系;而不规则运动的光子群体的质心坐标系,则是完全可以作为参考系的。

参考文献

[1]赵凯华,罗蔚茵.新概念物理学教程:力学.2版.北京:高等教育出版社,2002.

① 本文引自:郑庆璋,罗蔚茵.光子能否作参考系呢.大学物理,2006,25(8).

5.10 在光子火箭上能正常通信吗？[①]

在光子火箭上能够与地球进行正常的通信联系吗？这是个富有幻想色彩的科学性问题。

在回答这个有趣的问题之前,我们首先要指出火箭之所以能够在太空中加速飞行,靠的是向反方向喷射物质所产生的反冲力。有关火箭原理的理论计算表明,喷出物的速度越大,火箭最终所能达到的速度也越大。根据爱因斯坦所创立的狭义相对论可以知道,光子在真空中的运动速度——光速是物质世界中最大的运动速度,没有任何物质的运动速度能够超过真空中的光速。因此,用光子作为喷出物的光子火箭无疑是可以达到其他类型的火箭所不能比拟的最大速度,这就是光子火箭的优越之处。但是,狭义相对论又指出,只有像光子(还有中微子等)那样静止质量为零的物质,才可能以真空中的光速运动。其他静止质量不为零的物体(例如光子火箭)无论怎样加速也不可能达到这个极限速度,也就是说,静止质量不为零的光子火箭本身的速度最多只能接近光速,而永远不可能达到光速。当然,光子火箭目前还只是一个未曾实现的科学幻想,因此,有关光子火箭上的通信问题,还未能进行直接的实践检验,我们只能根据现在已被科学界普遍接受的狭义相对论原理来粗略地探讨一下。

假设光子火箭相对地球正以某种小于光速的速度作惯性运动。就目前的设想,它所使用的通信手段不外是无线电波或光波。狭义相对论中的光速不变原理指出,真空中光的传播速度在各个方向都是相同的,与光源无关。也就是说,无论火箭和地球的相对运动方向如何,在地球上或在火箭上所观测到光的信号在真空中的传播速度都一样。而上面已谈过光子火箭的运动速度又总是比真空中的光速要小。由此可知,不管光子火箭相对于地球的运动方向如何,总是可以通过光(或无线电波)信号和地球进行通信的。

但是如果要问这种通信是否“正常”,可以说,在某种意义下,它是很不正常的,它和我们日常经验中的通信情况大不相同,这主要是由于作高速运动的物体有一个“时钟变慢”的相对论效应。根据狭义相对论的原理,对某个观测者来说,相对他作高速运动的时钟,比相对他静止的时钟要走得慢些。例如,若有一架光子火箭正以光速的0.8倍为飞行速度离开我们而远去,假定我们每年元旦都向它发去一封贺年电报,那么,光子火箭上的乘客每隔多久才能接收到我们的一份贺电呢？首先,必须考虑由于火箭离信号源(地球)越来越远,以致延长了接收电报的周期。我们按地球上的时钟来推算,光子火箭每隔五年才收到一封贺年电报,但由于时钟变慢的相时论效应,光子火箭上的乘客按他的时间概念是每隔三年收到我们的一封贺年电报。当火箭调头以同样的速度向我们飞来时,时钟变慢的相对论效应还是一样的,但由于火箭和地球相向接近,使收报的周期缩短了,两种因素的结果,使光子火箭上的乘客每隔四个月就可以收到我们的一封贺电。

一般来说,背着我们离去的火箭,接收到我们的信号的频率会减少,即信号的波长会变长。例如,如果我们使用的信号是黄色的可见光,光子火箭所接收的信号可能会变成长波的红光,所以这种现象叫做波长的“红移”;反之,当光子火箭向着我们靠近时它所接收的信号的波长要变

---

① 本文取自:罗蔚茵.在光子火箭上能正常通讯吗？物理教学,1984(5):24-25.

短，黄光可能变成了短波的蓝光，这叫做波长的“蓝移”。总而言之，如果我们按通常情况那样，把通信的内容按调频或调幅的办法用光信号（或无线电信号）发出去，则光子火箭中的乘客会接收到频率变化了的信号，这样就会看不到原来的图像，颜色变红或变蓝，而且图像发生畸变，或者是听不到原来的声音，音调发生了畸变。

不过，话又说回来，如果我们和光子火箭的乘客掌握了有关高速运动的客观规律，完全可能把观测和接收到的信号按科学规律“翻译”过来，就可以像通常的情况那样进行“正常的”通信联系了。

希望了解基本原理的读者，可以进一步参考相关文献[1—4]。

参考文献

[1]赵凯华，罗蔚茵.新概念物理教程：力学.北京：高等教育出版社，1995：第六章.
[2]郑庆璋，崔世治.相对论与时空.太原：山西科技出版社，1998.
[3]郑庆璋，崔世治.狭义相对论初步.上海：上海教育出版社，1981.
[4]郑庆璋，崔世治.广义相对论基本教程.广州：中山大学出版社，1991.

郑重声明